教科書の公式ガイドブック

教科書ガイド

東京書籍 版

新しい数学

完全準拠

中学数学

2年

教科書の内容がよくわかる

編集発行 あすとろ出版

数学の学習とこの本の使い方

1 予習と復習はなぜ大切か

数学の学習は，レンガを積むのと同じです。基礎から一段ずつ積み上げて，理解していくものです。しかし，学校の授業は１年間に学ばなければならないことが多いために，ゆっくりと時間をかけて進むことはできません。したがって，授業だけをどんなに注意深く熱心に受けても，学習したことが十分身につくとはいえません。数学がよくわかるようになるためには，**授業を中心にしながら，予習と復習を規則的に行う**ことが大切なのです。

予習はたとえ10分でも15分でもよいから，次の授業のところに目を通しておくことです。復習では，計算や証明などの練習に時間の大部分を使うことになります。この際，最も重要なことは，答え合わせです。復習に限らず，数学の勉強で重要なことは，必ず自分で解いてから「答えを合わせて確かめる」ということです。

2 この本の使い方・役立て方

解答・考え方

- 本書には，教科書にあるすべての問題について，詳細な解答のほか，必要に応じて問題を解くときの手立てやヒントを掲載しています。また，いくつかの解答がある場合には，多様な解答例や別解をできるだけ掲載しました。

  教科書で求められている解答は，文章などで説明する場合を除いて，赤字で示しています。計算問題などでは，まず結果の答え合わせをして，間違っていたら，途中の計算をみながら，どこで間違ったのかを確認しましょう。

ことばの意味，ポイント，要点チェック

- 新しい用語や，重要なことがらは「ことばの意味」や「ポイント」で，教科書の内容に沿って取り上げています。また，章の問題の前には，「要点チェック」のコーナーを設け，その章で学習した重要なことがらの整理・確認ができるようにしています。

レベルアップ

- 「レベルアップ」では，やや発展的な解法や，コラム，解法のテクニックなどを掲載しています。

二次元コード

- 教科書と同じ動画やシミュレーションなどが見られる二次元コードが入っています。

  二次元コードが掲載されているページは，本書 250 ページにその一覧表があります。

目次

1章 [式の計算] 文字式を使って説明しよう

1節 式の計算

スタート地点に何mの差をつければよいかを知るために，となり合うレーンの1周の長さの差を求めてみましょう。

教科書 p.10～11

❶ 第1レーンと第2レーンの1周の長さの差を求めてみましょう。

❷ 第2レーンと第3レーン，第3レーンと第4レーンの1周の長さの差を求めてみましょう。

❸ 上の❶，❷のことから，となり合うレーンの1周の長さの差について，どんなことがいえますか。

❹ ❸で予想したことは，ほかの運動場のトラックでもいえるでしょうか。

考え方 ❶ 直線部分の長さはどのレーンも等しいから，差は，半円部分の差を考えればよい。

レーンの長さは，レーンの内側のラインの長さで考えます。

2つの半円部分の長さを合わせると1つの円の周の長さになり，それぞれの円の半径は，レーンの内側で考えるから

第1レーン　　20m

第2レーン　　$(20+1)$m

となります。

円の周の長さは　$2\pi\times$(半径)　で求めます。

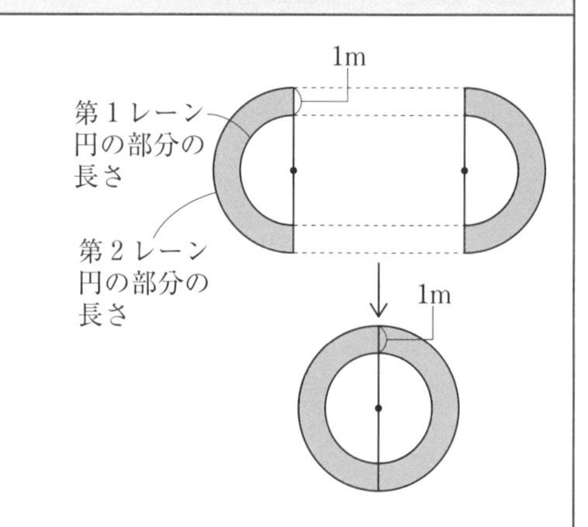

解答 ❶ 2つの半円部分（1つの円の周となる）の長さは

第1レーン　　$2\pi\times20=40\pi$ (m)

第2レーン　　$2\pi\times(20+1)=42\pi$ (m)

となるから，差は

$42\pi-40\pi=2\pi$ (m)

❷ それぞれのレーンの半円部分の半径は

第3レーン　　$20+2=22$ (m)

第4レーン　　$20+3=23$ (m)

だから，2つのレーンの1周の長さの差は，❶と同様に，2つの半円部分だけを考えて

(第3レーン)－(第2レーン)

$= 2\pi \times 22 - 2\pi \times 21$

$= 44\pi - 42\pi$

$= 2\pi$ (m)

(第4レーン)－(第3レーン)

$= 2\pi \times 23 - 2\pi \times 22$

$= 46\pi - 44\pi$

$= 2\pi$ (m)

❸ ❷で求めたことから，となり合うレーンの1周の長さの差は2π mとなり，同じであることが予想される。

❹ 半円の部分の半径がわからないから，内側のレーンの半円部分の半径をrmと表すと，となり合うレーンで，その外側のレーンの半円部分の半径は$(r+1)$mとなる。したがって
内側のレーンの円の部分の長さは

$2\pi \times r = 2\pi r$ (m)

外側のレーンの円の部分の長さは

$2\pi \times (r+1) = 2\pi r + 2\pi$ (m)

その差を求めると

$(2\pi r + 2\pi) - 2\pi r = 2\pi$ (m)

外側のレーン1周の長さから内側のレーン1周の長さをひいた差は2π mで，この式にはrがふくまれていない。したがって，となり合うレーンの1周の長さの差は，半円部分の半径rに関係なく決まる。
したがって，（レーンの幅が1mであれば，）ほかの運動場のトラックでも，となり合うレーンの1周の長さの差は2π mとなり，同じであるといえる。

レーンの幅がamであるとすると，レーンの1周の長さの差は

$2\pi \times (r+a) - 2\pi \times r$

$= 2\pi r + 2\pi a - 2\pi r$

$= 2\pi a$

となり，この式にもrがふくまれていないから，レーンの幅が1mでないときも，となり合うレーンの1周の長さの差は同じであるといえる。

1 多項式の計算

Q 半径がrmの円と，半径が$(r+1)$mの円の周の長さの差を求めてみましょう。 教科書 p.12

解答 $2\pi \times (r+1) - 2\pi r = (2\pi r + 2\pi) - 2\pi r$

$= 2\pi$

ことばの意味

- **単項式**　数や文字についての乗法だけでつくられた式を**単項式**(たんこうしき)という。
- **多項式**　単項式の和の形で表された式を**多項式**(たこうしき)という。
- **項**　多項式のひとつひとつの単項式を**項**(こう)という。

問 1　次の多項式の項をいいなさい。　教科書 p.12

(1)　$6x^2-7x+3$　(2)　$4a+3b$　(3)　$-2x+y-3$

考え方　それぞれの項を多項式の和の形に表して考えます。このとき

$-○ \to +(-○)$

となることに注意しよう。

解答

(1)　$6x^2-7x+3$
$=6x^2+(-7x)+3$
項は
$6x^2$，$-7x$，3

(2)　$4a+3b$
項は
$4a$，$3b$

(3)　$-2x+y-3$
$=(-2x)+y+(-3)$
項は
$-2x$，y，-3

レベルアップ　多項式の和の形に表さなくても，項がいえるようにしよう。

(1)　$6x^2$　$-7x$　$+3$（○で囲まれた部分が項）

(3)　$-2x$　$+y$　-3（○で囲まれた部分が項）

ことばの意味

- **単項式の次数**(じすう)　単項式でかけられている文字の個数

問 2　次の式の次数をいいなさい。　教科書 p.12

(1)　$-3y^2$　(2)　$\frac{1}{2}x^2y^3$

考え方　それぞれの式を×の記号を使って表し，かけられている文字の個数を調べます。

解答

(1)　$-3y^2=-3\times\underbrace{y\times y}_{2個}$
だから，次数は　2

(2)　$\frac{1}{2}x^2y^3=\frac{1}{2}\times\underbrace{x\times x}_{2個}\times\underbrace{y\times y\times y}_{3個}$　2個 ＋ 3個 ＝ 5個
だから，次数は　5

レベルアップ　×の記号を使った式に表さなくても，次のように考えて次数を求めることができる。

(1)　$-3y^{②}$
指数から，次数は　2

(2)　$\frac{1}{2}x^{②}y^{③}$
指数から，次数は　$2+3=5$

xやyなどはx^1，y^1と考えて，次数は1となる。

$3xy^2$の指数は　$3xy^2=3x^{①}y^{②}$　だから，次数は　$1+2=3$

ことばの意味

- **多項式の次数**　各項の次数のうちでもっとも大きいもの
- **1次式，2次式**　次数が1の式を1次式，次数が2の式を2次式という。

問3 次の式は何次式ですか。 教科書 p.13

(1) $2x^2-3x+5$　(2) $-4x+y$　(3) $a^2b-ab+2a$　(4) $-s^2t^3+\dfrac{t^2}{4}$

考え方 多項式の各項の次数を調べ，そのうちもっとも大きいものが，その多項式の次数となります。

解答 (1) $\underset{2次}{\underline{2x^2}}\underset{1次}{\underline{-3x}}+5$　だから，次数は2で　2次式

(2) $\underset{1次}{\underline{-4x}}+\underset{1次}{\underline{y}}$　だから，次数は1で　1次式

(3) $\underset{3次}{\underline{a^2b}}-\underset{2次}{\underline{ab}}+\underset{1次}{\underline{2a}}$　だから，次数は3で　3次式

└ $a^2b=a\times a\times b$

(4) $\underset{5次}{\underline{-s^2t^3}}+\underset{2次}{\underline{\dfrac{t^2}{4}}}$　だから，次数は5で　5次式

└ $-1\times s\times s\times t\times t\times t$

$5x+7-3x+6$を計算してみましょう。 教科書 p.13

また，$5x+7y-3x+6y$の計算はどうなるでしょうか。

考え方 同じ文字は同じ数を表しているから，文字の部分が同じ項を1つの項にまとめ，簡単にすることができます。

解答

$$\begin{aligned}&5x+7-3x+6\\=&5x-3x+7+6\\=&(5-3)x+7+6\\=&2x+13\end{aligned}$$

$5x+7y-3x+6y$のように，2種類の文字がある式でも，文字の部分が同じ項をそれぞれ1つの項にまとめると考えると，次のように計算することができる。

$$\begin{aligned}&5x+7y-3x+6y\\=&5x-3x+7y+6y\\=&(5-3)x+(7+6)y\\=&2x+13y\end{aligned}$$

ことばの意味

- **同類項**　文字の部分が同じである項を**同類項**(どうるいこう)という。

問 4

次の計算をしなさい。

(1)　$4x+7y+2x-5y$　　(2)　$5x^2+2x-4x-3x^2$

(3)　$4ab-2a-ab+2a$　　(4)　$a^2-5a-a-3a^2+3$

教科書 p.13

➡ 教科書 p.210 1
(ガイドp.229)

考え方　次の手順で，同類項を1つの項にまとめます。

1　項を並べかえる。

2　項の係数の計算をして，同類項をまとめる。

どの項とどの項が同類項になるかまちがえないようにしよう。

(2)　x^2とxは，次数がちがうから同類項ではありません。

解答

(1)　$4x+7y+2x-5y$
$=4x+2x+7y-5y$　1
$=(4+2)x+(7-5)y$　2
$=6x+2y$

(2)　$5x^2+2x-4x-3x^2$
$=5x^2-3x^2+2x-4x$
$=(5-3)x^2+(2-4)x$
$=2x^2-2x$

(3)　$4ab-2a-ab+2a$
$=4ab-ab-2a+2a$
$=(4-1)ab+(-2+2)a$
$=3ab$

(4)　$a^2-5a-a-3a^2+3$
$=a^2-3a^2-5a-a+3$
$=(1-3)a^2+(-5-1)a+3$
$=-2a^2-6a+3$

2x^2と2xは
1つの項にまとめ
られないね。

レベルアップ　項を並べかえなくても，同類項の係数から計算できるようにしよう。

(1)　$4x+7y+2x-5y=6x+2y$
（$4+2$，$7-5$）

問 5

次の計算をしなさい。

(1)　$(x+y)+(3x+2y)$　　(2)　$(-5x-9-3y)+(6+5x-8y)$

(3)
$$\begin{array}{rr} & x-4y \\ +) & 5x-3y \\ \hline \end{array}$$

(4)
$$\begin{array}{rr} & -2a+\ \ b+1 \\ +) & 2a-7b+5 \\ \hline \end{array}$$

教科書 p.14

➡ 教科書 p.210 2
(ガイドp.229)

考え方　多項式の加法は，かっこをそのままはずして，それらの多項式のすべての項を加えます。そのとき，同類項はまとめます。

縦書きの式は，同類項を縦にそろえて書き，係数に着目して計算します。

係数がないとき（係数が1のとき）は，右のように，係数の部分をあけて書きます。

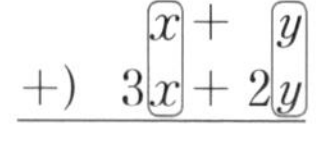

解答

(1)　$(x+y)+(3x+2y)$
$=x+y+3x+2y$
$=x+3x+y+2y$
$=4x+3y$

$$\begin{array}{rr} & x+\ \ y \\ +) & 3x+2y \\ \hline & 4x+3y \end{array}$$

(2) $(-5x-9-3y)+(6+5x-8y)$
$=-5x-9-3y+6+5x-8y$
$=-5x+5x-3y-8y-9+6$
$=-11y-3$

$$\begin{array}{rr} & -5x-3y-9 \\ +) & 5x-8y+6 \\ \hline & -11y-3 \end{array}$$

(3)
$$\begin{array}{rr} & x-4y \\ +) & 5x-3y \\ \hline & 6x-7y \end{array}$$

(4)
$$\begin{array}{rr} & -2a+b+1 \\ +) & 2a-7b+5 \\ \hline & -6b+6 \end{array}$$

問6 次の計算をしなさい。

教科書 p.14

(1) $(3x+2y)-(x-5y)$　　(2) $(a^2-3a+4)-(2a^2+5-a)$

(3)
$$\begin{array}{rr} & a+2b+7 \\ -) & a-3b+2 \\ \hline \end{array}$$

(4)
$$\begin{array}{rr} & 3x-y+12 \\ -) & x+y \\ \hline \end{array}$$

➔ 教科書 p.210 3
(ガイドp.229)

考え方 多項式の減法は，ひくほうの多項式の各項の符号を変えて加えます。
　符号を変える　$-(+○)\to-○$，$-(-○)\to+○$

解答 (1) $(3x+2y)-(x-5y)$
$=3x+2y-x+5y$
$=3x-x+2y+5y$
$=2x+7y$

$$\begin{array}{rr} & 3x+2y \\ -) & x-5y \\ \hline \end{array}$$
⬇
$$\begin{array}{rr} & 3x+2y \\ +) & ⊖x⊕5y \\ \hline & 2x+7y \end{array}$$

同類項を縦にそろえて書く

(2) $(a^2-3a+4)-(2a^2+5-a)$
$=a^2-3a+4-2a^2-5+a$
$=a^2-2a^2-3a+a+4-5$
$=-a^2-2a-1$

$$\begin{array}{rr} & a^2-3a+4 \\ -) & 2a^2-a+5 \\ \hline \end{array}$$
⬇
$$\begin{array}{rr} & a^2-3a+4 \\ +) & ⊖2a^2⊕a⊖5 \\ \hline & -a^2-2a-1 \end{array}$$

(3)
$$\begin{array}{rr} & a+2b+7 \\ -) & a-3b+2 \\ \hline & 5b+5 \end{array}$$
$7-2=5$
$2-(-3)=5$
$1-1=0$

➡
$$\begin{array}{rr} & a+2b+7 \\ +) & ⊖a⊕3b⊖2 \\ \hline & 5b+5 \end{array}$$

(4)
$$\begin{array}{rr} & 3x-y+12 \\ -) & x+y \\ \hline & 2x-2y+12 \end{array}$$
$12-0=12$
$-1-1=-2$
$3-1=2$

➡
$$\begin{array}{rr} & 3x-y+12 \\ +) & ⊖x⊖y \\ \hline & 2x-2y+12 \end{array}$$

問7

次の2つの式について，下の問に答えなさい。

教科書 p.14

$a+4b$，$4a-2b$

➜ 教科書 p.210 4
(ガイドp.229)

(1)　2つの式の和を求めなさい。

(2)　左の式から右の式をひいた差を求めなさい。

考え方　それぞれの式をかっこの中に入れて，和と差の式をつくります。

(1)　和を求める式は，$(a+4b)+(4a-2b)$

(2)　差を求める式は，$(a+4b)-(4a-2b)$

解答　(1)　$(a+4b)+(4a-2b)$

$=a+4b+4a-2b$

$=a+4a+4b-2b$

$=5a+2b$

(2)　$(a+4b)-(4a-2b)$

$=a+4b-4a+2b$

$=a-4a+4b+2b$

$=-3a+6b$

差を求めるときには，ひくほうの式（右の式）は，かっこの中に入れてひき算の式をつくるから，$a+4b-4a-2b$は，まちがっている。

Q

$4(x+2)$を計算してみましょう。

また，$4(x+y)$の計算はどうなるでしょうか。

教科書 p.15

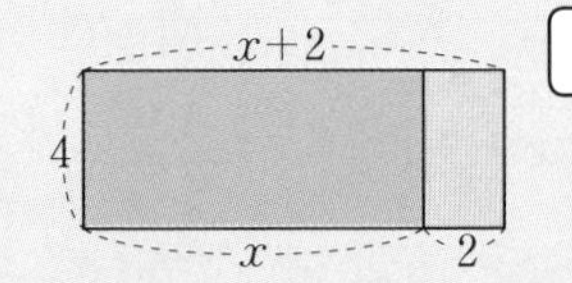

考え方　$4(x+2)$は，1年で学んだように，分配法則を使って計算します。

文字が2種類の場合も同様に考えて，分配法則を使って計算することができます。

解答　$4(x+2)=4\times x+4\times 2$

$=4x+8$

$4(x+y)=4\times x+4\times y$

$=4x+4y$

レベルアップ　下の図で考えてみよう。

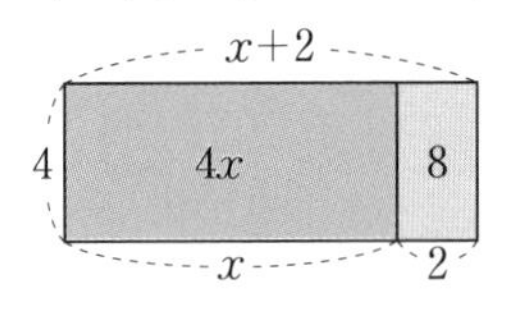

長方形全体の面積は

$4(x+2)$

2つの長方形のそれぞれの面積は

$4\times x$，4×2

したがって

$4(x+2)=4\times x+4\times 2=4x+8$

同様にして

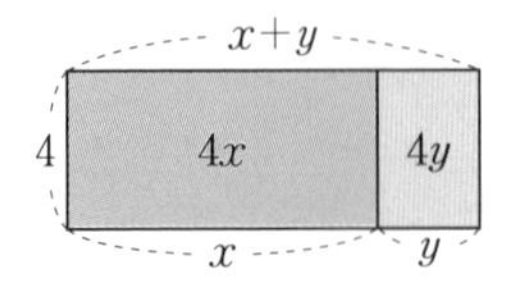

長方形全体の面積は

$4(x+y)$

2つの長方形のそれぞれの面積は

$4\times x$，$4\times y$

したがって

$4(x+y)=4\times x+4\times y=4x+4y$

問8 次の計算をしなさい。

教科書 p.15

教科書 p.210 5（ガイドp.229）

(1) $5(x+3y)$　(2) $4(3x-y+2)$

(3) $-7(-2x+3y)$　(4) $-3(2a-4b-3)$

(5) $6\left(\frac{a}{3}-\frac{b}{2}\right)$　(6) $(-4x-6y+10)\times\left(-\frac{1}{2}\right)$

考え方 多項式と数の乗法は，分配法則を使って計算できます。

$$a(b+c)=ab+ac$$

多項式の項が3つのときでも，2つのときと同じように分配法則を使います。

負の数をかけるときは，符号に注意してかっこをはずそう。

解答

(1) $5(x+3y)$
$=5\times x+5\times 3y$ ※
$=5x+15y$

(2) $4(3x-y+2)$
$=4\times 3x-4\times y+4\times 2$
$=12x-4y+8$

(3) $-7(-2x+3y)$
$=-7\times(-2x)-7\times 3y$
$=14x-21y$

(4) $-3(2a-4b-3)$
$=-3\times 2a-3\times(-4b)-3\times(-3)$
$=-6a+12b+9$

(5) $6\left(\frac{a}{3}-\frac{b}{2}\right)$
$=6\times\frac{a}{3}-6\times\frac{b}{2}$
$=2a-3b$

(6) $(-4x-6y+10)\times\left(-\frac{1}{2}\right)$
$=-4x\times\left(-\frac{1}{2}\right)-6y\times\left(-\frac{1}{2}\right)+10\times\left(-\frac{1}{2}\right)$
$=2x+3y-5$

レベルアップ (1)の※のような式を書かなくても，かっこの外の数と係数の積を求めて，結果が求められるようにしよう。

(2) ④$(3x-y+2)=12x-4y+8$
④×3 → $12x$，④×(−1) → $-4y$，④×2 → 8

問9 次の計算をしなさい。

教科書 p.15

教科書 p.210 6（ガイドp.230）

(1) $(12x-20y)\div 4$　(2) $(15x^2-5x+30)\div(-5)$

考え方 多項式と数の除法は，わる数の逆数をかけて，乗法になおして計算します。

また，計算の途中(とちゅう)で約分できるものがあれば，約分します。

逆数は，次のようにして求めます。

かけ合わせて積が1になる数どうしが逆数で，$\frac{b}{a}\times\frac{a}{b}=1$となることから，逆数は，分数で表して分子と分母を逆にすればよい。

整数は，分母が1の分数と考えます。

4の逆数　$4=\frac{4}{1}$だから，4の逆数は $\frac{1}{4}$　$\left(\frac{4}{1}\to\frac{1}{4}\right)$ 入れかえる

解答 (1) $(12x-20y)\div 4=(12x-20y)\times\frac{1}{4}$

$=12x\times\frac{1}{4}-20y\times\frac{1}{4}$ ← $\overset{3}{\cancel{12}}x\times\frac{1}{\underset{1}{\cancel{4}}}-\overset{5}{\cancel{20}}y\times\frac{1}{\underset{1}{\cancel{4}}}$ 約分できるものは約分する

$=3x-5y$

(2) $(15x^2-5x+30)\div(-5)=(15x^2-5x+30)\times\left(-\frac{1}{5}\right)$ ← -5の逆数は $-\frac{1}{5}$

$=15x^2\times\left(-\frac{1}{5}\right)-5x\times\left(-\frac{1}{5}\right)+30\times\left(-\frac{1}{5}\right)$

$=-3x^2+x-6$

レベルアップ 係数とわる数から，答えが求められるようにしよう。

(1) $(12x-20y)\div④=3x-5y$
$12\div④$ → $3x$，$-20\div④$ → $-5y$

問10

次の計算をしなさい。

(1) $2(x+4y)+3(x-5y)$　(2) $4(3a-2b)+6(-a+3b)$

(3) $3(3x-y)-5(2x-y)$　(4) $3(x^2+4x-2)-2(6x-1)$

教科書 p.16
➔ 教科書 p.210 7
(ガイドp.230)

考え方 (3)，(4) 負の数をかけるとき，符号に注意してかっこをはずそう。

解答 (1) $2(x+4y)+3(x-5y)$

$=2x+8y+3x-15y$

$=2x+3x+8y-15y$

$=5x-7y$

(2) $4(3a-2b)+6(-a+3b)$

$=12a-8b-6a+18b$

$=12a-6a-8b+18b$

$=6a+10b$

(3) $3(3x-y)-5(2x-y)$

$=9x-3y-10x+5y$

$=9x-10x-3y+5y$

$=-x+2y$

(4) $3(x^2+4x-2)-2(6x-1)$

$=3x^2+12x-6-12x+2$

$=3x^2+12x-12x-6+2$

$=3x^2-4$

問11

$2x-4y$の3倍から，$x+3y$の4倍をひいた差を求めなさい。

教科書 p.16
➔ 教科書 p.211 8
(ガイドp.230)

考え方 「$2x-4y$の3倍」，「$x+3y$の4倍」を式に表すとどのようになるか考えよう。

解答

$2x-4y$の3倍は　$3(2x-4y)$

$x+3y$の4倍は　$4(x+3y)$

と表せるから，この差を求める式は

$3(2x-4y)-4(x+3y)$

となる。したがって

$3(2x-4y)-4(x+3y)=6x-12y-4x-12y$

$=2x-24y$

問 12 次の計算をしなさい。

教科書 p.16

➔ 教科書 p.211 9
(ガイドp.230)

(1) $\dfrac{2a+b}{3}-\dfrac{a-2b}{6}$　(2) $\dfrac{x+y}{4}+\dfrac{x-3y}{10}$

(3) $\dfrac{7x-4y}{10}+\dfrac{x+2y}{5}$　(4) $x+y-\dfrac{x-6y}{3}$

考え方 分数の形をした多項式の計算には，次の2つの方法があります。

（方法1）通分してかっこをはずし，同類項をまとめる。（教科書の左に示した方法）

（方法2）（分数）×（多項式）の形になおしてかっこをはずし，同類項をまとめる。（教科書の右に示した方法）

どちらの方法でも，分子の多項式にはかっこをつけ，式のまとまりがわかるようにしよう。

解答 （方法1）

(1) $\dfrac{2a+b}{3}-\dfrac{a-2b}{6}$

$=\dfrac{2(2a+b)}{6}-\dfrac{a-2b}{6}$　（通分する）

$=\dfrac{2(2a+b)-(a-2b)}{6}$　（1つの分数にまとめる）

$=\dfrac{4a+2b-a+2b}{6}$　（かっこをはずす）

$=\dfrac{3a+4b}{6}$　（同類項をまとめる）

(2) $\dfrac{x+y}{4}+\dfrac{x-3y}{10}$

$=\dfrac{5(x+y)}{20}+\dfrac{2(x-3y)}{20}$

$=\dfrac{5(x+y)+2(x-3y)}{20}$

$=\dfrac{5x+5y+2x-6y}{20}$

$=\dfrac{7x-y}{20}$

(3) $\dfrac{7x-4y}{10}+\dfrac{x+2y}{5}$

$=\dfrac{7x-4y}{10}+\dfrac{2(x+2y)}{10}$

$=\dfrac{7x-4y+2(x+2y)}{10}$

$=\dfrac{7x-4y+2x+4y}{10}$

$=\dfrac{9}{10}x$

(4) $x+y-\dfrac{x-6y}{3}$

$=\dfrac{3(x+y)}{3}-\dfrac{x-6y}{3}$

$=\dfrac{3(x+y)-(x-6y)}{3}$

$=\dfrac{3x+3y-x+6y}{3}$

$=\dfrac{2x+9y}{3}$

（方法2）

(1) $\dfrac{2a+b}{3}-\dfrac{a-2b}{6}$

$=\dfrac{1}{3}(2a+b)-\dfrac{1}{6}(a-2b)$　（（分数）×（多項式）の形になおす）

$=\dfrac{2}{3}a+\dfrac{1}{3}b-\dfrac{1}{6}a+\dfrac{1}{3}b$　（かっこをはずす）

$=\dfrac{4}{6}a-\dfrac{1}{6}a+\dfrac{1}{3}b+\dfrac{1}{3}b$　（通分する）

$=\dfrac{3}{6}a+\dfrac{2}{3}b$　（同類項をまとめる）

$=\dfrac{1}{2}a+\dfrac{2}{3}b$

(2) $\dfrac{x+y}{4}+\dfrac{x-3y}{10}$

$=\dfrac{1}{4}(x+y)+\dfrac{1}{10}(x-3y)$

$=\dfrac{1}{4}x+\dfrac{1}{4}y+\dfrac{1}{10}x-\dfrac{3}{10}y$

$=\dfrac{5}{20}x+\dfrac{2}{20}x+\dfrac{5}{20}y-\dfrac{6}{20}y$

$=\dfrac{7}{20}x-\dfrac{1}{20}y$

(3)　$\dfrac{7x-4y}{10}+\dfrac{x+2y}{5}$

$=\dfrac{1}{10}(7x-4y)+\dfrac{1}{5}(x+2y)$

$=\dfrac{7}{10}x-\dfrac{2}{5}y+\dfrac{1}{5}x+\dfrac{2}{5}y$

$=\dfrac{7}{10}x+\dfrac{2}{10}x-\dfrac{2}{5}y+\dfrac{2}{5}y$

$=\dfrac{9}{10}x$

(4)　$x+y-\dfrac{x-6y}{3}$

$=x+y-\dfrac{1}{3}(x-6y)$

$=x+y-\dfrac{1}{3}x+2y$

$=\dfrac{3}{3}x-\dfrac{1}{3}x+y+2y$

$=\dfrac{2}{3}x+3y$

2　単項式の乗法と除法

Q　$3a\times 4b$は，どのように計算すればよいでしょうか。　教科書 p.17

❶ $3a\times 4b$は，縦$3a$cm，横$4b$cmの長方形の面積を求める計算です。面積を求めてみましょう。

❷ ❶から，$3a\times 4b$をどのように計算すればよいか説明してみましょう。

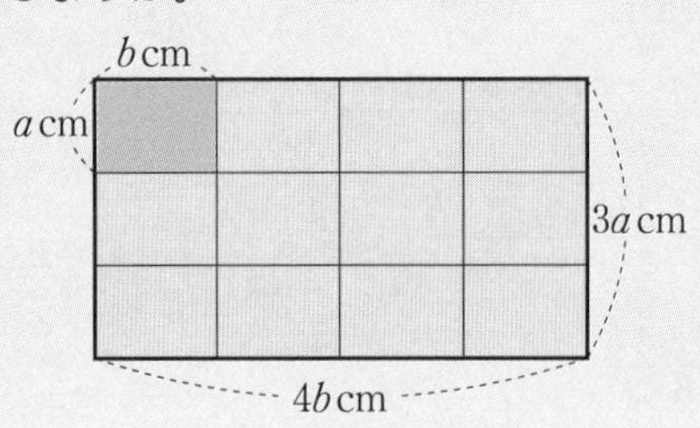

考え方 ❶ 縦$3a$cm，横$4b$cmの長方形の中には，縦$a$cm，横$b$cmの長方形が何個あるか考えよう。

解答 ❶ 縦$3a$cm，横$4b$cmの長方形の中には，縦$a$cm，横$b$cmの長方形が$3\times 4=12$（個）ある。
縦$a$cm，横$b$cmの長方形の面積はabcm^{2}だから
縦$3a$cm，横$4b$cmの長方形の面積はabの12個分で　**$12ab$cm^2**

❷ ❶のことから　　$3a\times 4b=12ab$

$3a\times 4b=(3\times a)\times(4\times b)$ ）乗法の交換法則
$=3\times 4\times a\times b$ ）乗法の結合法則
$=\underline{12}\times\underline{ab}$
（係数の積）（文字の積）

したがって，単項式どうしの乗法は，係数の積に文字の積をかければよい。

問 1　次の計算をしなさい。　教科書 p.17

(1)　$5x\times 4y$　(2)　$3x\times(-6y)$　(3)　$(-3n)\times(-2m)$

(4)　$(-2ab)\times 4c$　(5)　$\dfrac{1}{3}x\times 6y$　(6)　$7y\times\left(-\dfrac{x}{14}\right)$

➔ 教科書 p.211 10
（ガイドp.231）

考え方　単項式どうしの乗法は，係数の積に文字の積をかければよい。

解答

(1) $5x \times 4y = 5 \times x \times 4 \times y$
$= 5 \times 4 \times x \times y$ ）※
$= 20xy$

(2) $3x \times (-6y) = 3 \times x \times (-6) \times y$
$= 3 \times (-6) \times x \times y$
$= -18xy$

(3) $(-3n) \times (-2m)$
$= (-3) \times (-2) \times m \times n$
$= 6mn$

(4) $(-2ab) \times 4c$
$= (-2) \times 4 \times a \times b \times c$
$= -8abc$

(5) $\dfrac{1}{3}x \times 6y = \dfrac{1}{3} \times 6 \times x \times y$
$= 2xy$

(6) $7y \times \left(-\dfrac{x}{14}\right) = 7 \times \left(-\dfrac{1}{14}\right) \times x \times y$
$= -\dfrac{1}{2}xy \quad \left(-\dfrac{xy}{2}\right)$

注意 (3), (6)　文字の積は，ふつうアルファベット順に書く。

レベルアップ (1)の※の式のようなかけ算の形に表した式を書かなくても，計算できるようにしよう。

(1) ⑤x × ④y = $20xy$

⑤×④ → 20　　$x \times y$ → xy

（係数の積）×（文字の積）

問2

次の計算をしなさい。

(1) $5a \times (-a^2)$　(2) $ab \times 4ab^2$　(3) $x^2 \times x^3$

(4) $(-2x)^2$　(5) $(-a)^3 \times 2b$

教科書 p.17

➜ 教科書 p.211 11
（ガイドp.231）

考え方 累乗のない形にして考えよう。このとき，指数の場所によって，何を2乗，3乗するのかがちがってくるので注意しよう。

(1) $-a^{②} = -1 \times a \times a$
→ aを2回かける

(5) $(-a)^{③} = (-a) \times (-a) \times (-a)$
→ $-a$を3回かける

解答

(1) $5a \times (-a^2) = 5 \times a \times (-1) \times a \times a$
$= 5 \times (-1) \times a \times a \times a$
$= -5a^3$

(2) $ab \times 4ab^2 = a \times b \times 4 \times a \times b \times b$
$= 4 \times a \times a \times b \times b \times b$
$= 4a^2b^3$

(3) $x^2 \times x^3 = x \times x \times x \times x \times x$
$= x^5$

(4) $(-2x)^2 = (-2x) \times (-2x)$
$= (-2) \times (-2) \times x \times x$
$= 4x^2$

(5) $(-a)^3 \times 2b = (-a) \times (-a) \times (-a) \times 2 \times b$
$= (-1) \times (-1) \times (-1) \times 2 \times a \times a \times a \times b$
$= -2a^3b$

レベルアップ 指数のたし算をして，文字の部分の積を求めることもできる。このとき，$a = a^1$と考える。

(1) $5a \times (-a^2) = 5a^{①} \times (-a^{②}) = -5a^{③}$ ← 1＋2

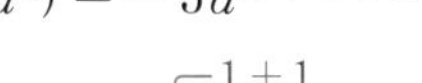

(2) $ab \times 4ab^2 = a^{①}b^{1} \times 4a^{①}b^{2} = 4a^{②}b^{3}$ ← 1＋2

また，(4)は次のように計算できる。

$(-2x)^{②} = (-2)^{②} \times x^{②} = 4x^{②}$

左のような計算のしかたは，高校でくわしく勉強するよ。

$12ab \div 4b$は，どのように計算すればよいでしょうか。

教科書 p.18

❶ $12ab \div 4b$は，面積$12ab$ cm²，横$4b$ cmの長方形の縦の長さを求める計算です。
縦の長さを求めてみましょう。

❷ ❶から，$12ab \div 4b$をどのように計算すればよいか説明してみましょう。

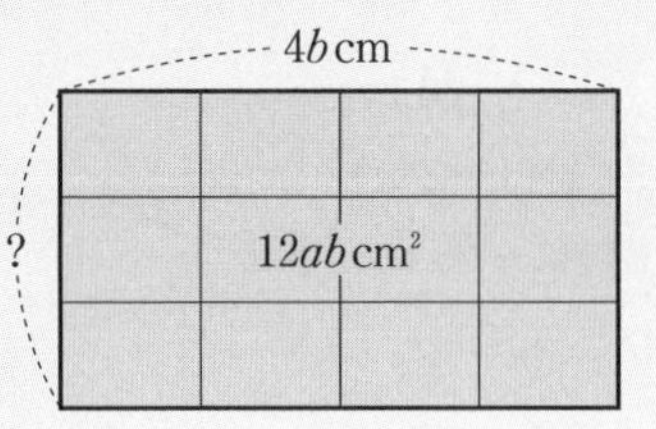

考え方 教科書17ページのⓆをもとに考えてみよう。

解答 ❶ 教科書17ページのⓆで，縦$3a$ cm，横$4b$ cmの長方形の面積が$12ab$ cm²だったから，縦の長さは$3a$ cmとなる。

❷ $12ab \div 4b$も$3a$も，面積$12ab$ cm²，横$4b$ cmの長方形の縦の長さを表しているから，$12ab \div 4b = 3a$と書くことができる。$12ab \div 4b$を分数の形で書くと

$$\frac{12ab}{4b} = 3a$$

となる。したがって，$12ab \div 4b$の計算は，わり算を分数の形で表し，係数どうし，文字どうしをそれぞれわればよい。

$$12ab \div 4b = \frac{12ab}{4b} = \frac{\overset{3}{\cancel{12}}}{\underset{1}{\cancel{4}}} \times \frac{a\overset{1}{\cancel{b}}}{\underset{1}{\cancel{b}}} = 3 \times a$$

問3

次の計算をしなさい。

教科書 p.18

(1) $6ab \div 3a$　(2) $(-10xy) \div \frac{5}{2}x$　(3) $8x^2 \div (-6x)$

➔ 教科書 p.211 12
(ガイドp.232)

(4) $(-4xy^2) \div \frac{1}{2}xy$　(5) $\frac{2}{3}b^2c \div \frac{5}{6}bc^2$　(6) $(-9xy) \div (-3xy)$

考え方 単項式どうしの除法は，次のように計算します。

・分数の形にして，係数どうし，文字どうしをそれぞれ約分する。((1)，(3)，(6))

・わる式が分数の形のときは，わる式の逆数を考えて，乗法になおして計算する。((2)，(4)，(5))

(2) $\frac{5}{2}x = \frac{5x}{2}$としてから，$\frac{5}{2}x$の逆数を考えよう。((4)，(5)も同様に考えよう。)

解答 (1)

$$\begin{aligned} 6ab \div 3a &= \frac{6ab}{3a} \\ &= \frac{\overset{2}{\cancel{6}} \times \overset{1}{\cancel{a}} \times b}{\underset{1}{\cancel{3}} \times \underset{1}{\cancel{a}}} \\ &= 2b \end{aligned}$$

(2)

$$\begin{aligned} (-10xy) \div \frac{5}{2}x &= (-10xy) \div \frac{5x}{2} \\ &= (-10xy) \times \frac{2}{5x} \\ &= \frac{-10xy \times 2}{5x} \\ &= -\frac{\overset{2}{\cancel{10}} \times \overset{1}{\cancel{x}} \times y \times 2}{\underset{1}{\cancel{5}} \times \underset{1}{\cancel{x}}} \\ &= -4y \end{aligned}$$

(3)　$8x^2 \div (-6x)$

$= \dfrac{8x^2}{-6x}$

$= -\dfrac{\overset{4}{\cancel{8}} \times \overset{1}{\cancel{x}} \times x}{\underset{3}{\cancel{6}} \times \underset{1}{\cancel{x}}}$

$= -\dfrac{4}{3}x \quad \left(-\dfrac{4x}{3}\right)$

(4)　$(-4xy^2) \div \dfrac{1}{2}xy$

$= (-4xy^2) \div \dfrac{xy}{2}$

$= (-4xy^2) \times \dfrac{2}{xy}$

$= \dfrac{-4xy^2 \times 2}{xy}$

$= -\dfrac{4 \times \overset{1}{\cancel{x}} \times \overset{1}{\cancel{y}} \times y \times 2}{\underset{1}{\cancel{x}} \times \underset{1}{\cancel{y}}}$

$= -8y$

(5)　$\dfrac{2}{3}b^2c \div \dfrac{5}{6}bc^2$

$= \dfrac{2b^2c}{3} \div \dfrac{5bc^2}{6}$

$= \dfrac{2b^2c}{3} \times \dfrac{6}{5bc^2}$

$= \dfrac{2b^2c \times 6}{3 \times 5bc^2}$

$= \dfrac{2 \times \overset{1}{\cancel{b}} \times b \times \overset{1}{\cancel{c}} \times \overset{2}{\cancel{6}}}{\underset{1}{\cancel{3}} \times 5 \times \underset{1}{\cancel{b}} \times \underset{1}{\cancel{c}} \times c}$

$= \dfrac{4b}{5c}$ ← 分母に文字が残る場合もある

(6)　$(-9xy) \div (-3xy)$

$= \dfrac{-9xy}{-3xy}$

$= \dfrac{\overset{3}{\cancel{9}} \times \overset{1}{\cancel{x}} \times \overset{1}{\cancel{y}}}{\underset{1}{\cancel{3}} \times \underset{1}{\cancel{x}} \times \underset{1}{\cancel{y}}}$

$= 3$

レベルアップ　文字の部分の約分は，指数に着目して，次のようにすることもできる。

(3)　$-\dfrac{\overset{4}{\cancel{8}}x^{\cancel{2}\,①}}{\underset{3}{\cancel{6}}\cancel{x}} = -\dfrac{4}{3}x$　（①←2−1）

(4)　$-\dfrac{4\overset{1}{\cancel{x}}y^{\cancel{2}\,①} \times 2}{\underset{1}{\cancel{x}}\cancel{y}} = -8y$　（①←2−1）

$x = x^1$，$y = y^1$と考える。

問4

右の計算はまちがっています。
どこがまちがっているか説明し，
正しく計算しなさい。

教科書 p.18

× まちがい例

$$2ab^2 \div \frac{5}{2}a = 2ab^2 \times \frac{2}{5}a \quad \boxed{1}$$

$$= \frac{2 \times a \times b \times b \times 2 \times a}{5} \quad \boxed{2}$$

$$= \frac{4}{5}a^2b^2 \quad \boxed{3}$$

考え方　次のどこでまちがっているか調べよう。

1　除法を，逆数をかける乗法になおす。

2　単項式を×の記号を使って表す。

3　約分して，指数を用いて表す。

解答　**説明の例**

わる式は$\frac{5}{2}a$だから，乗法になおすときは，その逆数$\frac{2}{5a}$をかけなければならないのに，$\frac{2}{5}a$をかけているところがまちがっている。

正しい計算

$$2ab^2 \div \frac{5}{2}a = 2ab^2 \div \frac{5a}{2}$$

$$= 2ab^2 \times \frac{2}{5a}$$

$$= \frac{2 \times \overset{1}{\cancel{a}} \times b \times b \times 2}{5 \times \underset{1}{\cancel{a}}}$$

$$= \frac{4}{5}b^2$$

問5

次の計算をしなさい。

教科書 p.19

(1)　$a^2 \times b \div ab$

(2)　$b \div ab \times ab^2$

(3)　$a^2b \div ab^2 \times 3$

(4)　$8x^3 \div (-4x) \div x$

➔ 教科書 p.211 13
（ガイドp.232）

考え方　乗法，除法の混じった計算では，1つの分数の形になおし，文字や数で約分できるものは約分します。1つの分数の形になおすとき，次のようになります。

$$A \times B \div C = \frac{A \times B}{C},\quad A \div B \times C = \frac{A \times C}{B},\quad A \div B \div C = \frac{A}{B \times C}$$

解答

(1)　$a^2 \times b \div ab$　（1つの分数の形にする）

$$= \frac{a^2 \times b}{ab}$$

$$= \frac{\overset{1}{\cancel{a}} \times a \times \overset{1}{\cancel{b}}}{\underset{1}{\cancel{a}} \times \underset{1}{\cancel{b}}} \quad \leftarrow \text{約分する}$$

$$= a$$

(2)　$b \div ab \times ab^2$

$$= \frac{b \times ab^2}{ab}$$

$$= \frac{\overset{1}{\cancel{b}} \times \overset{1}{\cancel{a}} \times b \times b}{\underset{1}{\cancel{a}} \times \underset{1}{\cancel{b}}}$$

$$= b^2 \quad \leftarrow \text{答は累乗の形で書く}$$

(3)　$a^2b \div ab^2 \times 3 = \frac{a^2b \times 3}{ab^2}$

$$= \frac{\overset{1}{\cancel{a}} \times a \times \overset{1}{\cancel{b}} \times 3}{\underset{1}{\cancel{a}} \times \underset{1}{\cancel{b}} \times b}$$

$$= \frac{3a}{b}$$

(4)　$8x^3 \div (-4x) \div x = -\frac{8x^3}{4x \times x}$

$$= -\frac{\overset{2}{\cancel{8}} \times \overset{1}{\cancel{x}} \times \overset{1}{\cancel{x}} \times x}{\underset{1}{\cancel{4}} \times \underset{1}{\cancel{x}} \times \underset{1}{\cancel{x}}}$$

$$= -2x$$

問 6 右の計算はまちがっています。
どこがまちがっているか説明し，
正しく計算しなさい。

教科書 p.19

× まちがい例

$$6a^3b \div 2a^2 \times 3b = 6a^3b \div 6a^2b = \frac{6a^3b}{6a^2b} = a$$

考え方 $A \div B \times C$ の形の式は，次のように計算します。

$$A \div B \times C = \frac{A \times C}{B}$$

解答 **説明の例**

$2a^2 \times 3b$ の乗法を先に計算して，その積 $6a^2b$ で $6a^3b$ をわっているところがまちがっている。

正しい計算

$$6a^3b \div 2a^2 \times 3b$$
$$= \frac{6a^3b \times 3b}{2a^2}$$
$$= \frac{\overset{3}{\cancel{6}} \times \overset{1}{\cancel{a}} \times \overset{1}{\cancel{a}} \times a \times b \times 3 \times b}{\underset{1}{\cancel{2}} \times \underset{1}{\cancel{a}} \times \underset{1}{\cancel{a}}}$$
$$= 9ab^2$$

Q $a = 5$，$b = -3$ のとき，$8a^2b \div 4a$ の値を求めてみましょう。

教科書 p.19

考え方 はるかさんの考えとひろとさんの考えで値を求め，どちらのほうが求めやすいか考えよう。

解答 **はるかさんの考え**

$8a^2b \div 4a$ に $a = 5$，$b = -3$ を代入すると

$$8 \times 5^2 \times (-3) \div (4 \times 5) \quad ※$$
$$= 8 \times 25 \times (-3) \div 20$$
$$= -8 \times 25 \times 3 \times \frac{1}{20}$$
$$= -30$$

ひろとさんの考え

$$8a^2b \div 4a = \frac{8a^2b}{4a} = 2ab$$

$2ab$ に $a = 5$，$b = -3$ を代入すると

$$2 \times 5 \times (-3) = -30$$

どちらの考えでも -30 になる。

式を計算し，簡単にしてから値を代入するほうが，求めやすい。

注意 ※で $8 \times 5^2 \times (-3) \div 4 \times 5$ としてはいけない。$4a$ は1つのまとまりとして考え，$8 \times 5^2 \times (-3) \div \underline{(4 \times 5)}$ と 4×5 にかっこをつけて表す。

問 7

$a=-2$，$b=\dfrac{1}{3}$ のとき，次の式の値を求めなさい。

(1)　$4(a+2b)+(a-5b)$　　(2)　$12ab^2\div 2ab$

教科書 p.19

➔ 教科書 p.211 14
(ガイドp.232)

考え方 式を計算し，簡単にしてから値を代入します。
負の数を代入するときは，かっこをつけます。

解答 (1)

$$\begin{aligned}&4(a+2b)+(a-5b)\\&=4a+8b+a-5b\\&=5a+3b\end{aligned}$$

この式に $a=-2$，$b=\dfrac{1}{3}$ を代入すると　※

$$\begin{aligned}&5\times(-2)+3\times\frac{1}{3}\\&=-10+1\\&=-9\end{aligned}$$

(2)

$$\begin{aligned}&12ab^2\div 2ab\\&=\frac{12ab^2}{2ab}\\&=\frac{12\times a\times b\times b}{2\times a\times b}\\&=6b\end{aligned}$$

この式に $b=\dfrac{1}{3}$ を代入すると　※

$$6\times\frac{1}{3}=2$$

注意 ※の説明は書かずに

(1)

$$\begin{aligned}4(a+2b)+(a-5b)&=4a+8b+a-5b\\&=5a+3b\\&=5\times(-2)+3\times\frac{1}{3}\\&=-10+1\\&=-9\end{aligned}$$

（$a=-2$，$b=\dfrac{1}{3}$ を代入する）

と答えてもよい。((2)も同様)

基本の問題

教科書 ➔ p.20

1 多項式 $2x^2-5x+9$ について，次の問に答えなさい。

(1)　項をいいなさい。

(2)　何次式ですか。

考え方 (1)　多項式を単項式の和の形で表したとき，ひとつひとつの単項式が多項式の項です。
多項式 $2x^2-5x+9$ を単項式の和の形で表してみよう。

(2)　各項の次数（かけられている文字の個数）のうちでもっとも大きいものが，多項式の次数です。

解答 (1)　単項式の和の形で表すと，下のようになる。

$$2x^2-5x+9=2x^2+(-5x)+9$$

項は　$2x^2$，$-5x$，9

(2)　各項の次数のうちでもっとも大きいものは，$2x^2$ の次数の2だから，多項式 $2x^2-5x+9$ の次数は2で，2次式である。

2

次の計算をしなさい。

(1) $2a-3b+4a+7b$　(2) $3x^2-4x-2x^2+6x$

(3) $(2a+3b)+(a-6b)$　(4) $(4x+y)-(3x-5y)$

(5) $(-2a+5b)-(-2a+7b)$

考え方 かっこをはずして，同類項をまとめます。

(4)，(5)の多項式の減法では，ひくほうの多項式の各項の符号を変えて加えます。このとき，符号に注意しよう。

解答 (1) $2a-3b+4a+7b$

$=2a+4a-3b+7b$

$=6a+4b$

(2) $3x^2-4x-2x^2+6x$

$=3x^2-2x^2-4x+6x$

$=x^2+2x$

(3) $(2a+3b)+(a-6b)$

$=2a+3b+a-6b$

$=2a+a+3b-6b$

$=3a-3b$

(4) $(4x+y)\underline{-(3x-5y)}$

$=4x+y\underline{-3x+5y}$

$=4x-3x+y+5y$

$=x+6y$

(5) $(-2a+5b)\underline{-(-2a+7b)}$

$=-2a+5b\underline{+2a-7b}$

$=-2a+2a+5b-7b$

$=-2b$

3

次の計算をしなさい。

(1) $-3(2x-y)$　(2) $(28a-4b)\div 4$

(3) $2(a+b)+5(2a-b)$　(4) $3(x-2y)-2(2x-5y)$

考え方 式と数の乗法では，分配法則を使ってかっこをはずします。負の数をかけるときは，符号に注意しよう。

式と数の除法では，わる数の逆数をかける乗法になおして計算します。

(4) かっこをはずすとき，符号に注意しよう。

解答 (1) $-3(2x-y)$

$=-6x+3y$

(2) $(28a-4b)\div 4$

$=(28a-4b)\times\frac{1}{4}$　（逆数をかける）

$=28a\times\frac{1}{4}-4b\times\frac{1}{4}$

$=7a-b$

(3) $\underline{2(a+b)}+\underline{5(2a-b)}$

$=\underline{2a+2b}+\underline{10a-5b}$

$=2a+10a+2b-5b$

$=12a-3b$

(4) $\underline{3(x-2y)}\underline{-2(2x-5y)}$

$=\underline{3x-6y}\underline{-4x+10y}$

$=3x-4x-6y+10y$

$=-x+4y$

4　次の計算をしなさい。

(1)　$\dfrac{x+y}{3}+\dfrac{x-y}{2}$　　(2)　$\dfrac{x-5y}{2}-\dfrac{3x-11y}{6}$

考え方　分数の形をした多項式の計算には，次の2つの方法があります。

(方法1)　通分してかっこをはずし，同類項をまとめる。

(方法2)　(分数)×(多項式)の形になおしてかっこをはずし，同類項をまとめる。

解答　(1)　$\dfrac{x+y}{3}+\dfrac{x-y}{2}$　(方法1)

$=\dfrac{2(x+y)}{6}+\dfrac{3(x-y)}{6}$

$=\dfrac{2(x+y)+3(x-y)}{6}$

$=\dfrac{2x+2y+3x-3y}{6}$

$=\boldsymbol{\dfrac{5x-y}{6}}$

$\dfrac{x+y}{3}+\dfrac{x-y}{2}$　(方法2)

$=\dfrac{1}{3}(x+y)+\dfrac{1}{2}(x-y)$

$=\dfrac{1}{3}x+\dfrac{1}{3}y+\dfrac{1}{2}x-\dfrac{1}{2}y$

$=\dfrac{2}{6}x+\dfrac{3}{6}x+\dfrac{2}{6}y-\dfrac{3}{6}y$

$=\boldsymbol{\dfrac{5}{6}x-\dfrac{1}{6}y}$

(2)　$\dfrac{x-5y}{2}-\dfrac{3x-11y}{6}$　(方法1)

$=\dfrac{3(x-5y)}{6}-\dfrac{3x-11y}{6}$

$=\dfrac{3(x-5y)-(3x-11y)}{6}$

$=\dfrac{3x-15y-3x+11y}{6}$

$=\dfrac{-4y}{6}$

$=\boldsymbol{-\dfrac{2}{3}y}$

$\dfrac{x-5y}{2}-\dfrac{3x-11y}{6}$　(方法2)

$=\dfrac{1}{2}(x-5y)-\dfrac{1}{6}(3x-11y)$

$=\dfrac{1}{2}x-\dfrac{5}{2}y-\dfrac{1}{2}x+\dfrac{11}{6}y$

$=\dfrac{1}{2}x-\dfrac{1}{2}x-\dfrac{15}{6}y+\dfrac{11}{6}y$

$=-\dfrac{4}{6}y$

$=\boldsymbol{-\dfrac{2}{3}y}$

5　次の計算をしなさい。

(1)　$(-4a)\times 5b$　　(2)　$3pq^2\times 2p$

(3)　$(-3a)^2$　　(4)　$5ab\div\dfrac{5}{6}a$

(5)　$3x^2y\div 6xy$　　(6)　$ab^2\div b\times 4a$

考え方　(1)，(2)　単項式どうしの乗法は，係数の積に文字の積をかけます。

(3)　累乗をふくむ式は，累乗を積の形にして計算します。

(4)　わる式が分数のときは，乗法になおして計算します。

$\dfrac{5}{6}a=\dfrac{5a}{6}$としてから，$\dfrac{5}{6}a$の逆数を考えよう。

(5)　分数の形にして，係数どうし，文字どうしをそれぞれ約分します。

(6)　乗法と除法の混じった計算では，1つの分数にして計算します。

解答

(1) $(-4a)\times 5b$
$=(-4)\times a\times 5\times b$
$=(-4)\times 5\times a\times b$
$=-20ab$

(2) $3pq^2\times 2p$
$=3\times p\times q\times q\times 2\times p$
$=3\times 2\times p\times p\times q\times q$
$=6p^2q^2$

(3) $(-3a)^2$
$=(-3a)\times(-3a)$
$=(-3)\times(-3)\times a\times a$
$=9a^2$

(4) $5ab\div\frac{5}{6}a$
$=5ab\div\frac{5a}{6}$
$=5ab\times\frac{6}{5a}$
$=\frac{\overset{1}{\cancel{5}}\times\overset{1}{\cancel{a}}\times b\times 6}{\underset{1}{\cancel{5}}\times\underset{1}{\cancel{a}}}$
$=6b$

(5) $3x^2y\div 6xy$
$=\frac{3x^2y}{6xy}$
$=\frac{\overset{1}{\cancel{3}}\times\overset{1}{\cancel{x}}\times x\times\overset{1}{\cancel{y}}}{\underset{2}{\cancel{6}}\times\underset{1}{\cancel{x}}\times\underset{1}{\cancel{y}}}$
$=\frac{1}{2}x\ \left(\frac{x}{2}\right)$

(6) $ab^2\div b\times 4a$
$=\frac{ab^2\times 4a}{b}$ 　　$A\div B\times C=\frac{A\times C}{B}$
$=\frac{a\times\overset{1}{\cancel{b}}\times b\times 4\times a}{\underset{1}{\cancel{b}}}$
$=4a^2b$

6 $a=2$，$b=-2$のとき，次の式の値を求めなさい。

(1) $2(4a-3b)-2(a+2b)$　　(2) $9ab^2\div 3b$

考え方 式を計算してから，a，bの値を代入すると，求めやすくなります。
負の数を代入するときは，かっこをつけます。

解答

(1) $2(4a-3b)-2(a+2b)$
$=8a-6b-2a-4b$
$=6a-10b$
$6a-10b$に$a=2$，$b=-2$を代入すると
$6\times 2-10\times(-2)$
$=12+20$
$=32$

(2) $9ab^2\div 3b$
$=\frac{9ab^2}{3b}$
$=3ab$
$3ab$に$a=2$，$b=-2$を代入すると
$3\times 2\times(-2)$
$=-12$

2節 文字式の利用

3つの続いた整数の和には，どんな性質があるでしょうか。

教科書 p.21

❶ いくつかの例で調べて，どんな性質があるか予想してみましょう。

❷ ひろとさんは，さらにほかの場合についても調べ，❶の予想がいつでも成り立つといっています。この考えは正しいでしょうか。

解答 ❶ ひろとさんの考え

$4+5+6=$ 15

$11+12+13=$ 36

113 ＋ 114 ＋ 115 ＝ 342

〈予想〉

3つの続いた整数の和は，※　　になる。

※3の倍数
　真ん中の数の3倍

❷ 調べた場合で成り立っていても，すべての場合を調べていないので，いつでも成り立つとはいえない。したがって，ひろとさんの考えは正しくない。

1 式による説明

右の予想がいつでも成り立つことを，文字を使って説明してみましょう。

> 3つの続いた整数の和は，
> 3の倍数になる。

教科書 p.22～23

❶ 3つの続いた整数のうち，もっとも小さい整数をnとして，ほかの2つの整数をnを使って表してみましょう。

❷ ❶の和を求めてみましょう。3の倍数であることを示すには，どのように変形すればよいでしょうか。

❸ はるかさんは，教科書22ページの説明の$3(n+1)$という式から，3つの続いた整数の和について，ほかの性質を見つけました。どんな性質を見つけたのでしょうか。

❹ 問題の条件の「3つ」を「5つ」に変えて，5つの続いた整数の和には，どんな性質があるか予想してみましょう。
また，予想がいつでも成り立つことを説明してみましょう。

考え方 ❹ もっとも小さい整数をnとして，5つの続いた整数がどんな式で表されるか考えよう。

解答 ❶

4,	5,	6
↓	↓	↓
4,	4＋1,	4＋2
↓	↓	↓
n,	$n+1$,	$n+2$

❷ ❶の和

$$n+(n+1)+(n+2)=3n+3$$
$$=3(n+1)$$

3つの続いた整数の和が3×(整数)の形になるように変形すればよい。

❸ 3つの続いた整数の和は，真ん中の数の3倍になる。

❹ **予想**

「3つ」のときと同じように

・5の倍数になる。 …①

・真ん中の数の5倍になる。 …②

説明

5つの続いた整数のうち，もっとも小さい整数をnとすると，5つの続いた整数は

n，$n+1$，$n+2$，$n+3$，$n+4$

と表される。したがって，それらの和は

$$n+(n+1)+(n+2)+(n+3)+(n+4)=5n+10$$
$$=5(n+2)$$

$n+2$は整数だから，$5(n+2)$は5の倍数である。したがって，5つの続いた整数の和は，5の倍数になる。 …①

また，$n+2$は真ん中の数だから，$5(n+2)$は真ん中の数の5倍である。したがって，5つの続いた整数の和は，真ん中の数の5倍になる。 …②

「3つ」の場合でも「5つ」の場合でも，続いた数の和は，続く個数の倍数になっている。また，(真ん中の数)×(続いた個数)になっている。したがって

nが奇数のとき，n個の続いた整数の和は

nの倍数になる。

真ん中の数のn倍になる。

といえる。

レベルアップ 説明のとき，真ん中の数をnとすると考えやすくなる。

説明 3つの続いた整数のうち，真ん中の整数をnとすると，3つの続いた整数は

$n-1$，n，$n+1$

と表される。したがって，それらの和は

$$(n-1)+n+(n+1)=3n$$

nは整数だから，$3n$は3の倍数である。したがって，3つの続いた整数の和は3の倍数になる。

5つの続いた整数のときは，5つの整数を次のように表して説明すればよい。

$n-2$，$n-1$，n，$n+1$，$n+2$

2けたの自然数と，その数の一の位の数字と十の位の数字を入れかえた数を考えます。この2つの数の和には，どんな性質があるでしょうか。

教科書 p.23～24

❶ いくつかの例で調べて，どんな性質があるか予想してみましょう。また，予想したことがらを，「～は，…になる。」という形で書きましょう。

❷ ❶の予想がいつでも成り立つことを説明してみましょう。

❸ 問題の条件の「和」を「差」に変えると，どんな性質があるか予想してみましょう。また，予想がいつでも成り立つことを説明してみましょう。

解答 ❶ 右の表で調べたように，結果は

$53+35=88$
$72+27=99$
$84+48=132$

$88=11\times8$
$99=11\times9$
$132=11\times12$

となり，11の倍数になることが予想される。したがって，予想したことがらは

2けたの自然数と，その数の一の位の数字と十の位の数字を入れかえた数の和は，11の倍数になる。

❷ **ゆうなさん**

すべての2けたの自然数をまとめて表すには
自然数の十の位をx，一の位をyとして，
自然数を$10x+y$と表せばよい。

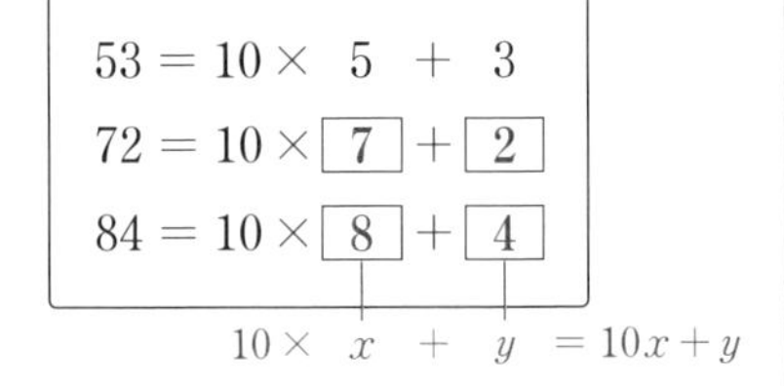

説明　省略（教科書24ページ参照）

❸ **予想**

$53-35=18=9\times2=3\times6$
$72-27=45=9\times5=3\times15$
$84-48=36=9\times4=3\times12$

となることから，差は9の倍数（3の倍数）となることが予想できる。

説明　はじめに考えた数の十の位をx，一の位をyとすると

はじめの数は　$10x+y$
入れかえた数は　$10y+x$

と表される。したがって，それらの差は

$(10x+y)-(10y+x)$
$=9x-9y$
$=9(x-y)$

$x-y$は整数だから，$9(x-y)$は9の倍数である。
したがって，2けたの自然数と，その数の一の位の数字と十の位の数字を入れかえた数の差は，9の倍数になる。
$9x-9y=3(3x-3y)$となることから，3の倍数になることもいえる。

そうたさん

「3けた」に変えたときについては，教科書34ページ（解答は，ガイド42ページ）章の問題B－7を参照。

深い学び　数の並びから性質を見つけよう

教科書 ➔ p.25〜26

カレンダーの数をいろいろに囲んでみましょう。
囲んだ数の和には，どんな性質があるでしょうか。

❶ 縦や横，斜(なな)めなどいろいろに囲んで，囲んだ数の和の性質を予想してみましょう。

❷ ❶の予想がいつでも成り立つことを説明してみましょう。

❸ そうたさんは，右のことがらを予想しました。この予想は，正しいといえるでしょうか。そのように考えた理由を説明してみましょう。

> $4+5+11+12=32$
> $6+7+13+14=40$
> 〈予想〉
> 縦2つ，横2つの正方形で囲みました。
> 正方形で囲んだとき，4つの数の和は，8の倍数になる。

❹ そうたさんの予想を修正してみましょう。また，修正した予想がいつでも成り立つことを説明してみましょう。

❺ 学習をふり返ってまとめをしましょう。

❻ 説明をふり返ったり，囲み方を変えて調べたりして，新しい性質を見つけてみましょう。

考え方 ❸ 成り立たない例が1つでもあれば，予想が正しいとはいえません。

解答 ❶ **①のように，横に3つの数を囲む**

この場合は，3つの続いた数の和になるから，教科書22ページQで調べたように，和は3の倍数になる。

日	月	火	水	木	金	土
				1	2	3
4	5	6	7	8	9	10
11	12	13	14	15	16	17
18	19	20	21	22	23	24
25	26	27	28	29	30	31

②のように，縦に3つの数を囲む

$1+8+15=24=3\times8$

$14+21+28=63=3\times21$

となる。この場合も，和は3の倍数となることが予想される。

③，④のように，斜めに3つの数を囲む

③　$11+19+27=57=3\times19$

④　$17+23+29=69=3\times23$

となる。この場合も，和は3の倍数となることが予想される。

❷ **横に3つの数を囲む**

（教科書22ページの説明参照）

縦に3つの数を囲む

囲んだ数のうち，もっとも小さい数をnとすると，囲んだ3つの数は

$n,\ n+7,\ n+14$　…②

と表される。したがって，それらの和は

$$n+(n+7)+(n+14)$$
$$=3n+21$$
$$=3(n+7)$$

$n+7$は整数だから，$3(n+7)$は3の倍数である。

したがって，囲んだ数の和は3の倍数となる。

斜めに3つの数を囲む

③のように囲んだときは　　3つの数を　$n,\ n+8,\ n+16$

④のように囲んだときは　　3つの数を　$n,\ n+6,\ n+12$

として，3つの数の和を求めればよい。どちらの場合も，和は3の倍数となることを示すことができる。

レベルアップ　どの場合も，真ん中の数をnとすると，囲んだ3つの数は

②の場合　$n-7,\ n,\ n+7$

③の場合　$n-8,\ n,\ n+8$

④の場合　$n-6,\ n,\ n+6$

と表される。したがって，それらの和はどの場合も$3n$となって，3の倍数となることを示すことができる。

❸ 正しいとはいえない。

右の図の⑤のように囲むと

$19+20+26+27=92$

となって，8の倍数にならない。

（左上の数が偶数のとき，和は8の倍数となる。）

日	月	火	水	木	金	土
				1	2	3
4	5	6	7	8	9	10
11	12	13	14	15	16	17
18	19	20	21	22	23	24
25	26	27	28	29	30	31

⑤

❹ **予想**

縦2つ，横2つの正方形で囲んだとき，4つの数の和は4の倍数になる。

説明

左上の数をnとすると，囲んだ4つの数は

$n,\ n+1,\ n+7,\ n+8$

と表される。したがって，それらの和は

$$n+(n+1)+(n+7)+(n+8)=4n+16$$
$$=4(n+4)$$

$n+4$は整数だから，$4(n+4)$は4の倍数である。

したがって，正方形で囲んだとき，4つの数の和は4の倍数になる。

❺ 省略

❻ 説明をふり返る

横に3つ，縦に3つ，斜めに3つの数を囲んだとき，3つの数の和は，どれも真ん中の数の3倍になっている。

囲み方を変えて調べる

はるかさんの囲み方…❷参照

ひろとさんの囲み方

(Ⅰ)**予想** 縦3つ，横3つの正方形で囲むと，4つのすみの数の和は4の倍数となる。

説明 左上の数をnとすると，4つのすみの数は

n，$n+2$，$n+14$，$n+16$

と表される。したがって，それらの和は

$$n+(n+2)+(n+14)+(n+16)$$
$$=4n+32$$
$$=4(n+8)$$

日	月	火	水	木	金	土
				1	2	3
4	5	6	7	8	9	10
11	12	13	14	15	16	17
18	19	20	21	22	23	24
25	26	27	28	29	30	31

$n+8$は整数だから，$4(n+8)$は4の倍数である。

したがって，縦3つ，横3つの正方形で囲むと，4つのすみの数の和は4の倍数になる。

また，$n+8$は，正方形の真ん中の数だから，4すみの数の和は，正方形の真ん中の数の4倍である，ということもできる。

(Ⅱ)**予想** 縦3つ，横3つの正方形で囲むと，囲んだ数の和は

・9の倍数になる。

・真ん中の数の9倍になる。

説明 真ん中の数をnとすると，9つの数の和は

$$(n-8)+(n-7)+(n-6)+(n-1)+n$$
$$+(n+1)+(n+6)+(n+7)+(n+8)$$
$$=9n$$

$n-8$	$n-7$	$n-6$
$n-1$	n	$n+1$
$n+6$	$n+7$	$n+8$

したがって，縦3つ，横3つの正方形で囲むと，囲んだ数の和は，9の倍数（真ん中の数の9倍）になる。

そのほかの囲み方

予想 右の図のように，5つの数を十字形に囲むとき，十字形に囲んだ数の和は

・5の倍数になる。

・真ん中の数の5倍になる。

日	月	火	水	木	金	土
				1	2	3
4	5	6	7	8	9	10
11	12	13	14	15	16	17
18	19	20	21	22	23	24
25	26	27	28	29	30	31

説明 真ん中の数をnとすると，その数と上，下，左，右の数の和は

$$n+(n-7)+(n+7)+(n-1)+(n+1)=5n$$

したがって，5つの数を十字形に囲むとき，十字形に囲まれた5つの数の和は，5の倍数（真ん中の数の5倍）になる。

2 等式の変形

Q クラスの32人が，3人がけの座席と2人がけの座席に空席がないように座(すわ)るとき，3人がけの座席と2人がけの座席はそれぞれ何列必要ですか。 教科書 p.27

❶ 3人がけの座席x列と，2人がけの座席y列にちょうど32人が座ることから，等式をつくってみましょう。

❷ 3人がけの座席が2列のとき，2人がけの座席は何列必要ですか。

❸ 式$y=16-\frac{3}{2}x$を使って，2種類の座席の組み合わせを，すべて求めてみましょう。

考え方 ❷ ❶でつくった等式に$x=2$を代入して，yの値を求めよう。

❸ xに1，2，…を順に代入して，yの値が整数になるものを見つけます。
yは列数を表すから，正の整数（自然数）でなければいけません。

解答 ❶ $3x+2y=32$

❷ ❶でつくった等式に$x=2$を代入すると

$$3\times2+2y=32$$
$$2y=26$$
$$y=13$$

答　13列

$$3x+2y=32$$
$$2y=32-3x$$
$$y=16-\frac{3}{2}x$$

等式の両辺から同じ式をひいても等式は成り立つ

等式の両辺を同じ数でわっても，等式は成り立つ

❸ 2人がけの座席の列数が正の整数にならない場合を×とする。

3人がけの座席の列数 x	0	1	2	3	4	5	6	7	8	9	10	11	12
2人がけの座席の列数 y	16	×	13	×	10	×	7	×	4	×	1	×	×

（3人がけの座席の列数，2人がけの座席の列数）と表すと

(0，16)，(2，13)，(4，10)，(6，7)，(8，4)，(10，1)

$y=16-\frac{3}{2}x$の式から，yが整数となるためには$\frac{3}{2}x$も整数とならなければならない。したがって，xの値は偶数（2の倍数）でなければならないことがわかる。

問1 次の等式を〔　〕の中の文字について解きなさい。 教科書 p.28

(1)　$3x-6y=5$〔x〕　(2)　$x+2y=4$〔y〕

(3)　$5x+2y-17=0$〔x〕

考え方 それぞれの等式を，等式の性質を使って，左辺に〔　〕の中の文字だけが残るように変形します。

解答 (1)　$3x-6y=5$

$3x=5+6y$　（$-6y$を移項する）

$x=\dfrac{5}{3}+2y$　（両辺を3でわる）　$\left(x=\dfrac{5+6y}{3}\right)$

(2)　$x+2y=4$

$2y=4-x$　（xを移項する）

$y=2-\dfrac{1}{2}x$　（両辺を2でわる）　$\left(y=\dfrac{4-x}{2}\right)$

(3)　$5x+2y-17=0$

$5x=-2y+17$　（$2y$，-17を移項する）

$x=-\dfrac{2}{5}y+\dfrac{17}{5}$　（両辺を5でわる）　$\left(x=\dfrac{-2y+17}{5}\right)$

問2 次の等式を〔　〕の中の文字について解きなさい。 教科書 p.28

(1)　$\dfrac{1}{4}xy=2$〔y〕　(2)　$2ab=4$〔b〕

➔ 教科書 p.211 15
(ガイドp.233)

考え方 〔　〕の中の文字の係数を1にするためには，両辺に何をかければよいか，または，両辺を何でわればよいかを考えよう。

解答 (1)　$\dfrac{1}{4}xy=2$

$xy=8$　（両辺に4をかける）

$y=\dfrac{8}{x}$　（両辺をxでわる）

(2)　$2ab=4$

$ab=2$　（両辺を2でわる）

$b=\dfrac{2}{a}$　（両辺をaでわる）

方程式を
解くときの式の
変形ににているね。

問3

次の等式を〔　〕の中の文字について解きなさい。

教科書 p.28

(1)　$\ell = 2(a+b)$〔a〕　　(2)　$V = \frac{1}{3}a^2h$〔h〕

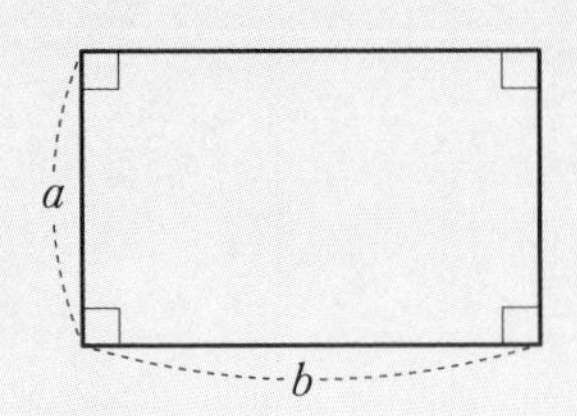

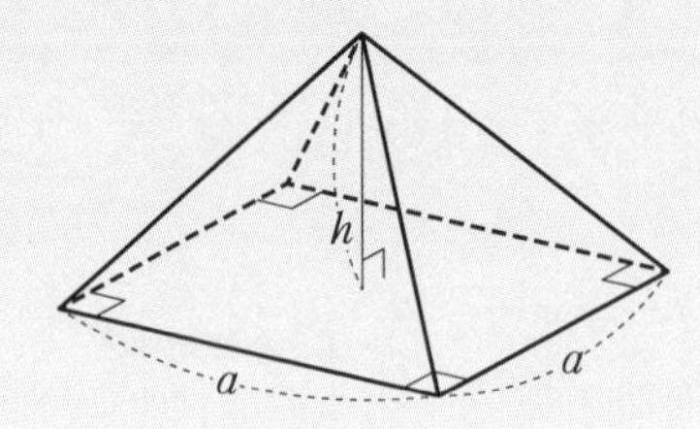

考え方　両辺を入れかえ，〔　〕の中の文字が左辺にくるように変形しよう。

解答　(1)

$$\ell = 2(a+b)$$
$$\ell = 2a + 2b$$
両辺を入れかえる
$$2a + 2b = \ell$$
$2b$を移項する
$$2a = \ell - 2b$$
両辺を2でわる
$$a = \frac{\ell}{2} - b$$
$$\left(a = \frac{\ell - 2b}{2}\right)$$

(2)

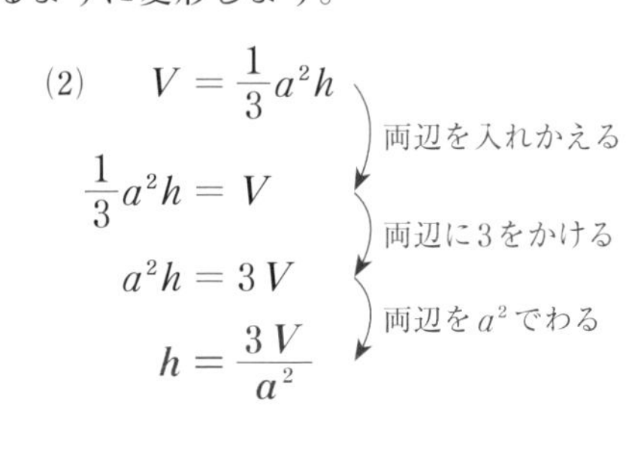

$$V = \frac{1}{3}a^2h$$
両辺を入れかえる
$$\frac{1}{3}a^2h = V$$
両辺に3をかける
$$a^2h = 3V$$
両辺をa^2でわる
$$h = \frac{3V}{a^2}$$

それぞれ，次の量を求める公式である。

(1)　縦の長さa，横の長さbの長方形の周の長さℓ

(2)　底面の1辺の長さがa，高さがhの正四角錐の体積V

問4

教科書 p.29

右の図のような，直線部分がam，半円部分の半径がrm，1周の長さが200mのトラックがあります。このとき，トラックの1周の長さについて

$$2a + 2\pi r = 200$$

という等式が成り立ちます。このとき，次の問に答えなさい。

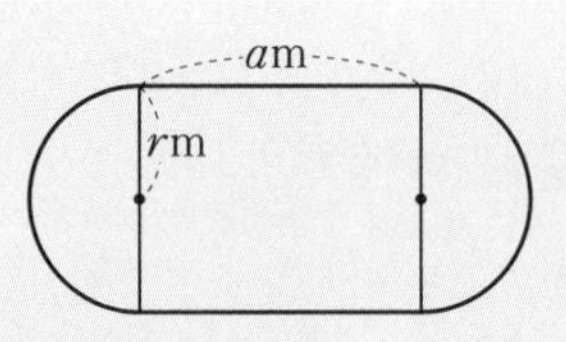

(1)　$2a + 2\pi r = 200$をaについて解きなさい。

(2)　(1)で変形した式を使って，半円部分の半径が22mのときの直線部分の長さを求めなさい。

考え方　(2)　(1)で変形した式に$r = 22$を代入してaの値を求めます。

解答　(1)

$$2a + 2\pi r = 200$$
$$2a = 200 - 2\pi r$$
$$a = 100 - \pi r$$

答　$a = 100 - \pi r$

(2)　(1)で求めた式に$r = 22$を代入すると

$$a = 100 - 22\pi$$

答　$(100 - 22\pi)$m

基本の問題

教科書 ➔ p.29

1 2けたの自然数から，その数の各位の数の和をひくと，9の倍数になります。このことを，文字を使って説明しなさい。

考え方 2けたの自然数の十の位をx，一の位をyとして，2けたの自然数，各位の数の和を表し，これを使って式をつくり計算します。9の倍数になることを示すには，その結果が，9×(整数)の形に表せることを示せばよい。

解答 2けたの自然数の十の位をx，一の位をyとすると

2けたの自然数は　$10x+y$

各位の数の和は　$x+y$

と表される。したがって，それらの差は

$$(10x+y)-(x+y)=10x+y-x-y$$
$$=10x-x+y-y$$
$$=9x$$

xは整数だから，$9x$は9の倍数である。

したがって，2けたの自然数から，その数の各位の数の和をひくと，9の倍数になる。

2 次の等式を〔　〕の中の文字について解きなさい。

(1) $3x-2y=4$ 〔x〕

(2) $2x-5y-15=0$ 〔y〕

(3) $\ell=2\pi r$ 〔r〕

考え方 それぞれの等式を，等式の性質を使って，左辺に〔　〕の中の文字だけが残るように変形します。

解答 (1) $3x-2y=4$

$3x=4+2y$　（$-2y$を移項する）

$x=\frac{4}{3}+\frac{2}{3}y$　（両辺を3でわる）

$\left(x=\frac{4+2y}{3}\right)$

(2) $2x-5y-15=0$

$-5y=-2x+15$　（$2x$，-15を移項する）

$y=\frac{2}{5}x-3$　（両辺を-5でわる）

$\left(y=\frac{2x-15}{5}\right)$

(3) $\ell=2\pi r$

$2\pi r=\ell$　（両辺を入れかえる）

$r=\frac{\ell}{2\pi}$　（両辺を2πでわる）

注意 (3)は，半径がrの円の周の長さℓを求める公式である。

要点チェック

□単項式	数や文字についての乗法だけでつくられた式を**単項式**という。
□多項式と項	単項式の和の形で表された式を**多項式**といい，そのひとつひとつの単項式を，多項式の**項**という。
□単項式の次数	単項式でかけられている文字の個数を，その式の**次数**という。
□多項式の次数	多項式では，各項の次数のうちでもっとも大きいものを，その多項式の**次数**という。
□多項式の加法	多項式の加法は，それらの多項式のすべての項を加える。 そのとき，同類項はまとめる。
□多項式の減法	多項式の減法は，ひくほうの多項式の各項の符号を変えて加える。
□多項式と数の乗法	多項式と数の乗法は，分配法則を使って計算する。 $a(b+c)=ab+ac$
□多項式と数の除法	多項式と数の除法は，乗法になおして計算する。
□単項式どうしの乗法	単項式どうしの乗法は，係数の積に文字の積をかける。
□単項式どうしの除法	単項式どうしの除法は，分数の形にして，係数どうし，文字どうしをそれぞれ約分する。 わる式が分数の場合は，乗法になおして計算する。

✓を入れて，
理解を確認しよう。

章の問題A

教科書 ➔ p.32

1 次の式の項をいいなさい。

(1) $2x-3y+5$　　(2) $2x^2-4x-9$

解答 (1) $2x-3y+5$

$=2x+(-3y)+5$

項は　$2x$，$-3y$，5

(2) $2x^2-4x-9$

$=2x^2+(-4x)+(-9)$

項は　$2x^2$，$-4x$，-9

2 次の式の次数をいいなさい。

(1) $\frac{1}{2}xy$　　(2) $2ab^2+3ab-4b$

解答 (1) $\frac{1}{2}xy=\frac{1}{2}\times\underbrace{x\times y}_{2個}$

次数は 2

(2) $\underset{3次}{2ab^2}+\underset{2次}{3ab}\underset{1次}{-4b}$ だから,

次数は 3

3 次の計算をしなさい。

(1) $4a-3b+5b-6a$

(2) $7x+2y-4x-3y$

(3) $(4x-7y)+(3x-5y)$

(4) $(5x^2-4x)-(x^2-4x)$

考え方 (4) かっこをはずすとき，符号に注意しよう。

解答 (1) $4a-3b+5b-6a$

$=4a-6a-3b+5b$

$=\mathbf{-2a+2b}$

(2) $7x+2y-4x-3y$

$=7x-4x+2y-3y$

$=\mathbf{3x-y}$

(3) $(4x-7y)+(3x-5y)$

$=4x-7y+3x-5y$

$=4x+3x-7y-5y$

$=\mathbf{7x-12y}$

(4) $(5x^2-4x)-(x^2-4x)$

$=5x^2-4x-x^2+4x$

$=5x^2-x^2-4x+4x$

$=\mathbf{4x^2}$

4 次の計算をしなさい。

(1) $3(2a-3b)$

(2) $(a+4b)\times(-2)$

(3) $(2a-6b)\div 2$

(4) $3(2a+b)+4(a-2b)$

(5) $2(x^2+6x)-3(4x-1)$

(6) $\frac{2x+y}{2}+\frac{x-y}{3}$

考え方 (4), (5) かっこをはずし，同類項をまとめます。かっこをはずすとき，符号に注意しよう。

(6) 通分するか，(分数)×(多項式)の形になおして計算します。

解答 (1) $3(2a-3b)$

$=\mathbf{6a-9b}$

(2) $(a+4b)\times(-2)$

$=\mathbf{-2a-8b}$

(3) $(2a-6b)\div 2$

$=(2a-6b)\times\frac{1}{2}$

$=2a\times\frac{1}{2}-6b\times\frac{1}{2}$

$=\mathbf{a-3b}$

(4) $3(2a+b)+4(a-2b)$

$=6a+3b+4a-8b$

$=6a+4a+3b-8b$

$=\mathbf{10a-5b}$

(5) $2(x^2+6x)-3(4x-1)$

$=2x^2+12x-12x+3$

$=\mathbf{2x^2+3}$

(6) $\frac{2x+y}{2}+\frac{x-y}{3}$

$=\frac{3(2x+y)}{6}+\frac{2(x-y)}{6}$

$=\frac{3(2x+y)+2(x-y)}{6}$

$=\frac{6x+3y+2x-2y}{6}$

$=\mathbf{\frac{8x+y}{6}}$

$\frac{2x+y}{2}+\frac{x-y}{3}$

$=\frac{1}{2}(2x+y)+\frac{1}{3}(x-y)$

$=x+\frac{1}{2}y+\frac{1}{3}x-\frac{1}{3}y$

$=\frac{3}{3}x+\frac{1}{3}x+\frac{3}{6}y-\frac{2}{6}y$

$=\mathbf{\frac{4}{3}x+\frac{1}{6}y}$

5 次の計算をしなさい。

(1) $6x\times(-3x)$　(2) $(-a)^2\times4a$

(3) $4ab\div(-8b)$　(4) $9x^2\div(-x)$

(5) $5x^2y\div\dfrac{x}{3}$　(6) $a^2\times8b\div4ab$

考え方 (6) 1つの分数にして，係数どうし，文字どうしをそれぞれ約分します。

解答 (1) $6x\times(-3x)$

$=6\times(-3)\times x\times x$

$=-18x^2$

(2) $\underline{(-a)^2}\times4a$

$=\underline{(-a)\times(-a)}\times4a$

$=(-1)\times(-1)\times4\times a\times a\times a$

$=4a^3$

(3) $4ab\div(-8b)$

$=\dfrac{4ab}{-8b}$

$=-\dfrac{4ab}{8b}$

$=-\dfrac{\overset{1}{\cancel{4}}\times a\times\overset{1}{\cancel{b}}}{\underset{2}{\cancel{8}}\times\underset{1}{\cancel{b}}}$

$=-\dfrac{a}{2}$

(4) $9x^2\div(-x)$

$=\dfrac{9x^2}{-x}$

$=-\dfrac{9x^2}{x}$

$=-\dfrac{9\times x\times\overset{1}{\cancel{x}}}{\underset{1}{\cancel{x}}}$

$=-9x$

(5) $5x^2y\div\dfrac{x}{3}$

$=5x^2y\times\dfrac{3}{x}$

$=\dfrac{5x^2y\times3}{x}$

$=\dfrac{5\times\overset{1}{\cancel{x}}\times x\times y\times3}{\underset{1}{\cancel{x}}}$

$=15xy$

(6) $a^2\times8b\div4ab$　$A\times B\div C=\dfrac{A\times B}{C}$

$=\dfrac{a^2\times8b}{4ab}$

$=\dfrac{\overset{1}{\cancel{a}}\times a\times\overset{2}{\cancel{8}}\times\overset{1}{\cancel{b}}}{\underset{1}{\cancel{4}}\times\underset{1}{\cancel{a}}\times\underset{1}{\cancel{b}}}$

$=2a$

6

$x=3$，$y=-\frac{1}{3}$のとき，次の式の値を求めなさい。

(1) $(x+2y)-(3x-4y)$　　(2) $24xy^2\div(-6y)$

考え方 式を簡単にしてから，x，yの値を代入します。負の数を代入するときは，かっこをつけます。

解答 (1)

$$(x+2y)-(3x-4y)$$
$$=x+2y-3x+4y$$
$$=-2x+6y$$

この式に$x=3$，$y=-\frac{1}{3}$を代入すると

$$-2\times3+6\times\left(-\frac{1}{3}\right)$$
$$=-6-2$$
$$=-8$$

(2)

$$24xy^2\div(-6y)$$
$$=\frac{24xy^2}{-6y}$$
$$=-4xy$$

この式に$x=3$，$y=-\frac{1}{3}$を代入すると

$$-4\times3\times\left(-\frac{1}{3}\right)$$
$$=4$$

7

次の等式を〔　〕の中の文字について解きなさい。

(1) $3x-4y+2=0$〔y〕　　(2) $m=\frac{a+b}{2}$〔a〕

考え方 等式の性質を使って，左辺に〔　〕の中の文字だけが残るように変形します。

解答 (1)

$$3x-4y+2=0$$
（$3x$，2を移項する）
$$-4y=-3x-2$$
（両辺を-4でわる）
$$y=\frac{3}{4}x+\frac{1}{2}$$
$$\left(y=\frac{3x+2}{4}\right)$$

(2)

$$m=\frac{a+b}{2}$$
（両辺に2をかける）
$$2m=a+b$$
（両辺を入れかえる）
$$a+b=2m$$
（bを移項する）
$$a=2m-b$$

8

2，4，6の和は12で，6の倍数になります。このように，3つの続いた偶数の和は6の倍数になります。このことを，文字を使って説明しなさい。

考え方 nを整数とすると，偶数は$2n$と表せます。3つの続いた偶数は，2ずつ大きくなっていることから，もっとも小さい偶数を$2n$として，3つの続いた偶数をnを使って表してみよう。
6の倍数になることを示すには，6×(整数)の形に表せばよい。

解答 3つの続いた偶数のうち，もっとも小さい偶数を$2n$とすると，3つの続いた偶数は

$2n$，$2n+2$，$2n+4$

と表せる。したがって，それらの和は

$$2n+(2n+2)+(2n+4)=6n+6$$
$$=6(n+1)$$

$n+1$は整数だから，$6(n+1)$は6の倍数である。
したがって，3つの続いた偶数の和は，6の倍数になる。

レベルアップ 真ん中の偶数を$2n$として，3つの続いた偶数を$2n-2$，$2n$，$2n+2$として説明することもできる。

章の問題B

教科書 ➔ p.33〜34

1 次の計算をしなさい。

(1) $4x^2y\times(3y)^2\div(-6xy^2)$　　(2) $5(2x-y)-\{x-3(x-y)\}$

考え方 (1) 累乗を先に計算します。次に，1つの分数にして，係数どうし，文字どうしをそれぞれ約分します。

(2) かっこが2重になっているものは，内側のかっこから先にはずします。

解答 (1) $4x^2y\times(3y)^2\div(-6xy^2)$

$=4x^2y\times9y^2\div(-6xy^2)$

$=-\dfrac{4x^2y\times9y^2}{6xy^2}$

$=-\dfrac{\overset{2}{\cancel{4}}\times\overset{1}{\cancel{x}}\times x\times\overset{1}{\cancel{y}}\times\overset{3}{\cancel{9}}\times\overset{1}{\cancel{y}}\times y}{\underset{\underset{1}{3}}{\cancel{6}}\times\underset{1}{\cancel{x}}\times\underset{1}{\cancel{y}}\times\underset{1}{\cancel{y}}}$

$=-6xy$

(2) $5(2x-y)-\{x-3(x-y)\}$

$=10x-5y-(x-3x+3y)$

$=10x-5y+2x-3y$

$=10x+2x-5y-3y$

$=12x-8y$

2 $A=x+y$，$B=2x-3y$として，次の式を計算しなさい。

(1) $4A-3B$　　(2) $A-(B-2A)$

考え方 (1) A，Bに直接式を代入します。代入するときは，式全体にかっこをつけます。

(2) 式を計算してから，A，Bに式を代入します。

解答 (1) $A=x+y$，$B=2x-3y$を代入すると

$4A-3B$

$=4(x+y)-3(2x-3y)$

$=4x+4y-6x+9y$

$=4x-6x+4y+9y$

$=-2x+13y$

(2) $A-(B-2A)$

$=A-B+2A$

$=3A-B$

この式に$A=x+y$，$B=2x-3y$を代入すると

$3A-B=3(x+y)-(2x-3y)$

$=3x+3y-2x+3y$

$=3x-2x+3y+3y$

$=x+6y$

3 右の図のように，A～Fの6つの場所に自然数を1から順に書いていきます。

(1) 1000はA～Fのどこに入りますか。

(2) Bにある数とEにある数から1つずつ選んで加えると，和はAにある数になります。このことを，文字を使って説明しなさい。

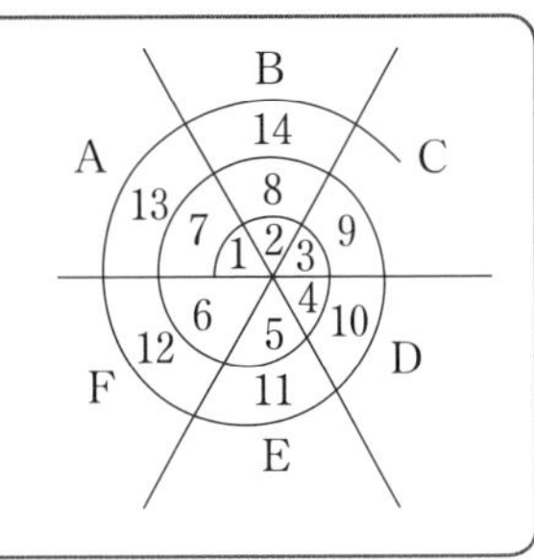

考え方 A～Fに入る数は，それぞれ，6でわったときの余りが1，2，3，4，5，0の数です。

(1) 1000を6でわったときの余りを求めて，どこに入るかを考えよう。

(2) Bには，6でわったときの余りが2，Eには，6でわったときの余りが5になる数が入るから，m，nを0以上の整数として，B，Eにある数は，それぞれどのように表されるか考えよう。

わり算で，わられる数，わる数，商，余りは，次のように表されます。

(わられる数)＝(わる数)×(商)＋(余り)

和がAにある数になることをいうには，Bにある数とEにある数の和が，Aにある数，すなわち，6でわったときの余りが1となることを示せばよい。

解答 (1) 1000を6でわると，商が166で，余りが4だから，1000は**D**に入る。

(2) m，nを，それぞれ0以上の整数とすると

Bにある数は　$6m+2$

Eにある数は　$6n+5$

と表される。したがって，それらの和は

$$(6m+2)+(6n+5)$$
$$=6m+6n+7$$
$$=6m+6n+6+1$$
$$=6(m+n+1)+1$$

$m+n+1$は1以上の整数だから，$6(m+n+1)+1$は，6でわったときの余りが1となる数を表していて，Aにある数である。したがって，Bにある数とEにある数から1つずつ選んで加えると，和はAにある数になる。

レベルアップ 2つの整数A，Bを6でわったときの余りがa，bとなるとき，AとBの和を6でわったときの余りは，$a+b$を6でわったときの余りと等しくなる。
(6以外の整数でわるときも，同様のことが成り立つ。)

4 おうぎ形の半径をr，中心角を$a°$とすると，弧(こ)の長さℓ，面積Sは，それぞれ次のように表すことができます。

$$\ell=2\pi r\times\frac{a}{360},\quad S=\pi r^2\times\frac{a}{360}$$

この2つの式から，おうぎ形の面積Sは$S=\frac{1}{2}\ell r$と表されることを示しなさい。

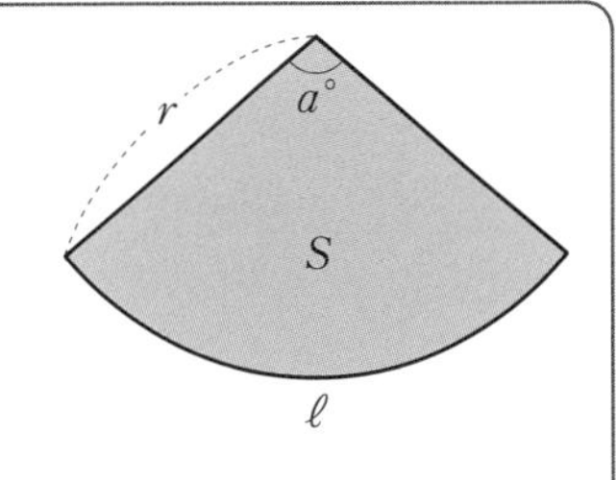

考え方　$S=\frac{1}{2}\ell r$ の式から，$S=\ell\times\frac{1}{2}r$ となることがわかります。したがって，$\ell=2\pi r\times\frac{a}{360}$ の両辺に $\frac{1}{2}r$ をかけて，$S=\pi r^2\times\frac{a}{360}$ と等しくなることを示せばよい。

解答　おうぎ形の弧の長さを表す式 $\ell=2\pi r\times\frac{a}{360}$ の両辺に $\frac{1}{2}r$ をかけると

$$\ell\times\frac{1}{2}r=2\pi r\times\frac{a}{360}\times\frac{1}{2}r$$

$$\frac{1}{2}\ell r=\pi r^2\times\frac{a}{360}$$

この式の右辺は，おうぎ形の面積 S を表しているから

$$\frac{1}{2}\ell r=S$$

したがって，おうぎ形の面積は $S=\frac{1}{2}\ell r$ となる。

レベルアップ　おうぎ形を三角形とみると，ℓ は底辺，r は高さとみることができ，$S=\frac{1}{2}\ell r$ の式から，おうぎ形の面積も三角形の面積と同じように，$\frac{1}{2}\times$(底辺)$\times$(高さ)で求められることができるとみることができる。

5　右の図の長方形を，辺DCを軸(じく)として1回転させてできる円柱をP，辺BCを軸として1回転させてできる円柱をQとします。円柱P，Qの側面積について，下の㋐～㋒から正しいものを選び，その理由を説明しなさい。

㋐　円柱Pの側面積のほうが大きい。
㋑　円柱Qの側面積のほうが大きい。
㋒　円柱Pと円柱Qの側面積は等しい。

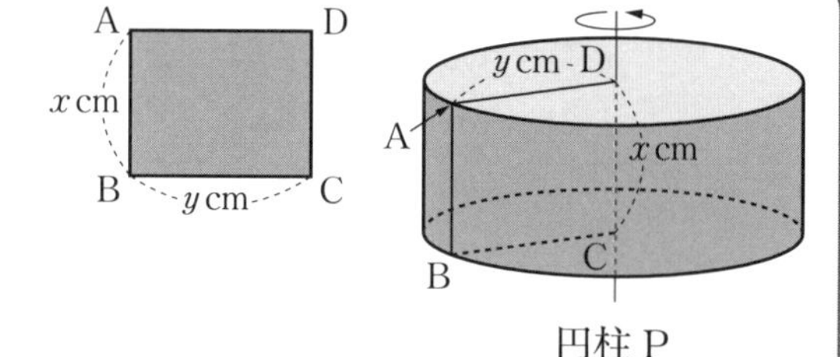

円柱P

円柱Q

考え方　円柱の側面は長方形で，縦（短い辺）と横（長い辺）の長さはそれぞれ

短い辺…円柱の高さ　　長い辺…円柱の底面の周の長さ

となるから，側面積は，次の式で求めることができます。

(側面積) $=\{2\pi\times$(円柱の底面の半径)$\}\times$(円柱の高さ)

解答　**正しいもの**　㋒

理由　円柱Pは，底面が半径 y cmの円で，高さが x cmの円柱だから，側面積は

$(2\pi\times y)\times x=2\pi xy$ (cm^2)

円柱Qは，底面が半径 x cmの円で，高さが y cmの円柱だから，側面積は

$(2\pi\times x)\times y=2\pi xy$ (cm^2)

したがって，2つの円柱の側面積は等しい。

6 活用の問題

はるかさんとひろとさんは，台形の面積の求め方について，いろいろな方法で考えています。

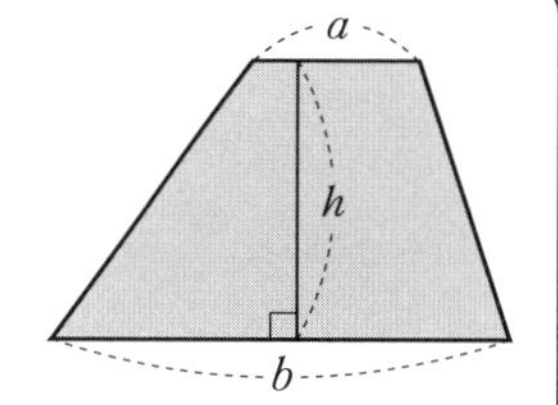

(1) はるかさんは，次のように考えました。
はるかさんの考えで台形の面積を求める式をつくり，その考え方を説明しなさい。

台形を回転移動させて，
平行四辺形をつくる。

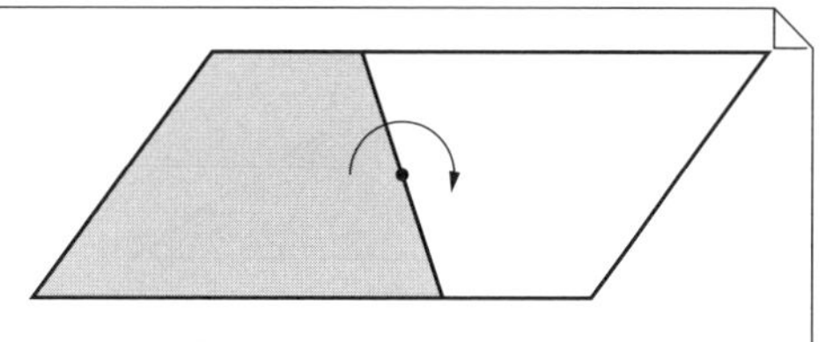

(2) ひろとさんは，次のような式をつくりました。

$$\frac{1}{2}a\times h+\frac{1}{2}b\times h$$

どのように考えて式をつくったのかを，図に線をかき入れて説明しなさい。

考え方 (1) 回転移動させて平行四辺形をつくると，平行四辺形の面積は台形の面積の2倍になります。できた平行四辺形の底辺の長さと高さを考えよう。

(2) $\frac{1}{2}a\times h$，$\frac{1}{2}b\times h$ がそれぞれどんな形の面積を表しているか考えよう。

解答 (1) 台形を回転移動させると，できた平行四辺形では

底辺は　(上底)＋(下底)で，$a+b$

高さは　h

面積は　台形の2倍

となる。台形の面積は，この平行四辺形の面積の半分だから

$$\frac{1}{2}\times(\text{平行四辺形の面積})=\frac{1}{2}\underline{(a+b)\times h}$$

となる。　(平行四辺形の面積)＝(底辺)×(高さ)

(2) $\frac{1}{2}a\times h$…底辺がa，高さがhの三角形の面積

$\frac{1}{2}b\times h$…底辺がb，高さがhの三角形の面積

を表しているから，ひろとさんは，右の図のように，1つの対角線をひいて，台形を2つの三角形に分けて考えた。

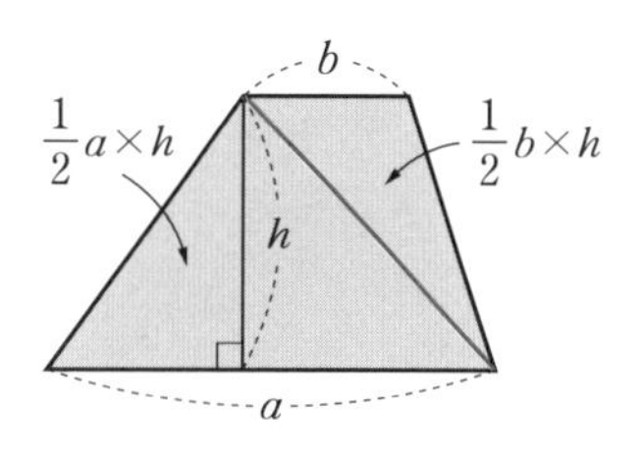

レベルアップ 次のように考えても，台形の面積を求めることができる。

I

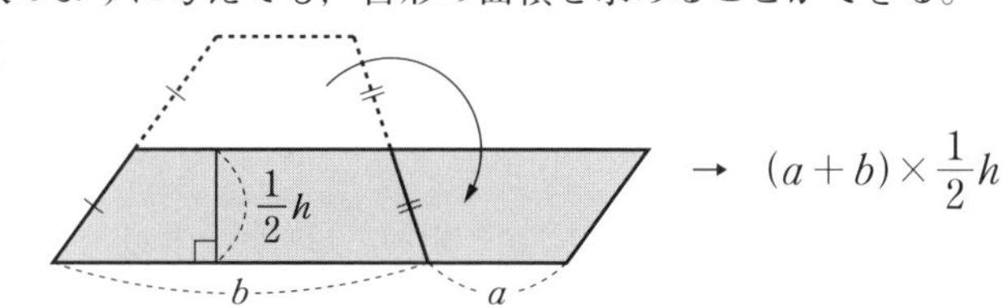

→ $(a+b)\times\frac{1}{2}h$

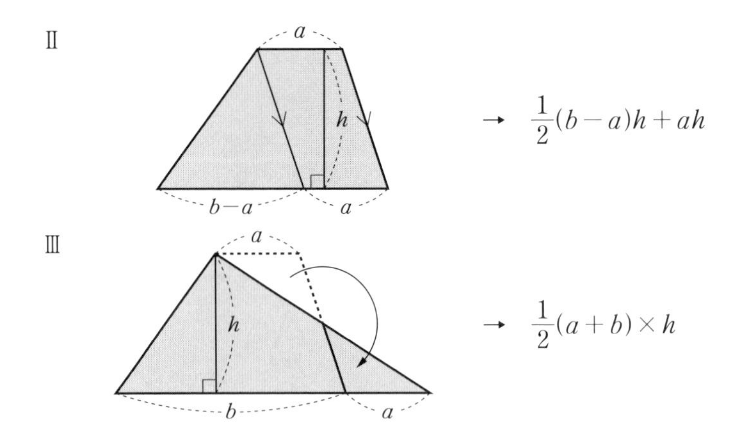

7 

教科書24ページの❸で，次のことがらが成り立つことを考えました。

　2けたの自然数と，その数の一の位の数字と十の位の数字を入れかえた数の差は9の倍数になる。

さらに，そうたさんは，「2けたの自然数」を「3けたの自然数」に変えて，次のことがらを予想しました。

　3けたの自然数と，その数の一の位の数字と百の位の数字を入れかえた数の差は9の倍数になる。

(1)　そうたさんの予想がいつでも成り立つことを説明しなさい。

(2)　(1)の説明から，「3けたの自然数と，その数の一の位の数字と百の位の数字を入れかえた数の差」について，9の倍数になることのほかに，わかることをいいなさい。

考え方　(1)　3けたの自然数は，百の位をx，十の位をy，一の位をzとすると，$100x+10y+z$と表すことができます。

(2)　差を表す式の意味を読みとろう。

解答　(1)　はじめに考えた数の百の位をx，十の位をy，一の位をzとすると

はじめの数は　　$100x+10y+z$

入れかえた数は　　$100z+10y+x$

と表される。したがって，それらの差は

$$(100x+10y+z)-(100z+10y+x)$$
$$=99x-99z$$
$$=9(11x-11z)$$

$11x-11z$は整数だから，$9(11x-11z)$は9の倍数である。

したがって，3けたの自然数と，その数の一の位の数字と百の位の数字を入れかえた数の差は9の倍数になる。

(2)　差の$99x-99z$は

$99(x-z)$，$33(3x-3z)$，$3(33x-33z)$，$11(9x-9z)$

と表すことができる。上の4つの式のかっこの中はどれも整数だから，差は99の倍数，33の倍数，3の倍数，11の倍数になるといえる。

(99の1以外の約数3，9，11，33，99の倍数になるといえる。)

2章 [連立方程式] 方程式を利用して問題を解決しよう

1節 連立方程式とその解き方

キャプテンは9本のシュートを決め，合計21点をあげました。
3点シュートと2点シュートをそれぞれ何本決めたのでしょうか。

教科書 p.36～37

❶ ひろとさんの考えに続けて，3点シュート，2点シュートの本数をそれぞれ求めてみましょう。

❷ はるかさんの考えに続けて，方程式をつくって解き，3点シュート，2点シュートの本数をそれぞれ求めてみましょう。

考え方 ❶ 2点シュートの本数は 9－(3点シュートの本数) となります。
得点の合計は
(得点の合計)＝3×(3点シュートの本数)＋2×(2点シュートの本数)
で求めることができます。

解答 ❶

3点シュートの本数	0	1	2	3	4	5	6	7	8	9
2点シュートの本数	9	8	7	6	5	4	3	2	1	0
得点の合計	18	19	20	21	22	23	24	25	26	27

レベルアップ 3点シュートの本数が1本増えると
2点シュートの本数は1本減る。
得点は3点増えて2点減るから，1点増える。
このことをもとに，表をうめることもできる。

❷ 3点シュートをx本決めたとすると，2点シュートを決めた本数は$(9-x)$本と表せる。
得点の合計は21点だから

$$3x+2(9-x)=21$$
$$3x+18-2x=21$$
$$3x-2x=21-18$$
$$x=3$$

2点シュートの本数は　$9-3=6$
これらは問題に適している。

答　3点シュート3本，2点シュート6本

1 連立方程式とその解

教科書36ページのQで，3点シュートをx本，2点シュートをy本決めたとすると，どのような方程式ができるでしょうか。
また，その方程式を使って，問題の答えを求めてみましょう。

教科書 p.38〜39

❶ (1)の2元1次方程式で，xが下の表の値(あたい)をとるときのyの値を求め，表の空らんをうめてみましょう。

❷ (2)の2元1次方程式で，xが下の表の値をとるときのyの値を求め，表の空らんをうめてみましょう。

❸ ❶の表と❷の表で，共通なx，yの値の組を求めてみましょう。

考え方 ❶，❷ それぞれの式にxの値を代入して，対応するyの値を求めます。

レベルアップ 対応するyの値を求めるとき，(1)，(2)の式をyについて解いた式をつくっておくと求めやすくなる。

$3x+2y=21$　…(1)　をyについて解くと

$$y=\frac{21-3x}{2}$$

$x+y=9$　…(2)　をyについて解くと

$$y=9-x$$

解答 ❶

x	0	1	2	3	4	5	6	7
y	$\frac{21}{2}$	9	$\frac{15}{2}$	6	$\frac{9}{2}$	3	$\frac{3}{2}$	0

❷

x	0	1	2	3	4	5	6	7	8	9
y	9	8	7	6	5	4	3	2	1	0

❸ $x=3$，$y=6$

問題の答え　3点シュート…3本，2点シュート…6本

ことばの意味

- **2元1次方程式** 2つの文字をふくむ1次方程式を**2元1次方程式**(げん)という。
- **2元1次方程式の解** 2元1次方程式を成り立たせる文字の値の組を，2元1次方程式の**解**(かい)という。
- **連立方程式** 2つ以上の方程式を組み合わせたものを**連立方程式**(れんりつ)という。
- **連立方程式の解** 組み合わせたどの方程式も成り立たせる文字の値の組を，連立方程式の**解**という。
- **連立方程式を解く** 連立方程式の解を求めることを，連立方程式を**解く**(と)という。

問 1

次のx，yの値の組のなかで，連立方程式$\begin{cases}2x+y=11\\x-2y=3\end{cases}$の解はどれですか。

教科書 p.39

➔ 教科書 p.212 16
(ガイドp.233)

㋐ $x=6$，$y=-1$　　㋑ $x=7$，$y=2$

㋒ $x=5$，$y=1$　　㋓ $x=4$，$y=2$

考え方 2つの2元1次方程式に，x，yの値の組を代入して，2元1次方程式が成り立つかどうかを調べます。どちらも成り立てば，そのx，yの値の組が解になります。

解答 連立方程式の上の式を①，下の式を②とする。

㋐ $x=6$，$y=-1$のとき
① (左辺)$=2\times6+(-1)=11$，(右辺)$=11$…成り立つ
② (左辺)$=6-2\times(-1)=8$，(右辺)$=3$…成り立たない
→ ×

㋑ $x=7$，$y=2$のとき
① (左辺)$=2\times7+2=16$，(右辺)$=11$…成り立たない
② (左辺)$=7-2\times2=3$，(右辺)$=3$…成り立つ
→ ×

㋒ $x=5$，$y=1$のとき
① (左辺)$=2\times5+1=11$，(右辺)$=11$…成り立つ
② (左辺)$=5-2\times1=3$，(右辺)$=3$…成り立つ
→ ○

㋓ $x=4$，$y=2$のとき
① (左辺)$=2\times4+2=10$，(右辺)$=11$…成り立たない
② (左辺)$=4-2\times2=0$，(右辺)$=3$…成り立たない
→ ×

①，②の方程式のどちらも成り立たせるのは㋒だから，この連立方程式の解は　㋒

①で成り立たなかったら，②は調べる必要はないね。

2　連立方程式の解き方

あるくだもの店で買い物をしたら

　　りんご2個とオレンジ5個の代金の合計は600円

　　りんご2個とオレンジ3個の代金の合計は480円

でした。

オレンジ1個の値段は，どのようにして求めることができるでしょうか。

教科書 p.40

❶ 図（省略）を使って考えてみましょう。

❷ りんご1個の値段をx円，オレンジ1個の値段をy円とすると，図の(1)〜(3)は，どのような式で表せるでしょうか。

❸ ❷で表した(1)と(2)の式から，(3)の式をつくるには，どうすればよいでしょうか。

解答 ❶ ●●2個が代金の差600 − 480 = 120（円）に等しいから

　　●●　→　120円

●●が120だから，●1個は　120 ÷ 2 = 60　となる

　　●　→　60円

❷ (1)　$2x+5y=600$

(2)　$2x+3y=480$

(3)　$2y=120$

❸ (1)と(2)の左辺どうし，右辺どうしをひく。

$(2x+5y)-(2x+3y)$　　$600-480$

↓　　↓

(3)　$2y = 120$

$y=60$を$2x+5y=600$…①に代入してxの値を求めてみよう。

教科書 p.41

解答 $y=60$を$2x+5y=600$に代入すると

$$2x+5\times60=600$$
$$2x+300=600$$
$$2x=300$$
$$x=150$$

結果は同じになる。

ことばの意味

● **消去する**

文字xをふくむ2つの方程式から，xをふくまない1つの方程式をつくることを，xを**消去**(しょうきょ)**する**という。

問1 次の連立方程式を解きなさい。

教科書 p.41

(1) $\begin{cases} 4x-3y=11 \\ 5x+3y=7 \end{cases}$ (2) $\begin{cases} 2x+4y=18 \\ 2x-3y=4 \end{cases}$ (3) $\begin{cases} x+y=-3 \\ x-y=7 \end{cases}$

➔ 教科書 p.212 17
(ガイドp.233)

考え方 係数の絶対値が等しい文字の項を見つけ，符号が同じときは2つの式をひき，反対のときは加えます。

解答 (1) $\begin{cases} 4x-3y=11 & \cdots① \\ 5x+3y=7 & \cdots② \end{cases}$

①と②の左辺どうし，右辺どうしを加えると

$$\begin{array}{rr} & 4x-3y=11 \\ +) & 5x+3y=\ \ 7 \\ \hline & 9x \qquad =18 \end{array}$$

$x=2$

$x=2$を②に代入してyの値を求めると

$5\times2+3y=7$

$3y=7-10$

$3y=-3$

$y=-1$

$x=2,\ y=-1$

(2) $\begin{cases} 2x+4y=18 & \cdots① \\ 2x-3y=4 & \cdots② \end{cases}$

①と②の左辺どうし，右辺どうしをひくと

$$\begin{array}{rr} & 2x+4y=18 \\ -) & 2x-3y=\ \ 4 \\ \hline & 7y=14 \end{array}$$

$y=2$

$y=2$を①に代入してxの値を求めると

$2x+4\times2=18$

$2x=18-8$

$2x=10$

$x=5$

$x=5,\ y=2$

(3) $\begin{cases} x+y=-3 & \cdots① \\ x-y=7 & \cdots② \end{cases}$

①と②の左辺どうし，右辺どうしを加えると

$$\begin{array}{rr} & x+y=-3 \\ +) & x-y=\ \ \ 7 \\ \hline & 2x \qquad =\ \ \ 4 \end{array}$$

$x=2$

$x=2$を①に代入してyの値を求めると

$2+y=-3$

$y=-3-2$

$y=-5$

$x=2,\ y=-5$

別解 $\begin{cases} x+y=-3 & \cdots① \\ x-y=7 & \cdots② \end{cases}$

①と②の左辺どうし，右辺どうしをひくと

$$\begin{array}{rr} & x+y=-\ \ 3 \\ -) & x-y=\ \ \ \ 7 \\ \hline & 2y=-10 \end{array}$$

$y=-5$

$y=-5$を①に代入してxの値を求めると

$x+(-5)=-3$

$x=-3+5$

$x=2$

$x=2,\ y=-5$

教科書39ページでつくった次の連立方程式の解き方を考えてみましょう。 教科書 p.42

$$\begin{cases} 3x+2y=21 & \cdots(1) \\ x+y=9 & \cdots(2) \end{cases}$$

❶ x，yのどちらの文字を消去するか決めて，その文字を消去するには
どうすればよいか説明してみましょう。

❷ ❶で考えた方法で，この連立方程式を解いてみましょう。

考え方 ❶ (1)と(2)の左辺どうし，右辺どうしを加えたり，ひいたりして文字が消去されるようにするには，式の係数がどのようになればよいかを考えよう。

解答 ❶ 2つの式のx，yどちらかの係数の絶対値が等しくなるように，(2)の式の両辺を何倍かすればよい。

xを消去する　(1)の両辺から(2)を3倍した式の両辺をひく。

yを消去する　(1)の両辺から(2)を2倍した式の両辺をひく。

❷ **xを消去する方法**

$$\begin{array}{lrl} (1) & 3x+2y= & 21 \\ (2)\times 3 & -)\ 3x+3y= & 27 \\ \hline & -\ y= & -6 \\ & y= & 6 \end{array}$$

$y=6$を(2)に代入すると

$x+6=9$

$x=3$

答　$x=3$，$y=6$

yを消去する方法

$$\begin{array}{lrl} (1) & 3x+2y= & 21 \\ (2)\times 2 & -)\ 2x+2y= & 18 \\ \hline & x\qquad= & 3 \end{array}$$

$x=3$を(2)に代入すると

$3+y=9$

$y=6$

答　$x=3$，$y=6$

ことばの意味

● **加減法**

連立方程式で，どちらかの文字の係数の絶対値をそろえ，左辺どうし，右辺どうしを加えたりひいたりして，その文字を消去して解く方法を**加減法**(かげんほう)という。

問2

次の連立方程式を解きなさい。

教科書 p.42

(1) $\begin{cases} x+2y=5 \\ 2x+3y=8 \end{cases}$　(2) $\begin{cases} 2x-y=7 \\ 5x+3y=1 \end{cases}$　(3) $\begin{cases} 6x-7y=12 \\ 3x-2y=-3 \end{cases}$

➔ 教科書 p.212 18
(ガイドp.234)

考え方 文字を消去するには，どちらの式を何倍すればよいか考えよう。

解答 (1)

$$\begin{cases} x+2y=5 & \cdots① \\ 2x+3y=8 & \cdots② \end{cases}$$

$$\begin{array}{lrl} ①\times 2 & 2x+4y &= 10 \\ ② & -)\ 2x+3y &= 8 \\ \hline & y &= 2 \end{array}$$

$y=2$を①に代入すると

$x+2\times 2=5$

$x=5-4$

$x=1$

$x=1,\ y=2$

(2)

$$\begin{cases} 2x-y=7 & \cdots① \\ 5x+3y=1 & \cdots② \end{cases}$$

$$\begin{array}{lrl} ①\times 3 & 6x-3y &= 21 \\ ② & +)\ 5x+3y &= 1 \\ \hline & 11x &= 22 \end{array}$$

$x=2$

$x=2$を①に代入すると

$2\times 2-y=7$

$-y=7-4$

$-y=3$

$y=-3$

$x=2,\ y=-3$

(3)

$$\begin{cases} 6x-7y=12 & \cdots① \\ 3x-2y=-3 & \cdots② \end{cases}$$

$$\begin{array}{lrl} ① & 6x-7y &= 12 \\ ②\times 2 & -)\ 6x-4y &= -6 \\ \hline & -3y &= 18 \end{array}$$

$y=-6$

$y=-6$を①に代入すると

$6x-7\times(-6)=12$

$6x=12-42$

$6x=-30$

$x=-5$

$x=-5,\ y=-6$

例3

➔ 例3の連立方程式を，yを消去して解きなさい。

教科書 p.43

解答

$$\begin{cases} 3x-4y=-15 & \cdots① \\ 2x+3y=7 & \cdots② \end{cases}$$

$$\begin{array}{lrl} ①\times 3 & 9x-12y &= -45 \\ ②\times 4 & +)\ 8x+12y &= 28 \\ \hline & 17x &= -17 \end{array}$$

$x=-1$

$x=-1$を①に代入すると

$3\times(-1)-4y=-15$

$-4y=-15+3$

$-4y=-12$

$y=3$

$x=-1,\ y=3$

(どちらの文字を消去して解いても，同じ解が得られる。)

問3 次の連立方程式を解きなさい。

教科書 p.43

(1) $\begin{cases} 5x+3y=2 \\ 9x-2y=11 \end{cases}$　(2) $\begin{cases} 4x+7y=-13 \\ 5x+2y=4 \end{cases}$　(3) $\begin{cases} -3x+7y=-1 \\ 5x-4y=-6 \end{cases}$

➔ 教科書 p.212 19
(ガイドp.234)

考え方 次のようにして，文字を消去します。

1. どちらの文字を消去するか決める。
2. 消去する文字の係数の絶対値の最小公倍数を求める。
3. 2つの式をそれぞれ何倍かして，消去する文字の係数の絶対値を，2で求めた最小公倍数と等しくする。

解答 (1)

$$\begin{cases} 5x+3y=2 & \cdots ① \\ 9x-2y=11 & \cdots ② \end{cases}$$

$$\begin{array}{lrl} ①\times 2 & 10x+6y= & 4 \\ ②\times 3 & +)\ 27x-6y= & 33 \\ \hline & 37x\qquad = & 37 \end{array}$$

$x=1$

$x=1$を①に代入すると

$5\times 1+3y=2$

$3y=2-5$

$3y=-3$

$y=-1$

$x=1,\ y=-1$

(2)

$$\begin{cases} 4x+7y=-13 & \cdots ① \\ 5x+2y=4 & \cdots ② \end{cases}$$

$$\begin{array}{lrl} ①\times 5 & 20x+35y= & -65 \\ ②\times 4 & -)\ 20x+\ 8y= & 16 \\ \hline & 27y= & -81 \end{array}$$

$y=-3$

$y=-3$を①に代入すると

$4x+7\times(-3)=-13$

$4x=-13+21$

$4x=8$

$x=2$

$x=2,\ y=-3$

(3)

$$\begin{cases} -3x+7y=-1 & \cdots ① \\ 5x-4y=-6 & \cdots ② \end{cases}$$

$$\begin{array}{lrl} ①\times 5 & -15x+35y= & -5 \\ ②\times 3 & +)\ 15x-12y= & -18 \\ \hline & 23y= & -23 \end{array}$$

$y=-1$

$y=-1$を②に代入すると

$5x-4\times(-1)=-6$

$5x=-6-4$

$5x=-10$

$x=-2$

$x=-2,\ y=-1$

問 4 次の連立方程式を解きなさい。

教科書 p.43

➔ 教科書 p.212 20
(ガイドp.235)

(1) $\begin{cases} 3x+y=11 \\ 3x-2y=5 \end{cases}$　(2) $\begin{cases} 2x-3y=-4 \\ 4x+5y=-8 \end{cases}$

(3) $\begin{cases} 4x-5y=21 \\ 3x-2y=21 \end{cases}$　(4) $\begin{cases} 3x-7y-1=0 \\ 2x+3y+7=0 \end{cases}$

考え方 係数の絶対値が等しくないときは，2つの式の係数を調べ，どちらの式を何倍したら文字が消去できるかを考えよう。

解答 (1) $\begin{cases} 3x+y=11 & \cdots① \\ 3x-2y=5 & \cdots② \end{cases}$

$$\begin{array}{lrl} ① & 3x+\ \ y= & 11 \\ ② & -)\ 3x-2y= & 5 \\ \hline & 3y= & 6 \end{array}$$

$y=2$

$y=2$を①に代入すると

$3x+2=11$

$3x=11-2$

$3x=9$

$x=3$

$x=3,\ y=2$

(2) $\begin{cases} 2x-3y=-4 & \cdots① \\ 4x+5y=-8 & \cdots② \end{cases}$

$$\begin{array}{lrl} ①\times2 & 4x-6y= & -8 \\ ② & -)\ 4x+5y= & -8 \\ \hline & -11y= & 0 \end{array}$$

$y=0$

$y=0$を①に代入すると

$2x-3\times0=-4$

$2x=-4$

$x=-2$

$x=-2,\ y=0$

(3) $\begin{cases} 4x-5y=21 & \cdots① \\ 3x-2y=21 & \cdots② \end{cases}$

$$\begin{array}{lrl} ①\times2 & 8x-10y= & 42 \\ ②\times5 & -)\ 15x-10y= & 105 \\ \hline & -7x\qquad = & -63 \end{array}$$

$x=9$

$x=9$を②に代入すると

$3\times9-2y=21$

$-2y=21-27$

$-2y=-6$

$y=3$

$x=9,\ y=3$

(4) $\begin{cases} 3x-7y-1=0 \\ 2x+3y+7=0 \end{cases}$

移項すると $\begin{cases} 3x-7y=1 & \cdots① \\ 2x+3y=-7 & \cdots② \end{cases}$

$$\begin{array}{lrl} ①\times2 & 6x-14y= & 2 \\ ②\times3 & -)\ 6x+\ 9y= & -21 \\ \hline & -23y= & 23 \end{array}$$

$y=-1$

$y=-1$を①に代入すると

$3x-7\times(-1)=1$

$3x=1-7$

$3x=-6$

$x=-2$

$x=-2,\ y=-1$

教科書39ページでつくった次の連立方程式を，加減法以外で解く方法について考えてみましょう。

教科書 p.44

$$\begin{cases} 3x+2y=21 & \cdots\cdots(1) \\ x+y=9 & \cdots\cdots(2) \end{cases}$$

考え方 教科書37ページでは，次のような式をつくりました。

$3x+2(9-x)=21$　…(3)

いっぽう，(2)は $y=9-x$ と変形できます。

(3)の式と(1)の式を比べ，文字を消去する方法を考えよう。

解答 (2)を変形すると　$y=9-x$

この式で，y と $9-x$ は等しいから，(1)の y を $9-x$ におきかえると，y が消去され

$3x+2(9-x)=21$

という方程式ができる。この方程式は1次方程式だから解くことができる。

ことばの意味

● **代入法**

連立方程式で，一方の式を他方の式に代入することによって文字を消去して解く方法を**代入法**（だいにゅうほう）という。

問5

次の連立方程式を解きなさい。

教科書 p.45

➔ 教科書 p.212 21（ガイドp.235）

(1) $\begin{cases} y=2x \\ x+y=6 \end{cases}$　(2) $\begin{cases} 2x-3y=-8 \\ x=4y+1 \end{cases}$

(3) $\begin{cases} 3x-y=8 \\ x=5-2y \end{cases}$　(4) $\begin{cases} y=-2x+11 \\ 7x-9y=1 \end{cases}$

考え方 一方の式が，$x=\sim$，$y=\sim$ の形で表されているときは，代入法で解くとよい。

解答 (1) $\begin{cases} y=2x & \cdots① \\ x+y=6 & \cdots② \end{cases}$

①を②に代入すると

$x+2x=6$

$3x=6$

$x=2$

$x=2$ を①に代入すると

$y=2\times2$

$=4$

$x=2,\ y=4$

(2) $\begin{cases} 2x-3y=-8 & \cdots① \\ x=4y+1 & \cdots② \end{cases}$

②を①に代入すると

$2(4y+1)-3y=-8$

$8y+2-3y=-8$

$8y-3y=-8-2$

$5y=-10$

$y=-2$

$y=-2$ を②に代入すると

$x=4\times(-2)+1$

$=-7$

$x=-7,\ y=-2$

(3)　$\begin{cases} 3x-y=8 & \cdots① \\ x=5-2y & \cdots② \end{cases}$

②を①に代入すると

$$3(5-2y)-y=8$$
$$15-6y-y=8$$
$$-6y-y=8-15$$
$$-7y=-7$$
$$y=1$$

$y=1$を②に代入すると

$$x=5-2\times1$$
$$=3$$

$x=3,\ y=1$

(4)　$\begin{cases} y=-2x+11 & \cdots① \\ 7x-9y=1 & \cdots② \end{cases}$

①を②に代入すると

$$7x-9(-2x+11)=1$$
$$7x+18x-99=1$$
$$7x+18x=1+99$$
$$25x=100$$
$$x=4$$

$x=4$を①に代入すると

$$y=-2\times4+11$$
$$=3$$

$x=4,\ y=3$

Q 次の連立方程式を解いてみましょう。　教科書 p.45

$\begin{cases} y=4x+1 & \cdots\cdots(1) \\ y=-2x+7 & \cdots\cdots(2) \end{cases}$

考え方 **ゆうなさんの考え**

(1)と(2)のyの係数が等しいから，加減法で解くことができる。

そうたさんの考え

「$y=\sim$」の形の式があるから，代入法で解くことができる。

解答 **加減法ーゆうなさんの考え**

$$\begin{array}{rrl} & y= & 4x+1 \\ -) & y= & -2x+7 \\ \hline & 0= & 6x-6 \end{array}$$
$$-6x=-6$$
$$x=1$$

$x=1$を(1)に代入すると

$$y=4\times1+1$$
$$=5$$

$x=1,\ y=5$

代入法ーそうたさんの考え

(1)を(2)に代入すると

$$4x+1=-2x+7$$
$$4x+2x=7-1$$
$$6x=6$$
$$x=1$$

$x=1$を(1)に代入すると

$$y=4\times1+1$$
$$=5$$

$x=1,\ y=5$

(どちらの方法で解いても，同じ解が得られる。)

問 6　次の連立方程式を，適当な方法で解きなさい。

教科書 p.45

➔ 教科書 p.212 22
(ガイドp.236)

(1) $\begin{cases} y = x + 1 \\ y = -2x + 13 \end{cases}$　　(2) $\begin{cases} -3x + 4y = 6 \\ 9x - 8y = -18 \end{cases}$

(3) $\begin{cases} y = 3x - 1 \\ x - 2y = 12 \end{cases}$　　(4) $\begin{cases} 3x - 2y = 12 \\ 2y = x - 8 \end{cases}$

一方の式が，$x=$～，$y=$～の形で表されているときは，代入法のほうが考えやすい。

解答

(1) $\begin{cases} y = x + 1 & \cdots ① \\ y = -2x + 13 & \cdots ② \end{cases}$

①を②に代入すると

$$x + 1 = -2x + 13$$
$$x + 2x = 13 - 1$$
$$3x = 12$$
$$x = 4$$

$x = 4$を①に代入すると

$$y = 4 + 1$$
$$= 5$$

$$\boldsymbol{x = 4,\ y = 5}$$

(2) $\begin{cases} -3x + 4y = 6 & \cdots ① \\ 9x - 8y = -18 & \cdots ② \end{cases}$

$$\begin{array}{lrl} ①\times 2 & -6x + 8y = & 12 \\ ② & +)\quad 9x - 8y = & -18 \\ \hline & 3x \qquad = & -6 \end{array}$$
$$x = -2$$

$x = -2$を①に代入すると

$$-3 \times (-2) + 4y = 6$$
$$4y = 6 - 6$$
$$4y = 0$$
$$y = 0$$

$$\boldsymbol{x = -2,\ y = 0}$$

(3) $\begin{cases} y = 3x - 1 & \cdots ① \\ x - 2y = 12 & \cdots ② \end{cases}$

①を②に代入すると

$$x - 2(3x - 1) = 12$$
$$x - 6x + 2 = 12$$
$$x - 6x = 12 - 2$$
$$-5x = 10$$
$$x = -2$$

$x = -2$を①に代入すると

$$y = 3 \times (-2) - 1$$
$$= -7$$

$$\boldsymbol{x = -2,\ y = -7}$$

(4) $\begin{cases} 3x - 2y = 12 & \cdots ① \\ 2y = x - 8 & \cdots ② \end{cases}$

②を①に代入すると

$$3x - (x - 8) = 12$$
$$3x - x + 8 = 12$$
$$3x - x = 12 - 8$$
$$2x = 4$$
$$x = 2$$

$x = 2$を②に代入すると

$$2y = 2 - 8$$
$$2y = -6$$
$$y = -3$$

$$\boldsymbol{x = 2,\ y = -3}$$

別解　(1)は加減法で解くこともできる。

$$\begin{array}{llrl} ① & & y = & x + 1 \\ ② & -) & y = & -2x + 13 \\ \hline & & 0 = & 3x - 12 \end{array}$$
$$-3x = -12$$
$$x = 4$$

$x = 4$を①に代入すると

$$y = 4 + 1$$
$$= 5$$

$$\boldsymbol{x = 4,\ y = 5}$$

いろいろな連立方程式

Q 次の連立方程式の解き方を考えてみましょう。 教科書 p.46

$$\begin{cases} 4x+y=10 & \cdots\cdots(1) \\ 5x-2(3x-y)=-7 & \cdots\cdots(2) \end{cases}$$

❶ (2)のかっこをはずして整理しましょう。

また，(1)と組み合わせて連立方程式をつくってみましょう。

❷ ❶でつくった連立方程式を解いてみましょう。

解答 ❶ (2)のかっこをはずすと

$$5x-2(3x-y)=-7$$
$$5x-6x+2y=-7$$
$$-x+2y=-7$$

したがって，連立方程式は

$$\begin{cases} 4x+y=10 & \cdots(1) \\ -x+2y=-7 & \cdots(3) \end{cases}$$

❷

$$\begin{array}{lr} (1)\times 2 & 8x+2y=\ \ 20 \\ (3) & -)\ -x+2y=-7 \\ \hline & 9x \qquad\ =\ \ 27 \end{array}$$

$$x=3$$

$x=3$を(1)に代入すると

$$4\times 3+y=10$$
$$y=10-12$$
$$y=-2$$

$$x=3,\ y=-2$$

問 1 次の連立方程式を解きなさい。 教科書 p.46

(1) $\begin{cases} 5x+2y=1 \\ 3x-4(x+y)=7 \end{cases}$　(2) $\begin{cases} x+2y=-1 \\ x=2(3y-5)+1 \end{cases}$

➔ 教科書 p.213 23 (ガイドp.236)

考え方 かっこをふくむ連立方程式は，かっこをはずし，整理してから解きます。

解答 (1)

$$\begin{cases} 5x+2y=1 & \cdots① \\ 3x-4(x+y)=7 & \cdots② \end{cases}$$

②のかっこをはずすと

$$3x-4x-4y=7$$
$$-x-4y=7 \quad \cdots③$$

$$\begin{array}{lr} ① & 5x+\ \ 2y=\ \ 1 \\ ③\times 5 & +)\ -5x-20y=35 \\ \hline & -18y=36 \end{array}$$

$$y=-2$$

$y=-2$を③に代入すると

$$-x-4\times(-2)=7$$
$$-x=-1$$
$$x=1$$

$$x=1,\ y=-2$$

(2)

$$\begin{cases} x+2y=-1 & \cdots① \\ x=2(3y-5)+1 & \cdots② \end{cases}$$

②のかっこをはずすと

$$x=6y-10+1$$
$$x=6y-9 \quad \cdots③$$

③を①に代入すると

$$(6y-9)+2y=-1$$
$$6y+2y=-1+9$$
$$8y=8$$
$$y=1$$

$y=1$を③に代入すると

$$x=6\times 1-9$$
$$=-3$$

$$x=-3,\ y=1$$

例1

例1の連立方程式を解きなさい。

教科書 p.46

解答 ②の両辺に6をかけて分母をはらうと

$$\left(\frac{1}{2}x-\frac{1}{3}y\right)\times 6=2\times 6$$

$$3x-2y=12 \quad \cdots ③$$

$$\begin{array}{lrl} ①\times 2 & 8x+6y & =-2 \\ ③\times 3 & +)\ 9x-6y & =36 \\ \hline & 17x & =34 \end{array}$$

$$x=2$$

$x=2$ を①に代入すると

$$4\times 2+3y=-1$$

$$3y=-1-8$$

$$3y=-9$$

$$y=-3$$

$x=2,\ y=-3$

問2

次の連立方程式を解きなさい。

教科書 p.47

(1) $\begin{cases} 3x+2y=6 \\ \dfrac{1}{4}x+\dfrac{2}{3}y=-1 \end{cases}$

(2) $\begin{cases} 0.2x+0.3y=-0.2 \\ 5x+2y=17 \end{cases}$

➔ 教科書 p.213 24
(ガイドp.237)

考え方 係数に分数や小数をふくむ連立方程式は，係数が全部整数になるように変形してから解きます。

解答 (1) $\begin{cases} 3x+2y=6 & \cdots ① \\ \dfrac{1}{4}x+\dfrac{2}{3}y=-1 & \cdots ② \end{cases}$

②の両辺に12をかけると

$$\left(\frac{1}{4}x+\frac{2}{3}y\right)\times 12=-1\times 12$$

$$3x+8y=-12 \quad \cdots ③$$

$$\begin{array}{lrl} ① & 3x+2y & =6 \\ ③ & -)\ 3x+8y & =-12 \\ \hline & -6y & =18 \end{array}$$

$$y=-3$$

$y=-3$ を①に代入すると

$$3x+2\times(-3)=6$$

$$3x=6+6$$

$$3x=12$$

$$x=4$$

$x=4,\ y=-3$

(2) $\begin{cases} 0.2x+0.3y=-0.2 & \cdots ① \\ 5x+2y=17 & \cdots ② \end{cases}$

①の両辺に10をかけると

$$(0.2x+0.3y)\times 10=-0.2\times 10$$

$$2x+3y=-2 \quad \cdots ③$$

$$\begin{array}{lrl} ③\times 2 & 4x+6y & =-4 \\ ②\times 3 & -)\ 15x+6y & =51 \\ \hline & -11x & =-55 \end{array}$$

$$x=5$$

$x=5$ を②に代入すると

$$5\times 5+2y=17$$

$$2y=17-25$$

$$2y=-8$$

$$y=-4$$

$x=5,\ y=-4$

例2

例2の連立方程式を解きなさい。

教科書 p.47

解答 $\begin{cases} 4x+y=7 & \cdots ① \\ 3x-y=7 & \cdots ② \end{cases}$

$$\begin{array}{lrl} ① & 4x+y & =7 \\ ② & +)\ 3x-y & =7 \\ \hline & 7x & =14 \end{array}$$

$$x=2$$

$x=2$ を①に代入すると

$$4\times 2+y=7$$

$$y=7-8$$

$$y=-1$$

$x=2,\ y=-1$

問 3 次の連立方程式を解きなさい。

教科書 p.47

(1) $2x+y=x+3y=5$

(2) $x+y+8=5x+y=3x-y$

➔ 教科書 p.213 25 (ガイドp.238)

考え方 $A=B=C$ という形の連立方程式は

$$\begin{cases}A=B\\A=C\end{cases}\quad\begin{cases}A=B\\B=C\end{cases}\quad\begin{cases}A=C\\B=C\end{cases}$$

の，どの組み合わせをつくって解いてもよい。
計算しやすいように式の組み合わせを考えよう。

解答 (1) $\begin{cases}2x+y=5 & \cdots① \ (A=C)\\x+3y=5 & \cdots② \ (B=C)\end{cases}$

$$\begin{array}{rr}① & 2x+\ \ y=\ \ 5\\ ②\times2 & -)\ 2x+6y=\ 10\\ \hline & -5y=-5\\ & y=1\end{array}$$

$y=1$ を①に代入すると

$2x+1=5$

$2x=4$

$x=2$

$x=2,\ y=1$

(2) $\begin{cases}x+y+8=3x-y & \cdots① \ (A=C)\\5x+y=3x-y & \cdots② \ (B=C)\end{cases}$

移項して整理すると

①より

$x-3x+y+y=-8$

$-2x+2y=-8$

$-x+y=-4 \quad \cdots③$ 両辺を2でわる

②より

$5x-3x+y+y=0$

$2x+2y=0$

$x+y=0 \quad \cdots④$ 両辺を2でわる

$$\begin{array}{rr}③ & -x+y=-4\\ ④ & -)\ \ \ x+y=\ \ 0\\ \hline & -2x\ \ \ \ \ =-4\\ & x=2\end{array}$$

$x=2$ を④に代入すると

$2+y=0$

$y=-2$

$x=2,\ y=-2$

レベルアップ 式の組み合わせを変えて，解を求めてみよう。

(1) $\begin{cases}2x+y=x+3y & \cdots① \ (A=B)\\x+3y=5 & \cdots② \ (B=C)\end{cases}$

①を移項して整理すると

$x=2y \quad \cdots③$

③を②に代入すると

$2y+3y=5$

$5y=5$

$y=1$

$y=1$ を③に代入すると

$x=2\times1$

$=2$

$x=2,\ y=1$

(2) $\begin{cases}x+y+8=5x+y & \cdots① \ (A=B)\\5x+y=3x-y & \cdots② \ (B=C)\end{cases}$

①より $-4x=-8$

$x=2$

②より $2x+2y=0$

$x+y=0 \quad \cdots③$ 両辺を2でわる

$x=2$ を③に代入すると

$2+y=0$

$y=-2$

$x=2,\ y=-2$

数学のまど　**バナナ1ふさとつり合うのは？**　教科書 p.47

㋐

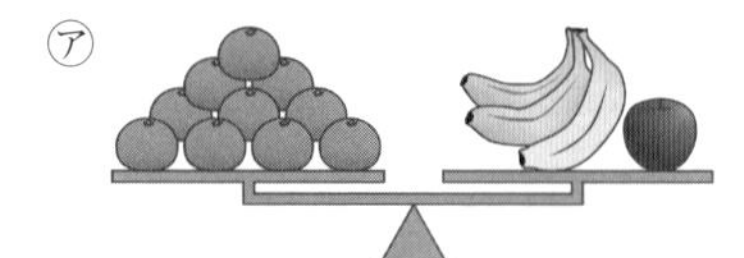

㋑

考え方　㋑の両側にりんごを1個ずつのせても，㋑はつり合います。すると，㋐と㋑の右側が等しいので，左側の重さも等しくなります。

解答　㋐のてんびんのつり合いから

(みかん10個)＝(バナナ)＋(りんご1個)　…①

㋑のてんびんのつり合いで

(みかん6個)＋(りんご1個)＝(バナナ)　…②

㋑の両方のさらに，りんご1個をのせると

(みかん6個)＋(りんご2個)＝(バナナ)＋(りんご1個)　…③

①と③で右辺どうしが等しいから，左辺どうしも等しくなり

(みかん10個)＝(みかん6個)＋(りんご2個)　…④

両辺からみかん6個を取り去ると

(みかん4個)＝(りんご2個)　…⑤

(みかん2個)＝(りんご1個)　…⑥

したがって　(みかん6個)＝(りんご3個)　…⑦

㋑で，みかん6個をりんご3個におきかえると，バナナ1ふさはりんご4個とつり合うことがわかる。

レベルアップ　それぞれの1個の重さを

みかん…xg，バナナ…yg，りんごzg

として，上の解答を式に表してふり返ってみよう。

㋐のてんびんのつり合いから

$10x = y + z$　…①

㋑のてんびんのつり合いで

$6x + z = y$　…②

両辺にzを加えると

$6x + 2z = y + z$　…③

③を①に代入すると

$10x = 6x + 2z$　…④

$4x = 2z$　…⑤

$2x = z$　…⑥

したがって　$6x = 3z$　…⑦

⑦を②に代入すると

$3z + z = y$

$4z = y$

基本の問題

教科書 ➔ p.48

1

次のx，yの値の組のなかで，連立方程式$\begin{cases}3x-2y=-11\\x+y=3\end{cases}$の解はどれですか。

㋐　$x=1$，$y=7$　　㋑　$x=2$，$y=-1$

㋒　$x=-1$，$y=4$　　㋓　$x=2$，$y=1$

考え方　2つの2元1次方程式にx，yの値の組を代入して，2元1次方程式が成り立つかどうかを調べます。どちらも成り立てば，そのx，yの値の組が解になります。

解答　連立方程式の上の式を①，下の式を②とする。

㋐　$x=1$，$y=7$のとき

①　(左辺)$=3\times1-2\times7=-11$，(右辺)$=-11$…成り立つ
②　(左辺)$=1+7=8$，(右辺)$=3$…成り立たない
→ ×

㋑　$x=2$，$y=-1$のとき

①　(左辺)$=3\times2-2\times(-1)=8$，(右辺)$=-11$…成り立たない
②　(左辺)$=2+(-1)=1$，(右辺)$=3$…成り立たない
→ ×

㋒　$x=-1$，$y=4$のとき

①　(左辺)$=3\times(-1)-2\times4=-11$，(右辺)$=-11$…成り立つ
②　(左辺)$=-1+4=3$，(右辺)$=3$…成り立つ
→ ○

㋓　$x=2$，$y=1$のとき

①　(左辺)$=3\times2-2\times1=4$，(右辺)$=-11$…成り立たない
②　(左辺)$=2+1=3$，(右辺)$=3$…成り立つ
→ ×

①，②の方程式のどちらも成り立たせるのは㋒だから，この連立方程式の解は　㋒

2　次の連立方程式を解きなさい。

(1) $\begin{cases} 2x+y=1 \\ 3x-y=9 \end{cases}$　　(2) $\begin{cases} 5x-2y=-1 \\ 7x-6y=5 \end{cases}$

(3) $\begin{cases} 5x-4y=9 \\ 2x-3y=5 \end{cases}$　　(4) $\begin{cases} 3x-2y=-20 \\ 4x+3y=13 \end{cases}$

考え方　(1)　yの係数の絶対値が等しいから，2つの式を加えれば，yが消去できます。

(2)，(3)，(4)　まず，x，yのどちらの文字を消去するかを考え，係数の絶対値をそろえます。

解答　(1) $\begin{cases} 2x+y=1 & \cdots① \\ 3x-y=9 & \cdots② \end{cases}$

$$\begin{array}{lrl} ① & 2x+y & = 1 \\ ② & +)\ 3x-y & = 9 \\ \hline & 5x & = 10 \end{array}$$

$x=2$

$x=2$を①に代入すると

$2\times2+y=1$

$y=1-4$

$y=-3$

$x=2,\ y=-3$

(2) $\begin{cases} 5x-2y=-1 & \cdots① \\ 7x-6y=5 & \cdots② \end{cases}$

$$\begin{array}{lrl} ①\times3 & 15x-6y & = -3 \\ ② & -)\ 7x-6y & = 5 \\ \hline & 8x & = -8 \end{array}$$

$x=-1$

$x=-1$を①に代入すると

$5\times(-1)-2y=-1$

$-2y=-1+5$

$-2y=4$

$y=-2$

$x=-1,\ y=-2$

(3) $\begin{cases} 5x-4y=9 & \cdots① \\ 2x-3y=5 & \cdots② \end{cases}$

$$\begin{array}{lrl} ①\times2 & 10x-8y & = 18 \\ ②\times5 & -)\ 10x-15y & = 25 \\ \hline & 7y & = -7 \end{array}$$

$y=-1$

$y=-1$を②に代入すると

$2x-3\times(-1)=5$

$2x=5-3$

$2x=2$

$x=1$

$x=1,\ y=-1$

(4) $\begin{cases} 3x-2y=-20 & \cdots① \\ 4x+3y=13 & \cdots② \end{cases}$

$$\begin{array}{lrl} ①\times3 & 9x-6y & = -60 \\ ②\times2 & +)\ 8x+6y & = 26 \\ \hline & 17x & = -34 \end{array}$$

$x=-2$

$x=-2$を①に代入すると

$3\times(-2)-2y=-20$

$-2y=-20+6$

$-2y=-14$

$y=7$

$x=-2,\ y=7$

文字の項の係数を見て，どの方法で文字が消去できるか考えよう。

3 次の連立方程式を解きなさい。

(1) $\begin{cases} y = x - 2 \\ 3x + y = 14 \end{cases}$

(2) $\begin{cases} -5x + y = 9 \\ x = 3y + 1 \end{cases}$

考え方 一方の式が$x = \sim$, $y = \sim$の形で表されているときは，代入法で解くとよい。

解答 (1) $\begin{cases} y = x - 2 & \cdots① \\ 3x + y = 14 & \cdots② \end{cases}$

①を②に代入すると

$3x + (x - 2) = 14$

$4x = 16$

$x = 4$

$x = 4$を①に代入すると

$y = 4 - 2$

$= 2$

$x = 4$，$y = 2$

(2) $\begin{cases} -5x + y = 9 & \cdots① \\ x = 3y + 1 & \cdots② \end{cases}$

②を①に代入すると

$-5(3y + 1) + y = 9$

$-15y - 5 + y = 9$

$-14y = 14$

$y = -1$

$y = -1$を②に代入すると

$x = 3 \times (-1) + 1$

$= -2$

$x = -2$，$y = -1$

数学のまど 文字が３つに増えたなら…

教科書 p.48

考え方 文字が2つの連立方程式は，1つの文字を消去して1次方程式をつくって解きました。文字が3つになったときも同じように，3つの方程式から，1つの文字を消去して文字が2つの連立方程式をつくることを考えます。そのときに，加減法や代入法の考え方が利用できます。

解答

$\begin{cases} x + y + z = 10 & \cdots① \\ 3x + 2y + z = 19 & \cdots② \\ z = 2x & \cdots③ \end{cases}$

③を①，②にそれぞれ代入して整理すると

$\begin{cases} 3x + y = 10 & \cdots④ \\ 5x + 2y = 19 & \cdots⑤ \end{cases}$

④×2　$6x + 2y = 20$

⑤　$-)\ 5x + 2y = 19$

$x = 1$

$x = 1$を④に代入すると

$3 \times 1 + y = 10$

$y = 7$

$x = 1$を③に代入すると

$z = 2 \times 1 = 2$

これらは問題に適している。

答　3点シュート　1本
　　2点シュート　7本
　　フリースロー　2本

2節 連立方程式の利用

深い学び　ケーキとプリンを何個買う？

教科書 ➔ p.49～50

1個350円のケーキと1個250円のプリンを合わせて10個買う予定です。代金の合計を3200円にするとき，ケーキとプリンをそれぞれ何個買えばよいでしょうか。

❶ 自分の求め方を，式やことば，図などを用いて説明してみましょう。
❷ 数量の間の関係を見つけて，連立方程式をつくってみましょう。
❸ ❷でつくった連立方程式を解いてみましょう。
❹ ❸で求めた解が問題に適しているかどうかを確かめましょう。
❺ 方程式を使って問題を解く手順をふり返ってみましょう。
❻ はるかさんがお店に着いたとき，お客様が1人増えると電話がありました。
1個350円のケーキと1個250円のプリンを合わせて11個買い，代金の合計をちょうど3200円にする買い方はあるでしょうか。

解答 ❶ **はるかさんの考え**…方程式を使って考える

ケーキをx個とすると，プリンは$(10-x)$個となる。
したがって，代金の合計の関係から

$$350x+250(10-x)=3200$$
$$350x+2500-250x=3200$$
$$350x-250x=3200-2500$$
$$100x=700$$
$$x=7$$

プリンの個数は　$10-7=3$
これらは問題に適している。

答　ケーキ7個，プリン3個

❷ 表をつくって整理すると

	ケーキ	プリン	合計
1個の値段（円）	350	250	
個数（個）	x	y	10
代金（円）	$350x$	$250y$	3200

$$\begin{cases} x+y=10 & \text{…個数の関係} \\ 350x+250y=3200 & \text{…代金の関係} \end{cases}$$

❸ $\begin{cases} x + y = 10 & \cdots(1) \\ 350x + 250y = 3200 & \cdots(2) \end{cases}$

$$\begin{array}{lrl} (1)\times 350 & 350x + 350y &= 3500 \\ (2) & -)\ 350x + 250y &= 3200 \\ \hline & 100y &= 300 \\ & y &= 3 \end{array}$$

$y = 3$を(1)に代入すると

$x + 3 = 10$

$x = 7$

$x = 7,\ y = 3$

❹ ケーキを7個，プリンを3個買ったとき

個数の合計は　$7 + 3 = 10$（個）

代金の合計は　$350 \times 7 + 250 \times 3 = 2450 + 750 = 3200$（円）

となるから，$x = 7,\ y = 3$は問題に適している。

❺ **ゆうなさん**

1年のときの方程式の解き方

1. 何を文字で表すかを決める。
2. 数量の間の関係を見つけて，方程式をつくる。
3. つくった方程式を解く。
4. 方程式の解が問題に適しているか確かめる。

・連立方程式を使って解くときも，1年の方程式のときと同じ手順で考える。

・連立方程式では，2つの数量を2つの文字で表す。また，等しい関係も2つ見つけて方程式をつくる。

❻ ケーキをx個，プリンをy個とすると

$\begin{cases} x + y = 11 & \cdots(3) \\ 350x + 250y = 3200 & \cdots(4) \end{cases}$

$$\begin{array}{lrl} (3)\times 350 & 350x + 350y &= 3850 \\ (4) & -)\ 350x + 250y &= 3200 \\ \hline & 100y &= 650 \\ & y &= 6.5 \end{array}$$

yはプリンの個数を表すから，整数でなければならない。したがって，$y = 6.5$は問題に適さない。

ケーキとプリンを合わせて11個買い，代金の合計をちょうど3200円にする買い方はない。

1 連立方程式の利用

問1

パン5個とドーナツ4個の代金の合計は890円です。①
また，パン6個とドーナツ3個の代金の合計は870円です。②
パン1個とドーナツ1個の値段は，それぞれ何円ですか。

教科書 p.51

➔ 教科書 p.213 26
(ガイドp.238)

考え方 教科書の例1の解答の右にある手順1～4にしたがって，答えを求めます。

パン1個の値段をx円，ドーナツ1個の値段をy円として，次の代金の合計の関係から，連立方程式をつくります。

問題文の①のことから

(パン5個の代金)＋(ドーナツ4個の代金)＝890

問題文の②のことから

(パン6個の代金)＋(ドーナツ3個の代金)＝870

解答 パン1個の値段をx円，ドーナツ1個の値段をy円とすると ← 手順1

$$\begin{cases} 5x+4y=890 & \cdots① \\ 6x+3y=870 & \cdots② \end{cases}$$ ← 手順2

①×3　$15x+12y=2670$

②×4　$-)\ 24x+12y=3480$

$-9x=-810$

$x=90$

$x=90$を①に代入すると

$5\times90+4y=890$

$4y=440$

$y=110$

← 手順3

これらは問題に適している。← 手順4

答　パン1個　90円
ドーナツ1個　110円

例2

㋐ 図や表の空らんをうめ，連立方程式をつくり，例2の答えを求めなさい。 教科書 p.52

考え方 $(\text{時間}) = \dfrac{(\text{道のり})}{(\text{速さ})}$ で求めることができます。

解答 問題にふくまれる数量を図や表に整理すると，次のようになる。

図

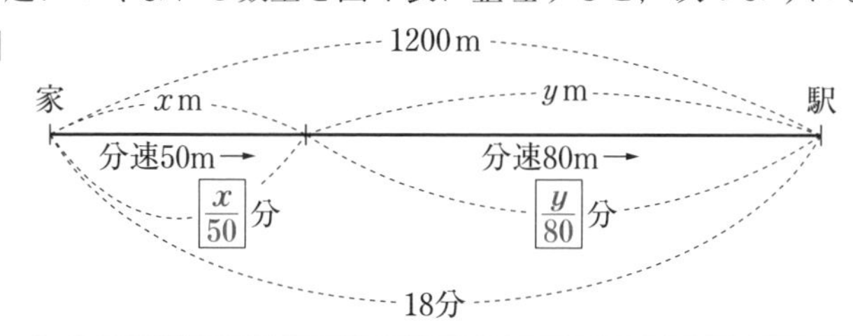

表

	歩いたとき	走ったとき	全体
道のり（m）	x	y	1200
速さ（m/min）	50	80	
時間（分）	$\dfrac{x}{50}$	$\dfrac{y}{80}$	18

連立方程式

進んだ道のりの関係①とかかった時間の関係②から，連立方程式をつくる。

$$\begin{cases} x + y = 1200 & \cdots① \\ \dfrac{x}{50} + \dfrac{y}{80} = 18 & \cdots② \end{cases}$$

②の両辺に400をかけると

$8x + 5y = 7200 \quad \cdots③$

$$\begin{array}{lrrl} ①\times 5 & & 5x + 5y = & 6000 \\ ③ & -) & 8x + 5y = & 7200 \\ \hline & & -3x \quad\quad = & -1200 \\ & & x = & 400 \end{array}$$

$x = 400$ を①に代入すると

$400 + y = 1200$

$y = 800$

これらは問題に適している。

答 歩いた道のり 400m
走った道のり 800m

問2　例2で，歩いた時間と走った時間を文字を使って表して連立方程式をつくり，問題の答えを求めなさい。　教科書 p.52

考え方　(道のり) = (速さ) × (時間)で求めることができます。
歩いた時間をx分，走った時間をy分とすると
　歩いた道のりは　$50x$m
　走った道のりは　$80y$m
と表すことができます。

解答　歩いた時間をx分，走った時間をy分とすると

$$\begin{cases} 50x + 80y = 1200 & \cdots ① \leftarrow \text{進んだ道のりの関係} \\ x + y = 18 & \cdots ② \leftarrow \text{かかった時間の関係} \end{cases}$$

①の両辺を10でわると

$$5x + 8y = 120 \quad \cdots ③$$

$$\begin{array}{lr} ③ & 5x + 8y = 120 \\ ② \times 5 & -)\ 5x + 5y = 90 \\ \hline & 3y = 30 \\ & y = 10 \end{array}$$

$y = 10$を②に代入すると

$$x + 10 = 18$$
$$x = 8$$

歩いた時間は8分だから，歩いた道のりは

$$50 \times 8 = 400\ (\text{m})$$

走った時間は10分だから，走った道のりは

$$80 \times 10 = 800\ (\text{m})$$

これらは問題に適している。

答　歩いた道のり　400m
　　走った道のり　800m

注意　時間を文字で表すと，係数に分数をふくむ連立方程式ではなくなるので考えやすくなるが，求める数量と，文字で表した数量が異なっていることに注意しよう。

問3

Aさんは，お兄さんとドライブに出かけました。
目的地まで，高速道路は時速80km，ふつうの道路は時速40kmで走り，全体では3時間かかりました。①
走った道のりが全部で200km②とすると，高速道路とふつうの道路は，それぞれ何kmですか。

教科書 p.52
➔ 教科書 p.213 27
（ガイドp.238）

考え方 高速道路の道のりを$x$km，ふつうの道路の道のりを$y$kmとすると

高速道路を走った時間は$\dfrac{x}{80}$時間

ふつうの道路を走った時間は$\dfrac{y}{40}$時間

と表すことができます。
かかった時間の関係①と走った道のりの関係②から，連立方程式をつくります。

解答 高速道路の道のりを$x$km，ふつうの道路の道のりを$y$kmとすると

$$\begin{cases} \dfrac{x}{80}+\dfrac{y}{40}=3 & \cdots① \\ x+y=200 & \cdots② \end{cases}$$

①の両辺に80をかけて分母をはらうと

$x+2y=240 \quad \cdots③$

$$\begin{array}{lrl} ② & x+\ \ y= & 200 \\ ③ & -)\ x+2y= & 240 \\ \hline & -y= & -40 \\ & y= & 40 \end{array}$$

$y=40$を②に代入すると

$x+40=200$

$x=160$

これらは問題に適している。

答 高速道路 160km
ふつうの道路 40km

レベルアップ 問2で考えたように，高速道路を走った時間をx時間，ふつうの道路を走った時間をy時間とすると，次の連立方程式ができる。

$$\begin{cases} x+y=3 & \cdots① \cdots \text{走った時間の関係} \\ 80x+40y=200 & \cdots② \cdots \text{走った道のりの関係} \end{cases}$$

②の両辺を40でわると

$2x+y=5 \quad \cdots③$

$$\begin{array}{lrl} ③ & 2x+y= & 5 \\ ① & -)\ \ x+y= & 3 \\ \hline & x\ \ \ \ \ = & 2 \end{array}$$

$x=2$を①に代入すると　$y=1$
したがって
高速道路は　$80\times2=160$(km)
ふつうの道路は　$40\times1=40$(km)

この場合も，求める数量と，文字で表した数量が異なっていることに注意しよう。

例 3

➡ ①，②を連立方程式として解き，例3の答えを求めなさい。

教科書 p.53

解答 ②の両辺に100をかけて分母をはらうと

$15x+10y=1600$ …③

①×10　$10x+10y=1300$

③　$-)\ 15x+10y=1600$

$-5x=-300$

$x=60$

$x=60$ を①に代入すると

$60+y=130$

$y=70$

これらは問題に適している。

答　先月の男子の参加人数　60人
　　先月の女子の参加人数　70人

問 4

あるお店で，お弁当とお茶を1つずつ買いました。特売日だったので，お弁当は定価の10%引き，お茶は定価の20%引きでした。

はらった代金の合計は528円で，①定価で買うより72円安くなっているそうです。②

お弁当とお茶の定価は，それぞれ何円ですか。

教科書 p.53

➡ 教科書 p.213 28
(ガイドp.238)

考え方 お弁当の定価をx円，お茶の定価をy円とします。

定価の合計から安くなった金額の72円をひいた差が，はらった代金の合計だから

$(x+y)-72=528$ …①

安くなった金額は

お弁当が$\frac{10}{100}x$円，お茶が$\frac{20}{100}y$円

で，その合計が72円だから

$\frac{10}{100}x+\frac{20}{100}y=72$ …②

解答 お弁当の定価をx円，お茶の定価をy円とすると

$$\begin{cases} x+y-72=528 & \cdots① \\ \frac{10}{100}x+\frac{20}{100}y=72 & \cdots② \end{cases}$$

①より　$x+y=600$ …③

②の両辺に10をかけて分母をはらうと

$x+2y=720$ …④

③　$x+y=600$

④　$-)\ x+2y=720$

$-y=-120$

$y=120$

$y=120$ を③に代入すると

$x+120=600$

$x=480$

これらは問題に適している。

答　お弁当の定価　480円
　　お茶の定価　120円

要点チェック

□連立方程式	2つ以上の方程式を組み合わせたものを**連立方程式**という。
□連立方程式の解	組み合わせたどの方程式も成り立たせる文字の値の組を，連立方程式の**解**という。
□連立方程式を解く	連立方程式の解を求めることを，連立方程式を**解く**という。
□加減法	連立方程式で，どちらかの文字の係数の絶対値をそろえ，左辺どうし，右辺どうしを加えたりひいたりして，その文字を消去して解く方法を**加減法**という。
□代入法	連立方程式で，一方の式を他方の式に代入することによって文字を消去して解く方法を**代入法**という。
□連立方程式の文章題の解き方	次の手順で解く。 1 何を文字で表すかを決める。 2 数量の間の関係を見つけて，方程式をつくる。 3 つくった方程式を解く。 4 方程式の解が問題に適しているか確かめる。

章の問題A

教科書➡p.54

1 次のx，yの値の組のなかで，連立方程式$\begin{cases}3x+4y=16\\x-2y=2\end{cases}$の解はどれですか。

㋐ $x=8$，$y=-2$　　㋑ $x=2$，$y=0$　　㋒ $x=4$，$y=1$

考え方 2つの2元1次方程式にx，yの値の組を代入して，成り立つかどうかを調べよう。

解答 連立方程式の上の式を①，下の式を②とする。

㋐ $x=8$，$y=-2$のとき

① (左辺)$=3\times8+4\times(-2)=16$，(右辺)$=16$…成り立つ
② (左辺)$=8-2\times(-2)=12$，(右辺)$=2$…成り立たない　} ×

㋑ $x=2$，$y=0$のとき

① (左辺)$=3\times2+4\times0=6$，(右辺)$=16$…成り立たない
② (左辺)$=2-2\times0=2$，(右辺)$=2$…成り立つ　} ×

㋒ $x=4$，$y=1$のとき

① (左辺)$=3\times4+4\times1=16$，(右辺)$=16$…成り立つ
② (左辺)$=4-2\times1=2$，(右辺)$=2$…成り立つ　} ○

①，②の方程式のどちらも成り立たせるのは㋒のときだから，この連立方程式の解は　㋒

2　次の連立方程式を解きなさい。

(1) $\begin{cases} 3x+2y=5 \\ x-2y=7 \end{cases}$　　(2) $\begin{cases} 6x-y=1 \\ 3x-2y=-7 \end{cases}$

(3) $\begin{cases} 4x-7y=-6 \\ 6x+2y=-9 \end{cases}$　　(4) $\begin{cases} y=5+x \\ 5x-2y=2 \end{cases}$

(5) $\begin{cases} y=4x-2 \\ y=x+4 \end{cases}$　　(6) $x-y=5x+y=3$

考え方　加減法，代入法のどちらを使って解くかを決めよう。

解答

(1) $\begin{cases} 3x+2y=5 & \cdots① \\ x-2y=7 & \cdots② \end{cases}$

$$\begin{array}{lrl} ① & 3x+2y= & 5 \\ ② & +)\ \ x-2y= & 7 \\ \hline & 4x\ \ \ \ \ \ \ = & 12 \end{array}$$

$x=3$

$x=3$を①に代入すると

$3\times3+2y=5$

$2y=-4$

$y=-2$　　$x=3,\ y=-2$

(2) $\begin{cases} 6x-y=1 & \cdots① \\ 3x-2y=-7 & \cdots② \end{cases}$

$$\begin{array}{lrl} ①\times2 & 12x-2y= & 2 \\ ② & -)\ \ 3x-2y= & -7 \\ \hline & 9x\ \ \ \ \ \ \ = & 9 \end{array}$$

$x=1$

$x=1$を①に代入すると

$6\times1-y=1$

$-y=-5$

$y=5$　　$x=1,\ y=5$

(3) $\begin{cases} 4x-7y=-6 & \cdots① \\ 6x+2y=-9 & \cdots② \end{cases}$

$$\begin{array}{lrl} ①\times3 & 12x-21y= & -18 \\ ②\times2 & -)\ 12x+\ \ 4y= & -18 \\ \hline & -25y= & 0 \end{array}$$

$y=0$

$y=0$を①に代入すると

$4x=-6$

$x=-\dfrac{3}{2}$　　$x=-\dfrac{3}{2},\ y=0$

(4) $\begin{cases} y=5+x & \cdots① \\ 5x-2y=2 & \cdots② \end{cases}$

①を②に代入すると

$5x-2(5+x)=2$

$5x-10-2x=2$

$3x=12$

$x=4$

$x=4$を①に代入すると

$y=5+4$

$=9$　　$x=4,\ y=9$

(5) $\begin{cases} y=4x-2 & \cdots① \\ y=x+4 & \cdots② \end{cases}$

①を②に代入すると

$4x-2=x+4$

$3x=6$

$x=2$

$x=2$を②に代入すると

$y=2+4$

$=6$　　$x=2,\ y=6$

別解　$\begin{cases} y=4x-2 & \cdots① \\ y=x+4 & \cdots② \end{cases}$

$$\begin{array}{lrl} ① & y= & 4x-2 \\ ② & -)\ \ y= & x+4 \\ \hline & 0= & 3x-6 \end{array}$$

$3x=6$

$x=2$

$x=2$を②に代入すると

$y=2+4$

$=6$　　$x=2,\ y=6$

(6) $\begin{cases} x-y=3 & \cdots ① \ (A=C) \\ 5x+y=3 & \cdots ② \ (B=C) \end{cases}$

$$\begin{array}{lrl} ① & x-y & =3 \\ ② & +)\ 5x+y & =3 \\ \hline & 6x & =6 \\ & x & =1 \end{array}$$

$x=1$を①に代入すると

$1-y=3$

$-y=2$

$y=-2$　　　$x=1,\ y=-2$

別解 $\begin{cases} x-y=5x+y & \cdots ① \ (A=B) \\ x-y=3 & \cdots ② \ (A=C) \end{cases}$

①より

$-4x=2y$

$y=-2x$　…③

③を②に代入すると

$x-(-2x)=3$

$3x=3$

$x=1$

$x=1$を③に代入すると

$y=-2\times 1$

$=-2$　　　$x=1,\ y=-2$

3 Aさんの家では，毎日500円硬貨(こうか)か100円硬貨のどちらか1枚を貯金箱に入れています。貯金を始めて4週間でちょうど10000円ためるには，500円硬貨，100円硬貨を，それぞれ何日入れればよいですか。

考え方 硬貨を毎日1枚ずつ入れるから，4週間，すなわち28日たったときには，貯金箱には硬貨が合わせて28枚入っています。500円硬貨がx枚，100円硬貨がy枚入っているとして，枚数の関係①と金額の合計から②，連立方程式をつくります。

解答 500円硬貨を入れた日数をx日，100円硬貨を入れた日数をy日とすると

$\begin{cases} x+y=28 & \cdots ① \\ 500x+100y=10000 & \cdots ② \end{cases}$

②の両辺を100でわると

$5x+y=100$　…③

$$\begin{array}{lrl} ① & x+y & =28 \\ ③ & -)\ 5x+y & =100 \\ \hline & -4x & =-72 \\ & x & =18 \end{array}$$

$x=18$を①に代入すると

$18+y=28$

$y=10$

これらは問題に適している。

答　500円硬貨　18日
　　100円硬貨　10日

2章 連立方程式

4　ある博物館のおとな1人の入館料は，中学生1人の入館料より150円高い①そうです。この博物館におとな4人と中学生6人で入ったら，入館料の合計は2500円②でした。おとな1人と中学生1人の入館料をそれぞれ求めなさい。

考え方　おとな1人の入館料をx円，中学生1人の入館料をy円として，入館料の関係①と入館料の合計の関係②から，連立方程式をつくります。

解答　おとな1人の入館料をx円，中学生1人の入館料をy円とすると

$$\begin{cases} x = y + 150 & \cdots ① \\ 4x + 6y = 2500 & \cdots ② \end{cases}$$

①を②に代入すると

$$\begin{aligned} 4(y + 150) + 6y &= 2500 \\ 4y + 600 + 6y &= 2500 \\ 10y &= 1900 \\ y &= 190 \end{aligned}$$

$y = 190$を①に代入すると

$$\begin{aligned} x &= 190 + 150 \\ &= 340 \end{aligned}$$

これらは問題に適している。

答　おとな1人　340円
中学生1人　190円

5　次の□にそれぞれ適当な数を入れ，連立方程式を利用して解く問題をつくりなさい。また，つくった問題について，できる連立方程式をいいなさい。

図1と合同な二等辺三角形を4つ組み合わせて，図2や図3のような図形をつくりました。
図2の二等辺三角形の周の長さは□cm，図3の平行四辺形の周の長さは□cmです。
図1の㋐，㋑の長さは，それぞれ何cmですか。

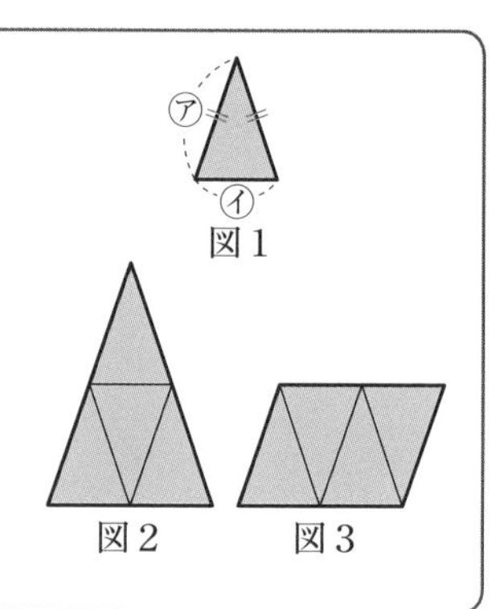

考え方　まず，㋐，㋑の長さをそれぞれ何cmにするかを決めて，□に入る値を求めます。
図2の二等辺三角形の周の長さは　(㋐の長さ) × 4 + (㋑の長さ) × 2
図3の平行四辺形の周の長さは　(㋐の長さ) × 2 + (㋑の長さ) × 4

解答　(例)　㋐の長さを3cm，㋑の長さを2cmとすると

□に入る数…（順に）16，14

できる連立方程式

㋐の長さを$x$cm，㋑の長さを$y$cmとすると，次の連立方程式ができる。

$$\begin{cases} 4x + 2y = 16 \\ 2x + 4y = 14 \end{cases}$$

章の問題B

教科書 ➔ p.55〜56

1 次の連立方程式を解きなさい。

(1) $\begin{cases} 2x-5y=20 \\ -3(x-y)+y=-2 \end{cases}$　　(2) $\begin{cases} 0.4x-0.1y=1.3 \\ 4x-1=-\dfrac{y}{3} \end{cases}$

考え方 (1) 下の式のかっこをはずし，整理してから解きます。

(2) 上の式，下の式とも，係数が全部整数になるようにしてから解きます。

解答 (1) $\begin{cases} 2x-5y=20 & \cdots① \\ -3(x-y)+y=-2 & \cdots② \end{cases}$

②のかっこをはずすと

$-3x+3y+y=-2$

$-3x+4y=-2 \quad \cdots③$

①×3　$6x-15y=60$

③×2　$+)\ -6x+8y=-4$

$-7y=56$

$y=-8$

$y=-8$を①に代入すると

$2x-5\times(-8)=20$

$2x=-20$

$x=-10$

$x=-10,\ y=-8$

(2) $\begin{cases} 0.4x-0.1y=1.3 & \cdots① \\ 4x-1=-\dfrac{y}{3} & \cdots② \end{cases}$

①の両辺に10をかけると

$4x-y=13 \quad \cdots③$

②の両辺に3をかけて分母をはらうと

$12x-3=-y$

$12x+y=3 \quad \cdots④$

③　$4x-y=13$

④　$+)\ 12x+y=3$

$16x=16$

$x=1$

$x=1$を④に代入すると

$12\times1+y=3$

$y=-9$

$x=1,\ y=-9$

2 連立方程式$\begin{cases} 5x-3y=18 \\ ax-6y=-6 \end{cases}$の解の比が，$x:y=3:2$であるとき，$a$の値を求めなさい。

考え方 $a:b=m:n$のとき$an=bm$だから，$x:y=3:2$より，$2x=3y$と表せます。

解答 $\begin{cases} 5x-3y=18 & \cdots① \\ ax-6y=-6 & \cdots② \end{cases}$

$x:y=3:2$より　$2x=3y \quad \cdots③$

①，③を連立方程式として解くと

$\begin{cases} 5x-3y=18 & \cdots① \\ 3y=2x & \cdots③ \end{cases}$

③を①に代入すると

$5x-2x=18$

$3x=18$

$x=6$

$x=6$を③に代入すると

$3y=2\times6$

$y=4$

$x=6,\ y=4$を②に代入すると

$6a-6\times4=-6$

$6a=-6+24$

$6a=18$

$a=3$

答　$a=3$

3　ある中学校の陸上部の部員は，去年は全体で35人でした。①今年は，女子が20％増え，逆に男子が20％減ったため，全体で1人減りました。②
今年の女子，男子それぞれの部員の人数を求めなさい。

考え方　求めるものは今年の女子，男子の部員の人数ですが，去年の女子，男子の部員の人数をそれぞれx人，y人として連立方程式をつくるほうが考えやすいです。ただし，求める数量と文字で表した数量が異なっていることに注意しよう。
今年の部員の人数について

増えた女子の人数は$\dfrac{20}{100}x$人，減った男子の人数は$\dfrac{20}{100}y$人

男女の人数の合計が，全体で1人減った

ことから，部員の人数の増減から，次の方程式ができます。

$$\frac{20}{100}x-\frac{20}{100}y=-1$$

解答　去年の女子の部員の人数をx人，男子の部員の人数をy人とすると

$$\begin{cases} x+y=35 & \cdots① \\ \dfrac{20}{100}x-\dfrac{20}{100}y=-1 & \cdots② \end{cases}$$

②の両辺に100をかけて分母をはらうと

$$20x-20y=-100$$
$$x-y=-5 \quad \cdots③$$

$$\begin{array}{rrl} ① & & x+y=35 \\ ③ & +) & x-y=-5 \\ \hline & & 2x\quad=30 \end{array}$$
$$x=15$$

$x=15$を①に代入すると

$$15+y=35$$
$$y=20$$

したがって

今年の女子の人数　$15\times\dfrac{120}{100}=18$（人）

今年の男子の人数　$20\times\dfrac{80}{100}=16$（人）

これらは問題に適している。

答　今年の女子　18人
　　今年の男子　16人

レベルアップ　今年の女子の部員の人数をx人，男子の部員の人数をy人とすると

$$\begin{cases} \dfrac{x}{1.2}+\dfrac{y}{0.8}=35 \\ x+y=35-1 \end{cases}$$

となり，求める数量を文字で表して方程式をつくると，方程式が複雑になる。

4 周囲が3600mの池があります。この池を，Aは自転車で，Bは徒歩でまわります。同じところを同時に出発して，反対の方向にまわると15分後にはじめて出会います。① また，同じ方向にまわると，AはBに30分後にはじめて追いつきます。② A，Bそれぞれの速さは分速何mですか。

考え方 Aの速さを分速xm，Bの速さを分速ymとします。
2人が出会うのは
　A，Bが移動した道のりの合計が池の周囲の長さ3600mに等しいとき
AがBにはじめて追いつくのは
　AがBよりも池の周囲の長さ3600mだけ長く移動したとき
です。

<出会うとき>

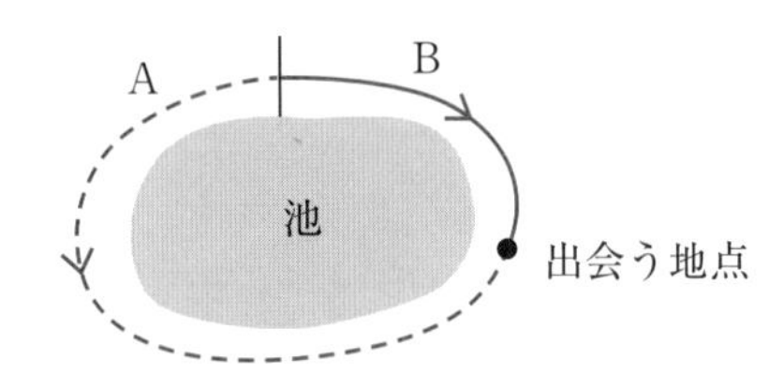

<追いつくとき>

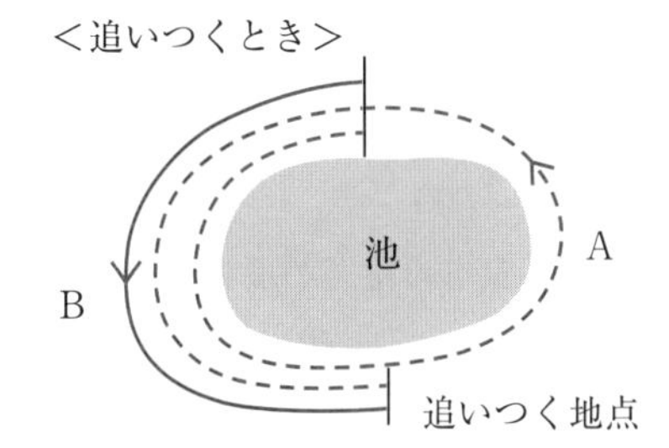

これらの関係をそれぞれ方程式に表し，連立方程式をつくります。

解答 Aの速さを分速xm，Bの速さを分速ymとすると

$$\begin{cases} 15x + 15y = 3600 & \cdots ① \\ 30x - 30y = 3600 & \cdots ② \end{cases}$$

$$\begin{array}{lr} ①\times 2 & 30x + 30y = 7200 \\ ② & -)\ 30x - 30y = 3600 \\ \hline & 60y = 3600 \\ & y = 60 \end{array}$$

$y = 60$を①に代入すると

$$15x + 15 \times 60 = 3600$$
$$15x = 2700$$
$$x = 180$$

これらは問題に適している。

答　A　分速180m
　　B　分速 60m

レベルアップ
出会うとき
　A，Bが1分ごとに合わせて$(x+y)$m進み，15分で池の周囲の長さの3600mとなるから
$$15(x+y) = 3600$$
追いつくとき
　AとBの進む道のりの差が，30分で池の周囲の長さの3600mとなるから
$$30(x-y) = 3600$$
と考えて連立方程式をつくることもできる。

5　8%の食塩水xgと3%の食塩水ygを混ぜて，6%の食塩水を500g作ろうと思います。
このとき，次の問に答えなさい。

(1)　下の表に，数量を整理しなさい。

(2)　食塩水を混ぜる前とあとでは，全体の食塩水の重さやふくまれる食塩の重さは変わりません。
これらのことから，連立方程式をつくりなさい。

(3)　x，yの値を求めなさい。

解答

(1)

食塩水の濃さ	8%	3%	6%
食塩水の重さ（g）	x	y	500
食塩水にふくまれる食塩の重さ（g）	$x \times \frac{8}{100}$	$y \times \frac{3}{100}$	$500 \times \frac{6}{100}$

(2)　全体の食塩水の重さの関係から

$$x + y = 500$$

ふくまれる食塩の重さの関係から

$$x \times \frac{8}{100} + y \times \frac{3}{100} = 500 \times \frac{6}{100}$$

すなわち

$$\frac{8}{100}x + \frac{3}{100}y = 30$$

となるから，連立方程式は

$$\begin{cases} x + y = 500 \\ \frac{8}{100}x + \frac{3}{100}y = 30 \end{cases}$$

(3)

$$\begin{cases} x + y = 500 & \cdots① \\ \frac{8}{100}x + \frac{3}{100}y = 30 & \cdots② \end{cases}$$

$$\begin{array}{lr} ①\times 8 & 8x + 8y = 4000 \\ ②\times 100 & -)\ 8x + 3y = 3000 \\ \hline & 5y = 1000 \\ & y = 200 \end{array}$$

$y = 200$を①に代入すると

$$x + 200 = 500$$
$$x = 300$$

これらは問題に適している。

答　$x = 300$，$y = 200$

6 活用の問題

体がつくられる中学生の時期は，たんぱく質やカルシウムなどを十分にとる必要があります。しかし，カルシウムは不足しがちです。
はるかさんは，カルシウムが多くとれる副菜を考えました。副菜「こまつなとしらす干しの和(あ)え物」50gでカルシウムを112mgとるには，こまつなとしらす干しをそれぞれ何gにすればよいですか。
また，その求め方も書きなさい。

食品名	カルシウムの量（100gあたり）
乾燥(かんそう)わかめ	780mg
プロセスチーズ	630mg
しらす干し	520mg
こまつな（ゆで）	150mg
牛乳	110mg

文部科学省「日本食品標準成分表2015」

考え方 表には，問題で使わない食品の値も書かれているので，必要な値だけ読みとります。
また，カルシウムの量は，それぞれ食品100gあたりの量であることに注意しよう。

解答 こまつなをxg，しらす干しをygとすると
全体の重さの関係から

$$x+y=50$$

こまつなのカルシウムの量は100gあたり150mgだから，こまつな1gでは1.5mgである。同様に，しらす干し1gでは5.2mgである。
とれるカルシウムの量の関係から

$$1.5x+5.2y=112$$

したがって

$$\begin{cases} x+y=50 & \cdots① \\ 1.5x+5.2y=112 & \cdots② \end{cases}$$

②の両辺に10をかけると

$$15x+52y=1120 \quad \cdots③$$

$$\begin{array}{lrl} ①\times 15 & 15x+15y= & 750 \\ ③ & -)\ 15x+52y= & 1120 \\ \hline & -37y= & -370 \\ & y= & 10 \end{array}$$

$y=10$を①に代入すると

$$x+10=50$$
$$x=40$$

これらは問題に適している。

答　こまつな　40g
　　しらす干し　10g

7 活用の問題

生徒会では，二酸化炭素の排出量を削減するために，自分たちが取り組めそうなことを下の表のようにまとめ，300人の生徒全員で実行することにしました。

取り組み	実行する内容と，1人が1か月間毎日実行して削減できる二酸化炭素の排出量
A	エアコンの冷房を利用する時間を1日に1時間減らすと，2.6kg削減できる。
B	液晶テレビを見る時間を1日に1時間減らすと，0.7kg削減できる。
C	ノート型パソコンを使う時間を1日1時間減らすと，0.2kg削減できる。

Bは全員が1か月間毎日実行しました。さらに，全員がAとCのどちらかを選び，その取り組みを1か月間毎日実行しました。その結果，二酸化炭素の排出量は全体で750kg削減できたことがわかりました。A，Cを実行した生徒はそれぞれ何人ですか。また，その求め方も書きなさい。

考え方　Aを実行した生徒をx人，Cを実行した生徒をy人として

実行した生徒全体の人数　…①

削減した二酸化炭素の排出量の全体　…②

について方程式をつくります。

解答　Aを実行した生徒をx人，Cを実行した生徒をy人として

$$\begin{cases} x + y = 300 & \cdots① \\ 2.6x + 0.7 \times 300 + 0.2y = 750 & \cdots② \end{cases}$$

②の両辺に10をかけると

$$26x + 2100 + 2y = 7500$$

$$26x + 2y = 5400 \quad \cdots③$$

$$\begin{array}{lrcr} ①\times 2 & 2x + 2y & = & 600 \\ ③ & -)\ 26x + 2y & = & 5400 \\ \hline & -24x & = & -4800 \\ & x & = & 200 \end{array}$$

$x = 200$を①に代入すると

$$200 + y = 300$$

$$y = 100$$

これらは問題に適している。

答　Aを実行した生徒　200人
　　Cを実行した生徒　100人

［1次関数］

3章 関数を利用して問題を解決しよう

1節 1次関数

Q

鍋に20℃の水を2L入れて強火で熱したところ，水の温度は，はじめの5分間で下の表のように変化しました。
強火で熱したときの水の温度の上がり方を調べてみましょう。

教科書 p.58～59

時間（分）	0	1	2	3	4	5
温度（℃）	20.0	28.0	36.0	44.1	52.1	60.0

❶ 表をもとにして，時間と温度の変化のようすを調べてみましょう。
❷ 下の図（省略）は，上の表の値に対応する点をとったものです。
この図から，どのような特徴が読みとれるでしょうか。

解答 ❶ ・熱し始めてから1分ごとに，およそ8℃ずつ上がっている。
・比例のときとちがって，時間が2倍，3倍になっても，温度は2倍，3倍にならない。
❷ ・点はほぼ一直線上に並んでいるように見える。
・点どうしを結ぶと，比例のときのように直線になるが，原点は通らない。

1 1次関数

教科書59ページのように，鍋の水を強火で熱したとき，熱し始めてからx分後の水の温度をy℃として，xとyの関係を式で表して調べてみましょう。

教科書 p.60

❶ はじめは20℃で，1分ごとにおよそ8℃ずつ上がることから，yをxの式で表してみましょう。
❷ yはxの関数であるといえますか。
❸ 80℃になるのは，熱し始めてから何分後ですか。

考え方 ❶ x分後の水の温度は
（x分間に上がる水の温度）＋（はじめの温度）
で求められます。
❷ 2つの変数x，yがあり，変数xの値を決めると，それにともなって変数yの値もただ1つ決まるとき，yはxの関数であるといいます。

❸ ❶で求めた式で，x分後の水の温度がy℃だから，$y=80$のときのxの値を求めればよい。

解答 ❶ x分間では，水の温度は$8x$℃上がるから，x分後の水の温度y℃は

$$y=8x+20$$

と表される。

❷ 変数xの値を決めると，それにともなってyの値もただ1つ決まるから，yはxの関数である。

❸ $y=8x+20$に$y=80$を代入すると

$$80=8x+20$$
$$8x=60$$
$$x=7.5$$

答　7.5分後

ことばの意味

● **1次関数**

yがxの関数で，yがxの1次式で表されるとき，**yはxの1次関数である**といい，一般に$y=ax+b$で表される。

問1

鍋に20℃の水を2L入れて，中火で熱したとき，80℃になるまでに12分かかりました。

教科書 p.60

(1) 水の温度は一定の割合で上がると考えると，1分ごとに何度ずつ上がりますか。

(2) 熱し始めてからx分後の水の温度をy℃として，yをxの式で表しなさい。

考え方 (1) 20℃から80℃まで，水の温度が60°上がるのに，12分かかっています。

(2) x分後の水の温度は

(水の温度)＝(x分間に上がる水の温度)＋(はじめの温度)

で求められます。

解答 (1) 60°上がるのに，12分かかっているから，1分ごとに上がる温度は

$$60\div12=5$$

答　1分ごとに5℃ずつ上がる。

(2) はじめは20℃で，1分ごとに5℃ずつ上がるから，x分後には$5x$℃上がる。したがって

$$y=5x+20$$

答　$y=5x+20$

問2

上の**Q**と問1でわかったことから，鍋に20℃の水を2L入れて，80℃になるまで熱するとき，強火と中火では，どちらのほうがガス代が安くなりますか。

火力	ガス代(1時間使用)
強火	約36円
中火	約20円

教科書 p.60

考え方 20℃の水が80℃になるまでには

強火では7.5分（Q－❸から）

中火では12分（問1から）

かかります。このときのガス代を求めます。

表のガス代は，1時間使用したときの金額であることに注意しよう。

解答 80℃になるまでに，強火では7.5分かかる。

強火のときのガス代は，1分あたり約$\frac{36}{60}$円だから

$$\frac{36}{60}\times 7.5 = 4.5\text{(円)}$$

80℃になるまでに，中火では12分かかる。

中火のときのガス代は，1分あたり約$\frac{20}{60}$円だから

$$\frac{20}{60}\times 12 = 4\text{(円)}$$

したがって，中火のほうがガス代が安くなる。

問3 1km走るのに0.1Lのガソリンを使う自動車があります。この自動車で，40Lのガソリンを入れて出発しました。$x$km走ったときの残りのガソリンの量をyLとして，yをxの式で表しなさい。

教科書 p.61
➔ 教科書 p.214 29
(ガイドp.239)

解答 $x$km走るとき，ガソリンを$0.1x$L使うから，$x$km走ったときの残りのガソリンの量は，$(40-0.1x)$Lとなる。したがって

$$y=-0.1x+40$$

問4 次の(1)，(2)で，yはxの1次関数であるといえますか。

(1)　1辺$x$cmの正方形の周の長さが$y$cm

(2)　面積24cm^{2}の長方形の縦が$x$cmのときの横が$y$cm

教科書 p.61
➔ 教科書 p.214 30
(ガイドp.239)

考え方 yがxの関数で，$y=ax+b$のように，yがxの1次式で表されるとき，yはxの1次関数であるといえます。

解答 (1)　yをxの式で表すと

$$y=4x$$

となる。この式は$y=4x+0$と考えることができ，$y=ax+b$の形で表されるから，yはxの1次関数であるといえる。

(2)　$xy=24$だから，yをxの式で表すと

$$y=\frac{24}{x}$$

となり，$y=ax+b$の形で表されないから，yはxの1次関数であるといえない。

2節 1次関数の性質と調べ方

1次関数$y=ax+b$では，xの値が増加するとき，それにともなってyの値はどのように変化するでしょうか。

教科書 p.62

❶ 1次関数$y=2x+3$を例に，表をつくって調べてみましょう。
xの値が1ずつ増加すると，yの値はどのように変化するでしょうか。

❷ 1次関数$y=2x+3$の表と下の比例$y=2x$の表を比べて，共通点やちがいについて話し合ってみましょう。

x	…	-4	-3	-2	-1	0	1	2	3	4	…
y	…	-8	-6	-4	-2	0	2	4	6	8	…

解答 ❶

x	…	-4	-3	-2	-1	0	1	2	3	4	…
y	…	-5	-3	-1	1	3	5	7	9	11	…

xの値が1ずつ増加すると，yの値は2ずつ増加する。

❷ **共通点**　xの値が1ずつ増加するとyの値は2ずつ増加する。

ちがい　xの値が2倍，3倍，…になると，比例では，それにともなってyの値も2倍，3倍，…になるが，1次関数では，yの値は2倍，3倍，…にならない。

1　1次関数の値の変化

1次関数$y=2x+3$では，xの値が増加するとき，それにともなってyの値はどのように変化するでしょうか。

教科書 p.63

❶ xの値が2ずつ増加すると，yの値はどのように変化するでしょうか。

❷ xの値がいくつずつ増加するかを決めて，そのとき，yの値がどのように変化するか調べてみましょう。

❸ ❷で調べたときの，xの増加量とyの増加量について，yの増加量はxの増加量の何倍になっていますか。

解答 ❶

x	…	-4	-3	-2	-1	0	1	2	3	4	…
y	…	-5	-3	-1	1	3	5	7	9	11	…

（x：-3→-1，-1→1，1→3 でそれぞれ 2 増加；y：-3→1，1→5，5→9 でそれぞれ 4 増加）

表では，上のようになるから，xの値が2ずつ増加すると，yの値は4ずつ増加する。

❷（例） x の値が4ずつ増加すると

x	…	-4	-3	-2	-1	0	1	2	3	4	…
y	…	-5	-3	-1	1	3	5	7	9	11	…

（x：-4→0 で4，-1→3 で4 増加／y：-5→3 で8，1→9 で8 増加）

上の表のように，y の値は8ずつ増加する。

❸ たとえば，x の値が -1 から3まで増加するとき

x の増加量は　$3-(-1)=4$

y の増加量は　$9-1=8$

となり，y の増加量は x の増加量の2倍になっている。

ことばの意味

● **変化の割合**

x の増加量に対する y の増加量の割合を**変化の割合**という。

$$(\text{変化の割合})=\frac{(y\text{の増加量})}{(x\text{の増加量})}$$

問1　1次関数 $y=-3x-2$ で，x の値が次のように増加したときの変化の割合を，それぞれ求めなさい。　教科書 p.64

(1)　4から6まで　　(2)　-6 から -2 まで

考え方　x の増加量と y の増加量をそれぞれ計算し，変化の割合を求めよう。y の増加量が負の数になることもあります。

解答　(1)　$x=4$ のとき　$y=-3\times4-2=-12-2=-14$

$x=6$ のとき　$y=-3\times6-2=-18-2=-20$

x の増加量は　$6-4=2$

y の増加量は　$-20-(-14)=-20+14=-6$

したがって，変化の割合は　$\dfrac{-6}{2}=-3$

(2)　$x=-6$ のとき　$y=-3\times(-6)-2=18-2=16$

$x=-2$ のとき　$y=-3\times(-2)-2=6-2=4$

x の増加量は　$-2-(-6)=-2+6=4$

y の増加量は　$4-16=-12$

したがって，変化の割合は　$\dfrac{-12}{4}=-3$

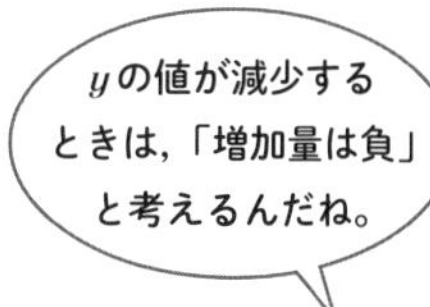

注意　(1)で，y の増加量を $-14-(-20)$ としてはいけない。
1次関数 $y=ax+b$ で，a の値が負の数のときは，y の増加量は負の数になるので注意しよう。

ポイント

1次関数の変化の割合

1次関数$y=ax+b$では，変化の割合は一定で，aに等しい。

$$(\text{変化の割合})=\frac{(y\text{の増加量})}{(x\text{の増加量})}=a$$

$$(y\text{の増加量})=a\times(x\text{の増加量})$$

問2 次の1次関数の変化の割合をいいなさい。また，xの増加量が4のときのyの増加量を求めなさい。

教科書 p.64
➡ 教科書 p.214 31
（ガイドp.239）

(1)　$y=3x+5$　　(2)　$y=-2x-1$

(3)　$y=2x$

考え方 yの増加量は，$(y\text{の増加量})=(\text{変化の割合})\times(x\text{の増加量})$で求めることができます。

解答 (1)　変化の割合　3，yの増加量　$3\times4=12$

(2)　変化の割合　-2，yの増加量　$-2\times4=-8$

(3)　変化の割合　2，yの増加量　$2\times4=8$

問3 鍋に20℃の水を2L入れて中火で熱したとき，熱し始めてからx分後の水の温度をy℃とすると，$y=5x+20$という関係があります。
このとき，変化の割合5は何を意味していますか。

教科書 p.64

考え方 変化の割合は，xの値が1だけ増加したときのyの増加量を表します。

解答 中火で熱したとき，水の温度が1分ごとに5℃ずつ上がること

問4 反比例$y=\dfrac{24}{x}$で，xの値が次のように増加したときの変化の割合を，それぞれ求めなさい。

教科書 p.64

(1)　2から6まで　　(2)　4から8まで

考え方 反比例のときでも，変化の割合は，$(\text{変化の割合})=\dfrac{(y\text{の増加量})}{(x\text{の増加量})}$で求めます。

解答 (1)　$x=2$のとき　$y=\dfrac{24}{2}=12$

$x=6$のとき　$y=\dfrac{24}{6}=4$

xの増加量　$6-2=4$

yの増加量　$4-12=-8$

$(\text{変化の割合})=\dfrac{-8}{4}=-2$

(2)　$x=4$のとき　$y=\dfrac{24}{4}=6$

$x=8$のとき　$y=\dfrac{24}{8}=3$

xの増加量　$8-4=4$

yの増加量　$3-6=-3$

$(\text{変化の割合})=\dfrac{-3}{4}=-\dfrac{3}{4}$

2 1次関数のグラフ

1次関数$y=2x+3$のグラフは，どのようになるでしょうか。

教科書 p.65

❶ x，yの値の組を座標とする点を，図にかき入れてみましょう。

❷ xの値を-4から3まで0.5おきにとり，x，yの値の組を座標とする点を，図にかき入れてみましょう。

考え方 ❷ xの値を0.5おきにとると，対応するyの値は下の表のようになります。

x	…	-4	-3.5	-3	-2.5	-2	-1.5	-1	-0.5	0	0.5	1	1.5	2	2.5	3	…
y	…	-5	-4	-3	-2	-1	0	1	2	3	4	5	6	7	8	9	…

解答 ❶

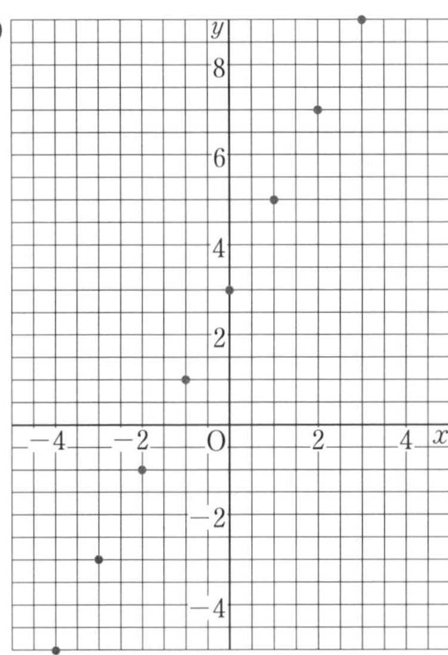

❷

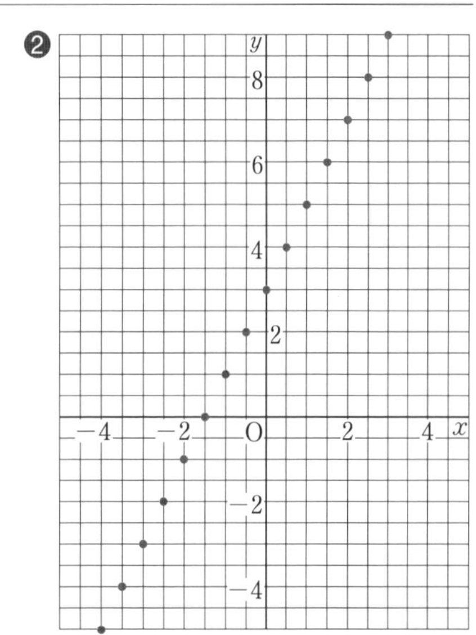

問1

次の点A，Bは，1次関数$y=2x+3$のグラフ上の点です。
□にあてはまる数を求めなさい。

A(3.5, □)　　B(−5, □)

教科書 p.65

➔ 教科書 p.214 32
(ガイドp.240)

考え方 A，Bはグラフ上の点だから，グラフ上の点のx座標，y座標の値をx，yにそれぞれ代入すると，$y=2x+3$が成り立ちます。
したがって，$y=2x+3$のxにx座標の値を代入して，y座標を求めます。

解答 A…$y=2x+3$に$x=3.5$を代入すると

$y=2\times3.5+3=10$

したがって　A(3.5, 10)

B…$y=2x+3$に$x=-5$を代入すると

$y=2\times(-5)+3=-7$

したがって　B(−5, −7)

問2

1次関数$y=2x-3$と比例$y=2x$について，同じことを調べなさい。
また，1次関数$y=2x-3$のグラフを図にかき入れなさい。

教科書 p.66

解答

x	…	-4	-3	-2	-1	0	1	2	3	…
$2x$	…	-8	-6	-4	-2	0	2	4	6	…
$2x-3$	…	-11	-9	-7	-5	-3	-1	1	3	…

上の表からわかるように，xのどの値についても，それに対応する$y=2x-3$のyの値は，$y=2x$のyの値より3だけ小さい。
したがって，$y=2x-3$のグラフ上の各点は，$y=2x$のグラフ上の各点を，下に3だけ移動させたものになっている。
グラフは，右の図のようになる。

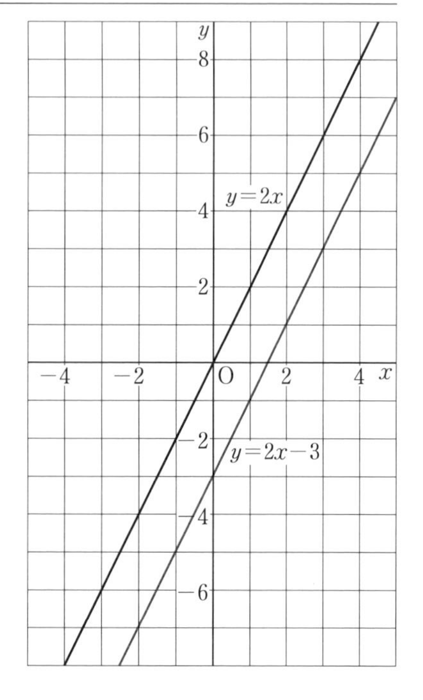

ことばの意味

●**切片**　　1次関数$y=ax+b$の定数の部分bのことを，1次関数のグラフの**切片**（せっぺん）という。

問3

1次関数$y=2x+4$のグラフについて，y軸と交わる点の座標と切片をそれぞれいいなさい。

教科書 p.66
➜ 教科書 p.214 33
（ガイドp.240）

考え方　y軸と交わる点の座標…y軸と交わる点のx座標は0だから，$y=2x+4$に$x=0$を代入してyの値を求めます。

切片…1次関数$y=ax+b$のグラフの切片は，bの値です。

解答　y軸と交わる点の座標…$x=0$のとき　$y=2\times0+4=4$
したがって，求める点の座標は　$(0,\ 4)$

切片…1次関数$y=ax+b$で，$b=4$だから，グラフの切片は　4

注意　グラフがy軸と交わる点のy座標の値が，そのグラフの切片である。

1次関数$y=ax+b$の変化の割合aは，グラフではどのようなことを表しているでしょうか。　教科書 p.67

❶ 1次関数$y=2x+3$では，xの値が3だけ増加すると，yの値はどれだけ増加しますか。

❷ 1次関数$y=2x+3$のグラフでは，右へ3だけ進むとき，上へどれだけ進みますか。

❸ 1次関数$y=-2x+5$では，xの値が4だけ増加すると，yの値はどれだけ増加しますか。

❹ 1次関数$y=-2x+5$のグラフでは，右へ4だけ進むとき，下へどれだけ進みますか。

考え方 ❶，❸ $y=ax+b$では，(yの増加量)$=a\times$(xの増加量)で求めることができます。

解答 ❶ $y=2x+3$の変化の割合は2だから，xの増加量が3のとき

yの増加量は　$2\times3=6$

したがって，yの値は6だけ増加する。

❷ 右へ1だけ進むとき，上へ2だけ進むから，右へ3だけ進むときは，$2\times3=6$より，上へ6だけ進む。

❸ $y=-2x+5$の変化の割合は-2だから，xの増加量が4のとき

yの増加量は　$(-2)\times4=-8$

したがって，yの値は-8だけ増加する。（8だけ減少する。）

❹ 右へ1だけ進むとき，下へ2だけ進むから，右へ4だけ進むときは，$(-2)\times4=-8$より，下へ8だけ進む。（上へ-8だけ進む。）

「下へ8だけ進む」をいいかえると
「上へ-8だけ進む」といえるね。

ことばの意味

● **傾き**

1次関数$y=ax+b$のグラフの傾き（かたむ）きぐあいは，aの値によって決まる。
この意味で，aをそのグラフの**傾き**という。

ポイント

1次関数のグラフ

1次関数$y=ax+b$のグラフは
　傾きがa，切片がbの直線
である。

問4

次の1次関数について，グラフの傾きと切片をいいなさい。

教科書 p.68

(1)　$y=-2x-1$　　(2)　$y=x-2$

(3)　$y=-4x$　　(4)　$y=\frac{3}{2}x-6$

➔ 教科書 p.214 34
(ガイドp.240)

解答

(1)　$y=(-2)\times x+(-1)$　だから　傾き　-2，切片　-1

(2)　$y=1\times x+(-2)$　だから　傾き　1，切片　-2

(3)　$y=(-4)\times x+0$　だから　傾き　-4，切片　0

(4)　$y=\frac{3}{2}\times x+(-6)$　だから　傾き　$\frac{3}{2}$，切片　-6

(3)　比例のグラフは，
1次関数のグラフで，
切片が0のときだね

1次関数$y=-2x+3$のグラフをかく方法を考えてみましょう。

教科書 p.69

❶ 切片に着目すると，グラフはどの点を通ることがわかりますか。

❷ 傾きに着目すると，グラフは❶の点から右へ1だけ進むとき，
どの方向へどれだけ進んだ点を通りますか。

❸ 1次関数$y=-2x+3$のグラフをかいてみましょう。

考え方　**ゆうなさん**…グラフは直線になるから，グラフが通る2点の座標がわかればかけます。

そうたさん…比例のグラフは，原点とそれ以外に通る1点の座標を求めてかきました。

❶ $y=ax+b$のグラフの切片bは，グラフがy軸と交わる点$(0,\ b)$のy座標です。

❷ $y=ax+b$のグラフの傾きaは，右へ1だけ進むとき上へaだけ進むことを表しています。

解答　❶ 切片が3だから，y軸と交わる点$(0,\ 3)$を通る。

❷ 傾きが-2だから，$(0,\ 3)$の点から右へ1だけ進むとき，上へ-2だけ進む。
いいかえれば，右へ1だけ進むとき下へ2だけ進んだ，点$(1,\ 1)$を通る。

❸ ❶，❷で求めた点$(0,\ 3)$，$(1,\ 1)$を通る直線をかく。
（グラフは右の図）

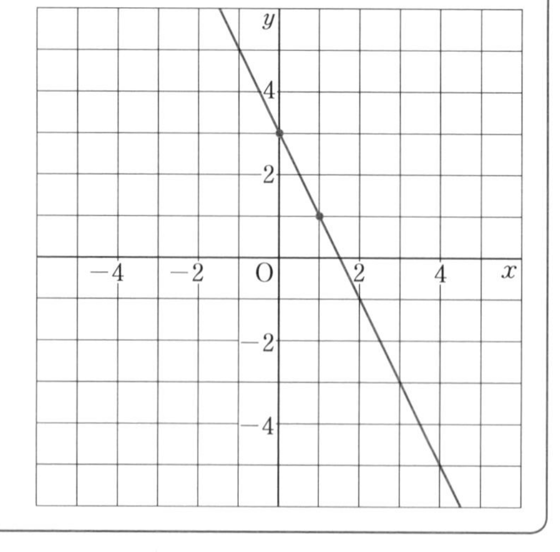

問5

1次関数$y=\frac{1}{2}x+1$のグラフを，同じように考えてかきなさい。

教科書 p.69

解答

・グラフの切片は1だから，グラフはy軸と交わる点$(0,\ 1)$を通る。

・傾きが$\frac{1}{2}$だから，右へ1だけ進むとき，上へ$\frac{1}{2}$だけ進む。すなわち，右へ2だけ進むとき，上へ1だけ進む。

したがって，点$(0,\ 1)$から，右へ2だけ進むとき，上へ1だけ進んだ点$(2,\ 2)$を通る。

したがって

2点$(0,\ 1)$，$(2,\ 2)$

を通る直線をひけばよい。

（グラフは右の図）

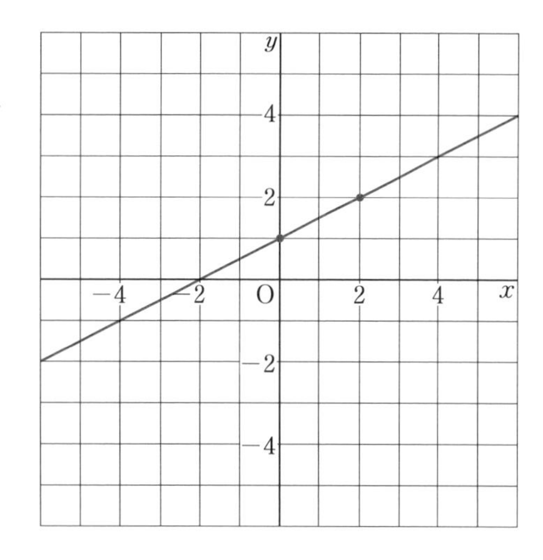

問6

次の1次関数のグラフをかきなさい。

教科書 p.69

(1) $y=2x-1$　(2) $y=x+1$

(3) $y=-2x+2$　(4) $y=-\frac{1}{3}x-3$

➔ 教科書 p.214 35
（ガイドp.240）

考え方 切片と傾きをもとに，グラフが通る2点の座標を求め，その2点を通る直線をひきます。

解答

(1) 切片が-1，傾きが2だから，点$\underline{(0,\ -1)}$と，そこから，右へ1，上へ2だけ進んだ点$\underline{(1,\ 1)}$を通る直線をひく。

(2) 切片が1，傾きが1だから，点$\underline{(0,\ 1)}$と，そこから，右へ1，上へ1だけ進んだ点$\underline{(1,\ 2)}$を通る直線をひく。

(3) 切片が2，傾きが-2だから，点$\underline{(0,\ 2)}$と，そこから，右へ1，上へ-2，つまり下へ2だけ進んだ点$\underline{(1,\ 0)}$を通る直線をひく。

(4) 切片が-3，傾きが$-\frac{1}{3}$だから，点$\underline{(0,\ -3)}$と，そこから，右へ3，下へ1だけ進んだ点$\underline{(3,\ -4)}$を通る直線をひく。

（グラフは右の図）

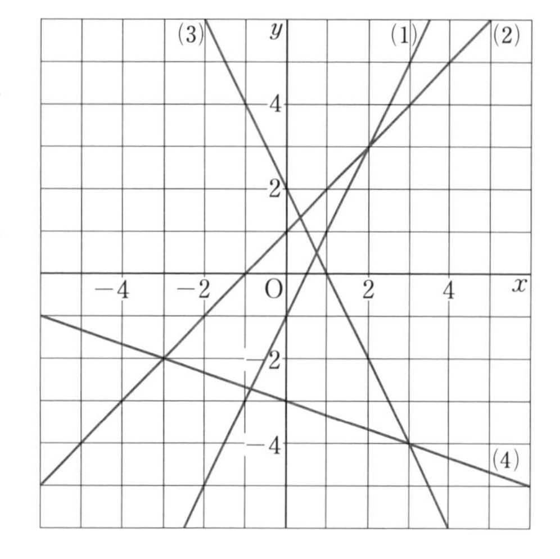

問 7

1次関数$y=ax+b$のグラフを次のようにしてかき，気づいたことを話し合ってみよう。

教科書 p.70

(1)　$b=2$として，aの値をいろいろに変化させる。

(2)　$a=2$として，bの値をいろいろに変化させる。

考え方　(1)　切片が等しいグラフの特徴を考えます。

(2)　傾きが等しいグラフの特徴を考えます。

解答　(1)　(例)

・aの値をいろいろに変化させても，グラフはつねに点$(0,\ 2)$を通る。

・$a>0$のとき，aの値を大きくしていくと，グラフはy軸に近づく。

・$a<0$のとき，aの値を小さくしていくと，グラフはy軸に近づく。

・aの値を0に近づけていくと，グラフは，点$(0,\ 2)$を通り，x軸に平行な直線に近づく。

(2)　(例)

・bの値をいろいろに変化させても，グラフどうしはつねに平行である。

レベルアップ　移動の見方で考えると

(1)　点$(0,\ 2)$を回転の中心として，直線$y=x+2$を回転移動させた直線になっている。

(2)　直線$y=2x$を平行移動させた直線になっている。

3　1次関数の式を求める方法

Q

右の図の2つの直線は，1次関数$y=ax+b$のグラフです。
グラフから式を求める方法を考えてみましょう。

❶ 直線(1)の式を求める方法を考えてみましょう。

❷ 直線(2)の式を求める方法を考えてみましょう。

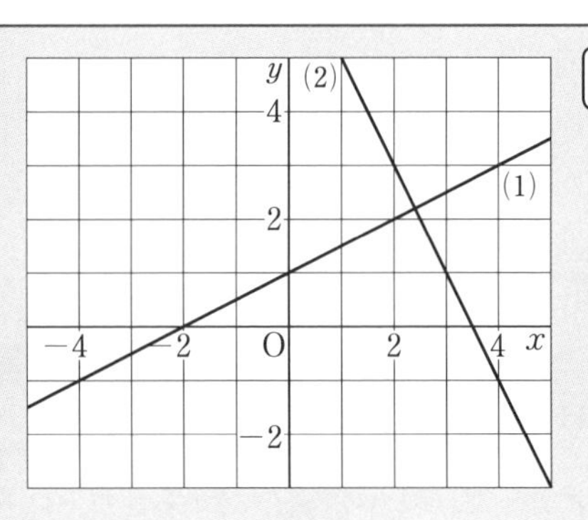

教科書 p.71

考え方　❶ $y=ax+b$で，aとbの値がわかれば，式は1つに決まります。
グラフから，a（傾き），b（切片）の値を読みとる方法を考えてみよう。

❷ 直線(2)では，たとえば次のことが読みとれます。

ア　直線の傾きと通る1点の座標

イ　通る2点の座標

このとき，直線の式を求めるにはどうしたらよいか考えよう。

解答 ❶ b：グラフがy軸と交わる点のy座標がbの値となる。

グラフは，y軸と点$(0,\ 1)$で交わっているから　$b=1$

a：グラフで右へいくつか進んだとき，上へどれだけ進むかを調べる。

$$a=\frac{(\text{上へ進んだ数})}{(\text{右へ進んだ数})}$$

となる。

グラフは，右へ2だけ進むと上へ1だけ進むから　$a=\frac{1}{2}$

したがって　$y=\frac{1}{2}x+1$

❷ a，bの値は，次のようにして求めることができる。

直線の傾きと通る1点の座標から求める場合

・直線の傾きからaの値がわかる。

・bの値は，通る1点のx座標，y座標の値とaの値を$y=ax+b$に代入して求める。

通る2点の座標から求める場合

方法①　2点の座標から傾きを求めて，アのときの方法で求める。

方法②　2点のx座標とy座標の値をそれぞれ$y=ax+b$に代入して，a，bについての連立方程式をつくり，それを解いてa，bの値を求める。

問1

右の図の直線(a)～(c)の式を求めなさい。　教科書 p.71

➔ 教科書 p.215 36
(ガイドp.240)

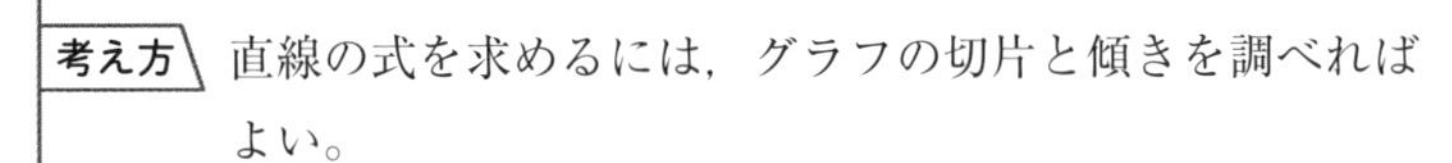

考え方 直線の式を求めるには，グラフの切片と傾きを調べればよい。

解答 (a)　y軸上の点$(0,\ -4)$を通るから，切片は-4である。$(b=-4)$

右へ1だけ進むと上へ1だけ進むから，傾きは1である。$(a=1)$

したがって　$y=x-4$

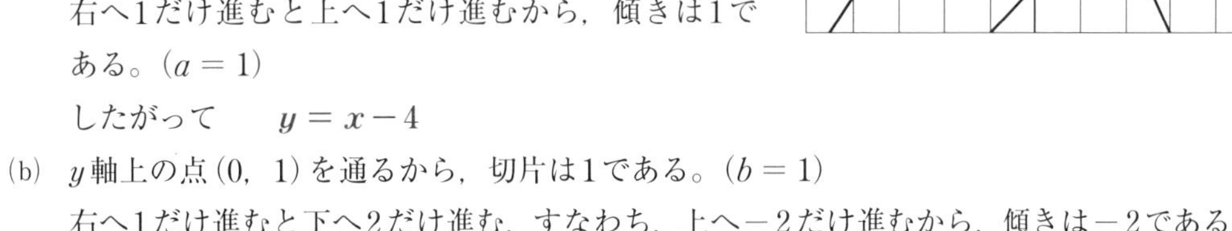

(b)　y軸上の点$(0,\ 1)$を通るから，切片は1である。$(b=1)$

右へ1だけ進むと下へ2だけ進む，すなわち，上へ-2だけ進むから，傾きは-2である。$(a=-2)$

したがって　$y=-2x+1$

(c)　y軸上の点$(0,\ 2)$を通るから，切片は2である。$(b=2)$

右へ2だけ進むと上へ3だけ進むから，傾きは$\frac{3}{2}$である。$\left(a=\frac{3}{2}\right)$

したがって　$y=\frac{3}{2}x+2$

問 2

次の条件をみたす1次関数の式を求めなさい。

教科書 p.72

(1) グラフの傾きが-3で，点$(1,\ 2)$を通る。

(2) 変化の割合が3で，$x=1$のとき$y=4$

(3) 変化の割合が-1で，$x=-2$のとき$y=-3$

(4) グラフが直線$y=2x+5$に平行で，点$(2,\ 0)$を通る。

考え方 1次関数の式を$y=ax+b$とすると，aは，変化の割合，グラフの傾きだから，aの値はわかります。もう1つの条件を使って，bの値を求めます。

(2)「グラフの傾きが3で，点$(1,\ 4)$を通る。」ことと同じです。

(4) グラフが直線$y=2x+5$に平行ということは，傾きが2ということです。

解答 (1) グラフの傾きが-3だから，この1次関数の式は$y=-3x+b$と書くことができる。
グラフが点$(1,\ 2)$を通るから，上の式に$x=1$，$y=2$を代入すると

$2=-3\times1+b$

$b=5$

答　$y=-3x+5$

(2) 変化の割合が3だから，この1次関数の式は$y=3x+b$と書くことができる。
$x=1$のとき$y=4$だから

$4=3\times1+b$

$b=1$

答　$y=3x+1$

(3) 変化の割合が-1だから，この1次関数の式は$y=-x+b$と書くことができる。
$x=-2$のとき$y=-3$だから

$-3=-(-2)+b$

$b=-5$

答　$y=-x-5$

(4) グラフが直線$y=2x+5$に平行だから，傾きは2となる。
したがって，この1次関数の式は$y=2x+b$と書くことができる。
グラフが点$(2,\ 0)$を通るから，上の式に$x=2$，$y=0$を代入すると

$0=2\times2+b$

$b=-4$

答　$y=2x-4$

問 3

切片が5で，点$(2,\ 1)$を通る直線の式を求めなさい。

教科書 p.72

➔ 教科書 p.215 37
(ガイドp.240)

考え方 直線の式を$y=ax+b$とすると，切片が5だから，$b=5$となります。

解答 切片が5だから，この直線の式は$y=ax+5$と書くことができる。
この直線が点$(2,\ 1)$を通るから，上の式に$x=2$，$y=1$を代入すると

$1=a\times2+5$

$a=-2$

答　$y=-2x+5$

例 2

➩ ①，②を連立方程式として解き，a，bの値を求めなさい。 教科書 p.73

解答

$$\begin{cases} 3 = 2a + b & \cdots① \\ 9 = 5a + b & \cdots② \end{cases}$$

$$\begin{array}{rrl} ① & 3 = & 2a + b \\ ② & -)\ 9 = & 5a + b \\ \hline & -6 = & -3a \\ & a = & 2 \end{array}$$

$a = 2$を①に代入すると

$3 = 2 \times 2 + b$

$b = -1$

答 $a = 2$，$b = -1$

問 4

次の条件をみたす1次関数の式を求めなさい。 教科書 p.73

(1) グラフが2点$(-3,\ 5)$，$(3,\ -1)$を通る。

(2) $x = 2$のとき$y = -3$，$x = 4$のとき$y = -9$

➡ 教科書 p.215 38
（ガイドp.241）

考え方 2点の座標がわかっているとき，1次関数の式を求めるには，次の2つの方法があります。

方法① はじめにグラフの傾きを求める方法（解答で示した方法）

方法② 連立方程式をつくって求める方法（別解で示した方法）

(2) 「グラフが2点$(2,\ -3)$，$(4,\ -9)$を通る。」ことと同じです。

解答 (1) 2点$(-3,\ 5)$，$(3,\ -1)$を通るから，グラフの傾きは

$$\frac{-1-5}{3-(-3)} = \frac{-6}{6} = -1$$

したがって，1次関数の式は$y = -x + b$と書くことができる。

グラフが点$(-3,\ 5)$を通るから，上の式に，$x = -3$，$y = 5$を代入すると

$5 = -(-3) + b$

$b = 2$ 答 $y = -x + 2$

別解

求める1次関数を$y = ax + b$とする。

2点$(-3,\ 5)$，$(3,\ -1)$を通るから，上の式に$x = -3$，$y = 5$を代入すると

$5 = -3a + b$ …①

$x = 3$，$y = -1$を代入すると

$-1 = 3a + b$ …②

①，②を連立方程式として解いて，a，bの値を求めると

$a = -1$，$b = 2$ 答 $y = -x + 2$

(2) グラフが2点$(2,\ -3)$，$(4,\ -9)$を通るから，その傾きは

$$\frac{-9-(-3)}{4-2} = \frac{-6}{2} = -3$$

したがって，1次関数の式は$y = -3x + b$と書くことができる。

この式に$x = 2$，$y = -3$を代入すると

$-3 = -3 \times 2 + b$

$b = 3$ 答 $y = -3x + 3$

別解

求める1次関数を$y = ax + b$とする。

2点$(2,\ -3)$，$(4,\ -9)$を通るから，上の式に$x = 2$，$y = -3$を代入すると

$-3 = 2a + b$ …①

$x = 4$，$y = -9$を代入すると

$-9 = 4a + b$ …②

①，②を連立方程式として解いて，a，bの値を求めると

$a = -3$，$b = 3$ 答 $y = -3x + 3$

注意 方法②（別解で示した方法）で，連立方程式をつくって解くとき，①－②を計算すると，bが消去できる。

基本の問題

教科書 ➔ p.74

1 水が2L入っている水そうに，一定の割合で水を入れます。水を入れ始めてから3分後には，水そうの中の水の量は11Lになりました。

(1)　1分間に，水の量は何Lずつ増えましたか。

(2)　水を入れ始めてからx分後の水そうの中の水の量をyLとして，yをxの式で表しなさい。

考え方 (1)　3分間で水そうの中の水の量は$11-2=9$(L) 増えています。

(2)　(x分後の水の量)＝(x分間に増えた水の量)＋(はじめの水の量)となります。

x分間に増えた水の量は，(1分間に増える水の量)×xで求められます。

解答 (1)　3分間に増えた水の量は，$11-2=9$(L) だから，1分間に，水の量は$9\div3=3$(L) ずつ増えた。

答　3L

(2)　はじめに2L入っていて，1分間に3Lずつ増えるから，x分後には$3x$L増える。

したがって　　$y=3x+2$

2 1次関数$y=4x+1$の変化の割合をいいなさい。

考え方 1次関数$y=ax+b$の変化の割合はaです。

解答 4

3 1次関数$y=5x-3$のグラフの傾きと切片をいいなさい。

考え方 1次関数$y=ax+b$のグラフの傾きはa，切片はbです。

解答 傾き　5，切片　-3

4 次の1次関数のグラフをかきなさい。

(1)　$y=3x-4$　　　(2)　$y=\frac{1}{3}x+2$

考え方 切片と傾きから，グラフが通る2点の座標を求めます。

解答 (1)　切片が-4，傾きが3だから，点$(0,\ -4)$と，$(0,\ -4)$から，右へ1，上へ3だけ進んだ点$(1,\ -1)$を通る直線をひく。

(2)　切片が2，傾きが$\frac{1}{3}$だから，点$(0,\ 2)$と，$(0,\ 2)$から，右へ3，上へ1だけ進んだ点$(3,\ 3)$を通る直線をひく。

(グラフは右の図)

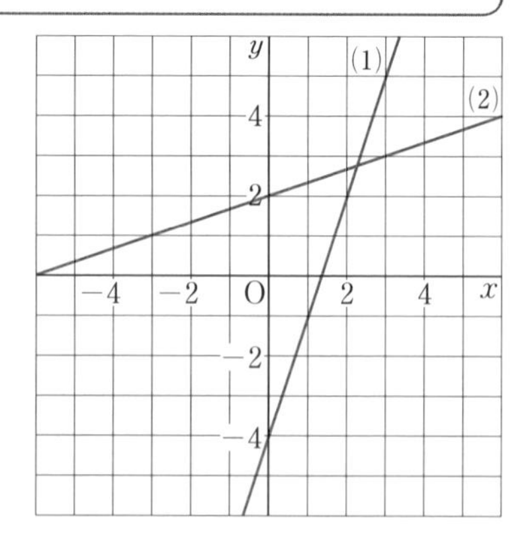

5 右の図の直線(1)，(2)の式を求めなさい。

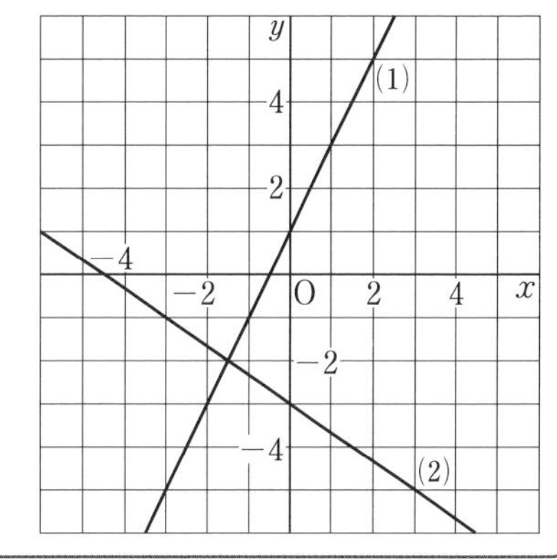

考え方 y軸と交わっている点の座標から，切片を求めることができます。

解答 (1) y軸と$(0,\ 1)$で交わっているから，切片は1

$(0,\ 1)$から，右へ1，上へ2だけ進んだ点を通るから，傾きは2

答 $y=2x+1$

(2) y軸と$(0,\ -3)$で交わっているから，切片は-3

$(0,\ -3)$から，右へ3，下へ2（上へ-2）だけ進んだ点を通るから，傾きは$-\dfrac{2}{3}$

答 $y=-\dfrac{2}{3}x-3$

6 次の条件をみたす1次関数の式を求めなさい。

(1) 変化の割合が2で，$x=1$のとき$y=-1$

(2) グラフが2点$(-3,\ 3)$，$(3,\ 5)$を通る。

考え方 (1) 変化の割合が2だから，1次関数の式は$y=2x+b$と書くことができます。この式に$x=1$，$y=-1$を代入してbの値を求めます。

(2) 傾きを，グラフが2点$(-3,\ 3)$，$(3,\ 5)$を通ることから求めます。切片は(1)と同じようにして求めます。また，連立方程式を解いて求めることもできます。(別解)

解答 (1) 変化の割合が2だから，この1次関数の式は$y=2x+b$と書くことができる。

この式に$x=1$，$y=-1$を代入すると

$-1=2\times1+b$

$b=-3$

答 $y=2x-3$

(2) 2点$(-3,\ 3)$，$(3,\ 5)$を通るから，グラフの傾きは

$$\frac{5-3}{3-(-3)}=\frac{2}{6}=\frac{1}{3}$$

したがって，1次関数の式は$y=\dfrac{1}{3}x+b$と書くことができる。

グラフが点$(3,\ 5)$を通るから，

上の式に$x=3$，$y=5$を代入すると

$5=\dfrac{1}{3}\times3+b$

$b=4$

答 $y=\dfrac{1}{3}x+4$

別解

求める1次関数の式を$y=ax+b$とする。

2点$(-3,\ 3)$，$(3,\ 5)$を通るから，上の式に$x=-3$，$y=3$を代入すると

$3=-3a+b$ …①

$x=3$，$y=5$を代入すると

$5=3a+b$ …②

①，②を連立方程式として解いて，a，bの値を求めると

$a=\dfrac{1}{3}$，$b=4$

答 $y=\dfrac{1}{3}x+4$

3節 2元1次方程式と1次関数

連立方程式$\begin{cases} x-2y=4 & \cdots(1) \\ -3x+6y=6 & \cdots(2) \end{cases}$の解はどうなるでしょうか。

教科書 p.75

❶ 2元1次方程式(1)，(2)の解を，それぞれ見つけてみましょう。

❷ (1)，(2)に共通な解を，見つけることができるでしょうか。

考え方 教科書38～39ページのようにして，表をつくって調べてみよう。
そのとき，式をyについて解いて$y=$～の式をつくっておくと，xに対応するyの値を求めやすくなります。

解答 ❶ xの値が-4から4までの整数の値のとき，対応するyの値を求める。

(1)　$x-2y=4$をyについて解くと　$y=\frac{1}{2}x-2$　となる。

x	…	-4	-3	-2	-1	0	1	2	3	4	…
y	…	-4	$-\frac{7}{2}$	-3	$-\frac{5}{2}$	-2	$-\frac{3}{2}$	-1	$-\frac{1}{2}$	0	…

(2)　$-3x+6y=6$をyについて解くと　$y=\frac{3x+6}{6}=\frac{1}{2}x+1$　となる。

x	…	-4	-3	-2	-1	0	1	2	3	4	…
y	…	-1	$-\frac{1}{2}$	0	$\frac{1}{2}$	1	$\frac{3}{2}$	2	$\frac{5}{2}$	3	…

❷ (1)，(2)に共通な解を見つけることはできない。

1 2元1次方程式のグラフ

2元1次方程式$x-2y=4$　…(1)の解を座標とする点をとると，どのようなグラフになるでしょうか。

教科書 p.76

❶ (1)の式を成り立たせるx，yの値の組を求め，表を完成させましょう。

❷ 表のx，yの値の組を座標とする点を図にかき入れてみましょう。
どのようなグラフになるでしょうか。

考え方 ❶ 2元1次方程式$x-2y=4$を，yについて解き，$y=\frac{1}{2}x-2$としてから，xの値を代入すると，yの値が簡単に求められます。

解答 ❶

x	…	-4	-3	-2	-1	0	1	2	3	4	…
y	…	-4	$-\frac{7}{2}$	-3	$-\frac{5}{2}$	-2	$-\frac{3}{2}$	-1	$-\frac{1}{2}$	0	…

❷ グラフは，1次関数のグラフのように直線になると予想できる。

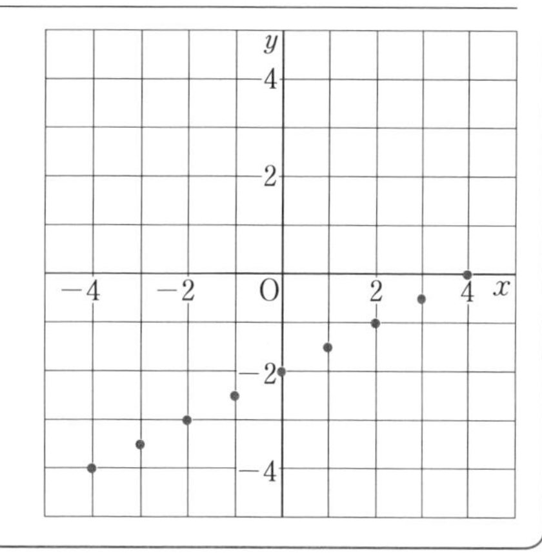

ことばの意味

● **2元1次方程式のグラフ**

a，b，cを定数とするとき，2元1次方程式$ax+by=c$のグラフは直線である。

この直線を，**方程式$ax+by=c$のグラフ**という。

問1 次の点A，Bは，方程式$x-2y=4$のグラフ上の点ですか。

A$(-5,\ -3)$　　B$(5.2,\ 0.6)$

教科書 p.77

➔ 教科書 p.215 39
(ガイドp.242)

考え方 点のx座標とy座標の値を方程式に代入して，方程式が成り立つとき，その点は方程式のグラフ上にあるといえます。

解答 A…$x=-5$，$y=-3$のとき

(左辺)$=-5-2\times(-3)=-5+6=1$

(右辺)$=4$

方程式が成り立たないから，Aはグラフ上の点ではない。

B…$x=5.2$，$y=0.6$のとき

(左辺)$=5.2-2\times0.6=5.2-1.2=4$

(右辺)$=4$

方程式が成り立つから，Bはグラフ上の点である。

$x=-5$，$y=-3$は方程式$x-2y=4$の解ではないから，グラフ上の点にはならないね。

問2

次の方程式のグラフをかきなさい。

教科書 p.77

(1)　$2x+y=4$

(2)　$x+2y=-4$

(3)　$3x-2y+8=0$

考え方　次の手順で考えよう。

1　方程式をyについて解く。

2　1の結果から，グラフの傾きと切片を求める。

3　切片と傾きをもとにして，直線をひく。

解答　(1)

$$2x+y=4$$
$$y=-2x+4$$

となるから，グラフの切片は4，傾きは-2である。

切片が4，傾きが-2だから，点$(0,\ 4)$と，$(0,\ 4)$から右へ1，下へ2だけ進んだ点$(1,\ 2)$を通る。

したがって

2点$(0,\ 4)$，$(1,\ 2)$

を通る直線をひけばよい。

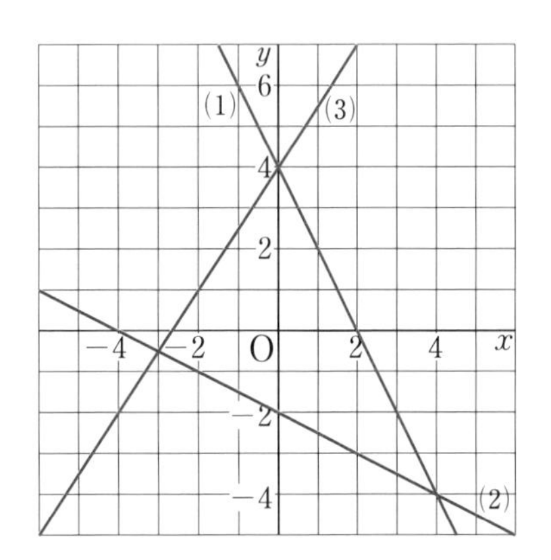

(2)

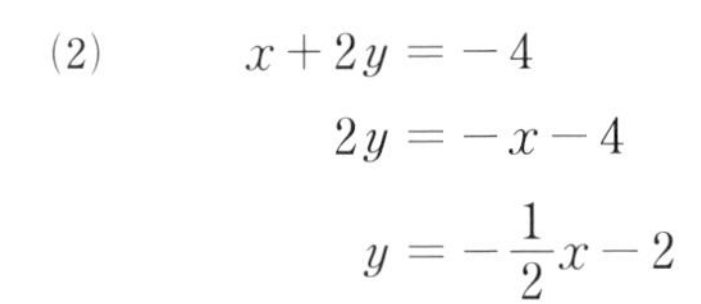

$$x+2y=-4$$
$$2y=-x-4$$
$$y=-\frac{1}{2}x-2$$

となるから，グラフの切片は-2，傾きは$-\dfrac{1}{2}$である。

切片が-2，傾きが$-\dfrac{1}{2}$だから，点$(0,\ -2)$と，$(0,\ -2)$から右へ2，下へ1だけ進んだ点$(2,\ -3)$を通る。したがって

$(0,\ -2)$，$(2,\ -3)$

を通る直線をひけばよい。

(3)

$$3x-2y+8=0$$
$$2y=3x+8$$
$$y=\frac{3}{2}x+4$$

となるから，グラフの切片は4，傾きは$\dfrac{3}{2}$である。

切片が4，傾きが$\dfrac{3}{2}$だから，点$(0,\ 4)$と，$(0,\ 4)$から右へ2，上へ3だけ進んだ$(2,\ 7)$を通る。したがって

$(0,\ 4)$，$(2,\ 7)$

を通る直線をひけばよい。

（グラフは右上の図）

問3 次の方程式のグラフをかきなさい。

教科書 p.78

(1)　$2x-y=4$　　(2)　$x+3y=-6$

(3)　$2x-5y+10=0$　　(4)　$\dfrac{x}{4}+\dfrac{y}{3}=1$

➔ 教科書 p.215 40
(ガイドp.242)

考え方 方程式を成り立たせるx，yの値の組を2組見つけ，その値の組を座標とする点を通る直線をひきます。このとき，$x=0$，$y=0$を代入すると，グラフが通る点の座標が求めやすいことが多い。

解答 (1)　$x=0$　とすると　$y=-4$
$y=0$　とすると　$x=2$
より，2点$(0,\ -4)$，$(2,\ 0)$を通る。

(2)　$x=0$　とすると　$y=-2$
$y=0$　とすると　$x=-6$
より，2点$(0,\ -2)$，$(-6,\ 0)$を通る。

(3)　$x=0$　とすると　$y=2$
$y=0$　とすると　$x=-5$
より，2点$(0,\ 2)$，$(-5,\ 0)$を通る。

(4)　$x=0$　とすると　$y=3$
$y=0$　とすると　$x=4$
より，2点$(0,\ 3)$，$(4,\ 0)$を通る。

(グラフは右の図)

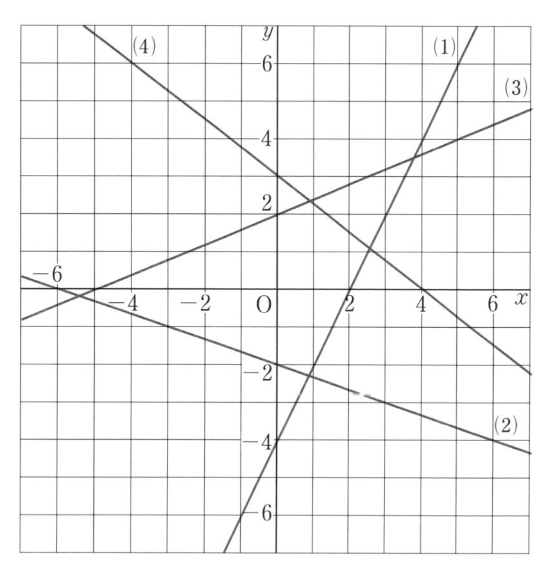

問4 次の方程式のグラフをかきなさい。

教科書 p.79

(1)　$y=-2$　　(2)　$-3y+3=0$

考え方 2元1次方程式$ax+by=c$のグラフで，$a=0$の場合は，x軸に平行な直線になります。

解答 (1)　グラフは点$(0,\ -2)$を通り，x軸に平行な直線である。

(2)　$y=1$と変形できるから，グラフは点$(0,\ 1)$を通り，x軸に平行な直線である。

(グラフは右の図)

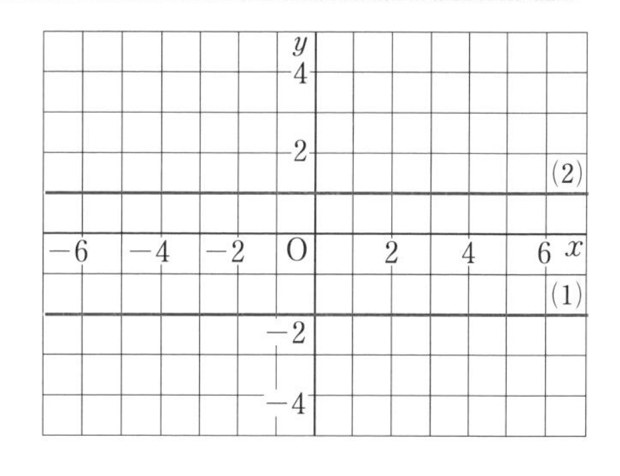

問5 次の方程式のグラフをかきなさい。

教科書 p.79

(1)　$2x=-4$　　(2)　$-x+4=0$

➔ 教科書 p.216 41
(ガイドp.243)

考え方 2元1次方程式$ax+by=c$のグラフで，$b=0$の場合は，y軸に平行な直線になります。

解答 (1)　$x=-2$と変形できるから，グラフは点（-2，0）を通り，y軸に平行な直線である。

(2)　$x=4$と変形できるから，グラフは点(4，0)を通り，y軸に平行な直線である。

（グラフは右の図）

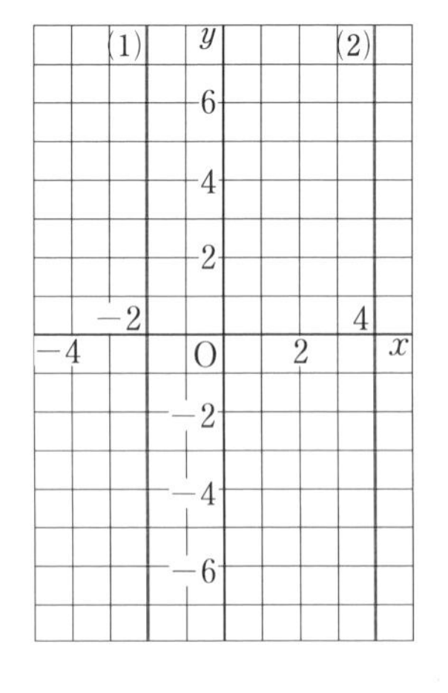

2　連立方程式とグラフ

Q

連立方程式$\begin{cases} x-2y=4 & \cdots(1) \\ x+y=1 & \cdots(2) \end{cases}$の解について，調べてみましょう。

教科書 p.80

❶ 下の図の直線は，方程式(1)のグラフです。方程式(2)のグラフをかき入れて，2つの直線の交点の座標を読みとってみましょう。

❷ 連立方程式の解を求めて，❶で読みとった2つの直線の交点のx座標，y座標の値の組であることを確かめてみましょう。

解答 ❶ $x+y=1$は

$x=0$のとき　$y=1$

$y=0$のとき　$x=1$

となるから，グラフは(0，1)，(1，0)を通る直線となる。右の図から，2つの直線の交点の座標は(2，-1)である。

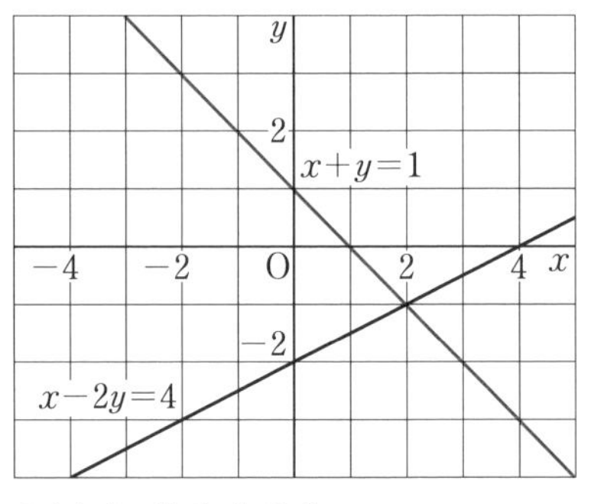

❷ $\begin{cases} x-2y=4 & \cdots(1) \\ x+y=1 & \cdots(2) \end{cases}$ を解くと

$$\begin{array}{lrl} (1) & & x-2y=4 \\ (2) & -) & x+\ \ y=1 \\ \hline & & -3y=3 \\ & & \quad y=-1 \end{array}$$

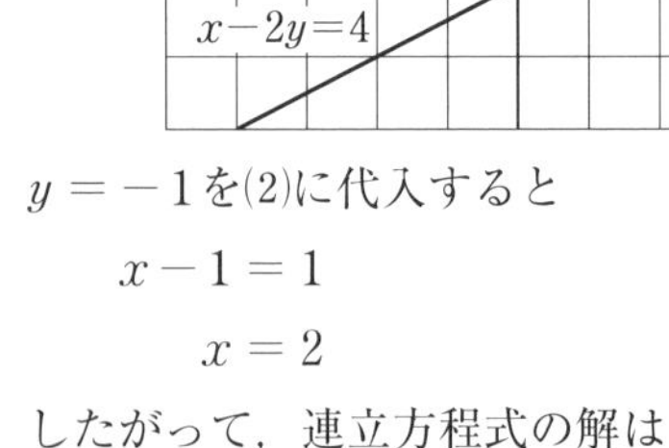

$y=-1$を(2)に代入すると

$x-1=1$

$x=2$

したがって，連立方程式の解は

$x=2$，$y=-1$

この値は，❶で読みとった2つの直線の交点のx座標，y座標の値の組である。

ポイント

連立方程式の解とグラフの交点

x, yについての連立方程式の解は，それぞれの方程式のグラフの交点のx座標，y座標の組である。

問1 次の連立方程式の解を，グラフをかいて求めなさい。

$$\begin{cases} 2x+y=1 \\ x-y=-4 \end{cases}$$

教科書 p.81

➔ 教科書 p.216 42
(ガイドp.243)

考え方 それぞれの方程式のグラフをかき，その交点の座標を読みとります。その座標のx座標，y座標の値の組が，連立方程式の解です。

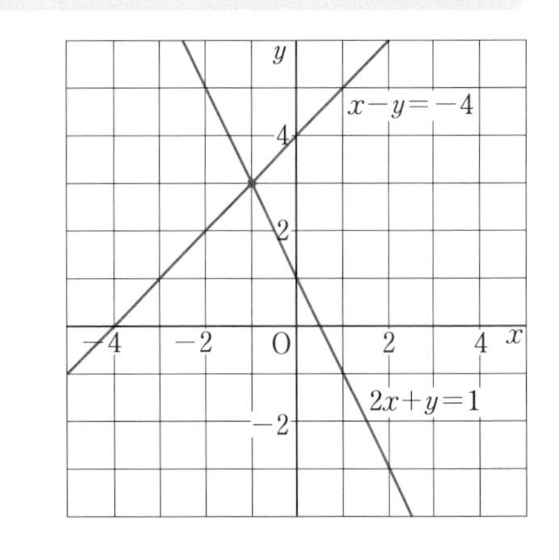

解答 $2x+y=1$をyについて解くと

$y=-2x+1$ …①

$x-y=-4$をyについて解くと

$y=x+4$ …②

①，②のグラフをかくと，右の図のようになる。

交点の座標は$(-1,\ 3)$だから，連立方程式の解は

$x=-1$，$y=3$

問2 右の図の2直線の交点の座標を，次の順序で求めなさい。

[1] ①，②の直線の式を求める。

[2] [1]で求めた式を連立方程式として解き，交点の座標を求める。

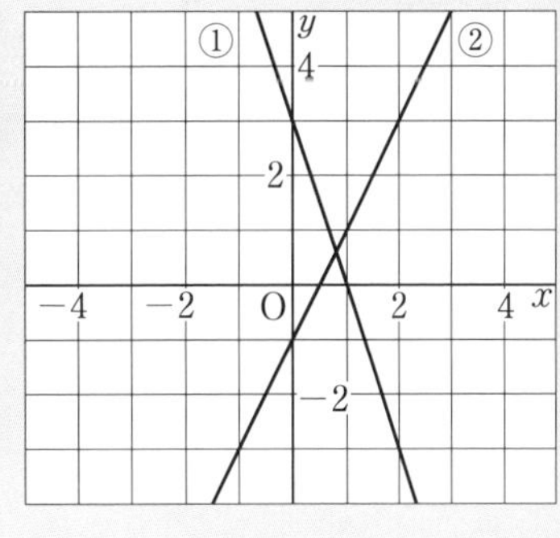

教科書 p.81

➔ 教科書 p.216 43
(ガイドp.243)

考え方 グラフの交点の座標が読みとれないときは，このように，連立方程式を利用して交点の座標を求めることができます。

解答 [1] ①の直線はy軸上の点$(0,\ 3)$を通るから，切片は3である。また，右へ1だけ進むと下へ3だけ進むから，傾きは-3である。したがって，①の直線の式は

$y=-3x+3$

②の直線はy軸上の点$(0,\ -1)$を通るから，切片は-1である。また，右へ1だけ進むと上へ2だけ進むから，傾きは2である。したがって，②の直線の式は

$y=2x-1$

[2] $\begin{cases} y=-3x+3 & \cdots① \\ y=2x-1 & \cdots② \end{cases}$

①を②に代入すると

$-3x+3=2x-1$

$-5x=-4$

$x=\dfrac{4}{5}$

$x=\dfrac{4}{5}$を②に代入すると

$y=2\times\dfrac{4}{5}-1=\dfrac{8}{5}-1=\dfrac{3}{5}$

答 $\left(\dfrac{4}{5},\ \dfrac{3}{5}\right)$

3章 1次関数

問3

$y=2x-3$のグラフが，x軸と点Aで交わっています。点Aの座標を求めなさい。

教科書 p.81

➲ 教科書 p.216 44
（ガイドp.243）

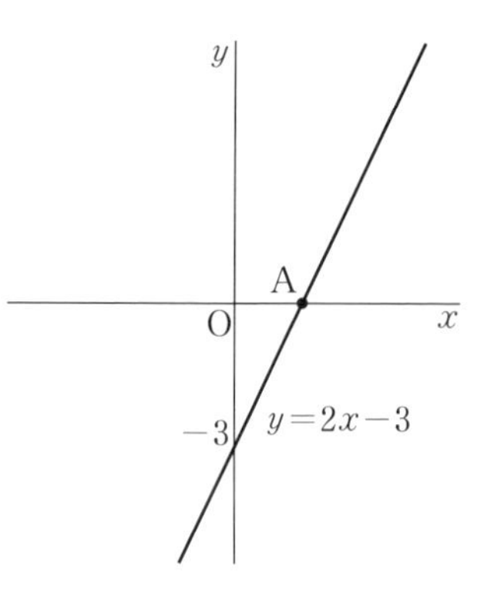

考え方　x軸上の点のy座標は0だから，$y=2x-3$に$y=0$を代入すれば，x軸との交点のx座標を求めることができます。

解答　点Aのy座標は0だから，$y=2x-3$に$y=0$を代入すると

$$0=2x-3$$

$$2x=3$$

$$x=\frac{3}{2}$$

答　$A\left(\frac{3}{2},\ 0\right)$

問4

教科書 p.81

教科書75ページで，連立方程式$\begin{cases} x-2y=4 \\ -3x+6y=6 \end{cases}$の解が見つからない理由を考えてみよう。

(1)　方程式$-3x+6y=6$のグラフを，下の図にかき入れなさい。

(2)　(1)でかき入れた図をもとにして，連立方程式の解が見つからない理由を説明しなさい。

解答　(1)

$$y=\frac{1}{2}x+1 \quad \cdots②$$

となるから，グラフは傾き$\frac{1}{2}$，切片1の直線である。

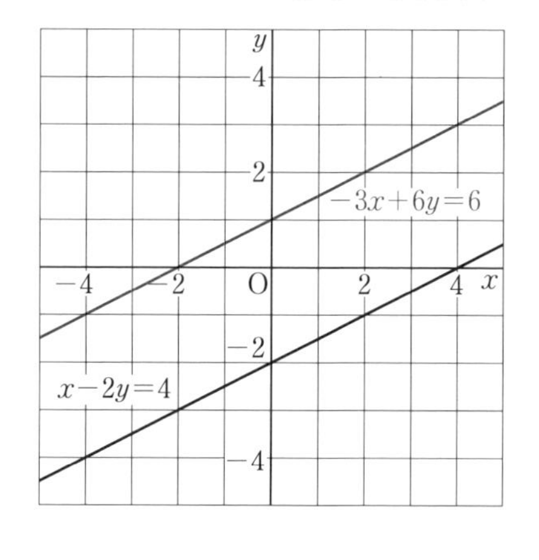

(2)　$x-2y=4$をyについて解くと

$$y=\frac{1}{2}x-2 \quad \cdots①$$

①と②のグラフを比べると，2つのグラフは，傾きが等しいので平行になる。したがって，2つの2元1次方程式のグラフは平行で交わらないから，この連立方程式の解は見つからない。

レベルアップ　次の連立方程式の解を考えてみよう。

$$\begin{cases} 2x-y=1 \\ 4x-2y=2 \end{cases}$$

解答

$$\begin{cases} 2x-y=1 & \to y=2x-1 \\ 4x-2y=2 & \to y=2x-1 \end{cases}$$

それぞれの式を整理してグラフをかくと，右の図のようになる。

2つのグラフは一致するから，交点は直線上のすべての点であると考えられる。

つまり，この連立方程式の解は無数にある。

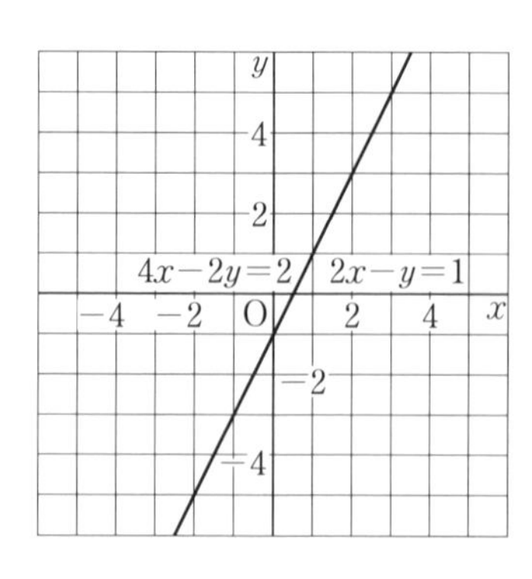

基本の問題

教科書 ➔ p.82

1 次の方程式のグラフをかきなさい。

(1) $x+3y=-3$　(2) $\frac{x}{2}+\frac{y}{3}=1$　(3) $3y+15=0$　(4) $4x-12=0$

考え方 (1), (2) グラフをかくときには，次の方法があります。

・式を $y=ax+b$ の形に変形して，傾きと切片を求める。

・グラフが通る2点の座標を求める。このとき，$x=0$，$y=0$ を代入すると座標が求めやすいことが多い。

(3), (4) 式は $y=$(数)，$x=$(数)の形に変形することができます。

解答 (1) $x+3y=-3$ を y について解くと

$$y=-\frac{1}{3}x-1$$

となる。したがって，グラフは，傾き $-\frac{1}{3}$，切片 -1 の直線である。

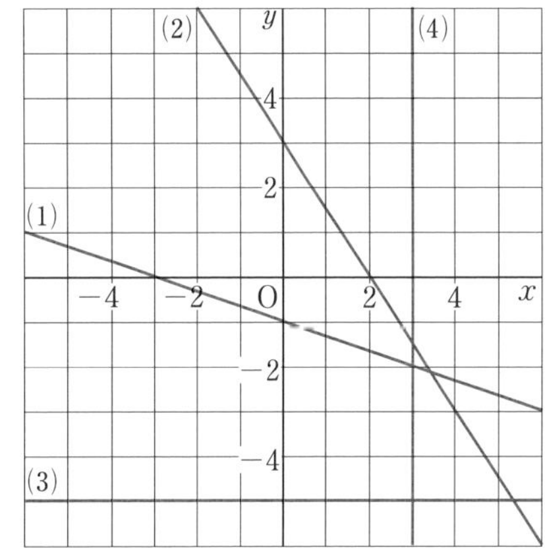

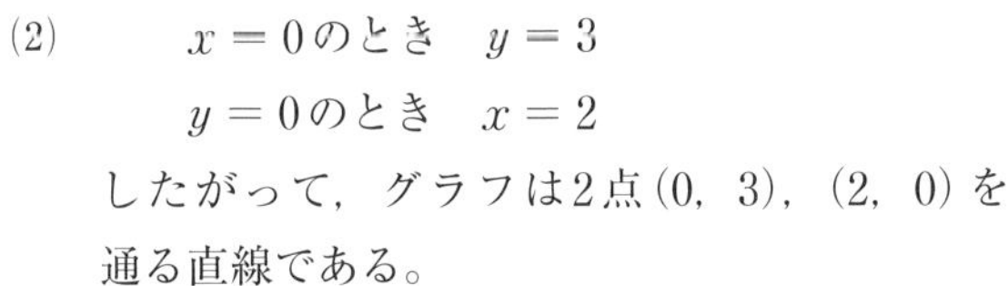

(2) $x=0$ のとき　$y=3$

$y=0$ のとき　$x=2$

したがって，グラフは2点(0, 3)，(2, 0)を通る直線である。

(3) $3y+15=0$ を変形すると　$y=-5$

となる。したがって，グラフは，点(0, −5)を通り，x 軸に平行な直線である。

(4) $4x-12=0$ を変形すると　$x=3$

となる。したがって，グラフは，点(3, 0)を通り，y 軸に平行な直線である。

2 連立方程式 $\begin{cases} x+3y=-3 \\ 2x-3y=12 \end{cases}$ の解を，グラフをかいて求めなさい。

考え方 2つの方程式のグラフをかいて，その交点の座標を読みとります。

解答 $\begin{cases} x+3y=-3 & \cdots① \\ 2x-3y=12 & \cdots② \end{cases}$ とする。

①は，**1** の(1)でかいたグラフである。

②を y について解くと，$y=\frac{2}{3}x-4$ だから，

グラフは傾き $\frac{2}{3}$，切片 -4 の直線である。

右の図から，交点の座標は　(3, −2)

したがって，連立方程式の解は

$x=3$，$y=-2$

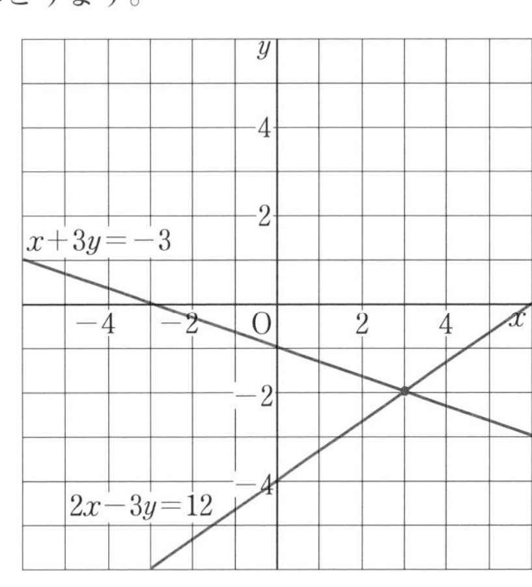

3　下の図のように，2つの直線ℓ，mが交わっているとき，交点の座標を求めなさい。

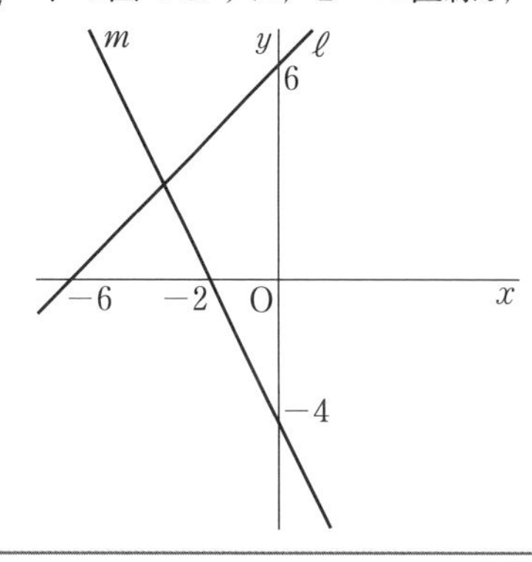

考え方　直線の交点の座標を求めるには，次のようにします。

1　2つの直線の式を求める。

2　1で求めた式を連立方程式として解く。

2で求めた解が，交点のx座標，y座標となります。

直線の式を求めるには，直線の傾きと切片を求めます。

解答　直線ℓは，y軸上の点$(0,\ 6)$を通るから，切片は　6

また，右へ6だけ進むと上へ6だけ進むから，傾きは　$\dfrac{6}{6}=1$

したがって，直線ℓの式は　　$y=x+6$　…①

直線mは，y軸上の点$(0,\ -4)$を通るから，切片は　-4

また，右へ2だけ進むと下へ4（上へ-4）だけ進むから，傾きは　$\dfrac{-4}{2}=-2$

したがって，直線mの式は　　$y=-2x-4$　…②

①と②を連立方程式として解く。

$$\begin{cases} y=x+6 & \cdots① \\ y=-2x-4 & \cdots② \end{cases}$$

②を①に代入すると

$$-2x-4=x+6$$
$$-3x=10$$
$$x=-\frac{10}{3}$$

$x=-\dfrac{10}{3}$を①に代入すると

$$y=-\frac{10}{3}+6=\frac{8}{3}$$

したがって，連立方程式の解は

$$x=-\frac{10}{3},\ y=\frac{8}{3}$$

したがって，交点の座標は　$\left(-\dfrac{10}{3},\ \dfrac{8}{3}\right)$

4節 1次関数の利用

深い学び 飲み物はいつまで冷たく保てる？

教科書 ➜ p.83～84

飲み物を冷たいと感じる温度は，10℃以下といわれています。気温が30℃のとき，保冷バッグに入れたペットボトル飲料を10℃以下に保てる時間を予想しましょう。

❶ どのような方法で予想すればよいか考えてみましょう。

❷ 10℃になるまでの時間を予想するには，温度がどのように変化すると考えればよいでしょうか。表やグラフの特徴をもとにして，説明してみましょう。

❸ 10℃になるまでの時間を予想してみましょう。
また，予想した方法を説明してみましょう。

❹ 何と何の間にどのような関係があるとみなして考えたかを話し合ってみましょう。

❺ 身のまわりで，1次関数とみなして考えることで解決できる問題をさがしてみましょう。

考え方 温度が10℃以下に保てる時間を予想するには，温度が10℃をこえるのはいつかがわかればよい。

解答 ❶ **ひろとさんの考え**－時間と温度を表に整理して考える。

10分ごとの温度の変化を調べ，それがほぼ一定であれば，温度が10℃をこえる時間を計算によって予想することができる。

はるかさんの考え－グラフに表して考える。

時間をx軸，温度をy軸にとって，表にあるそれぞれの値の組を座標とする点をとる。その点の並び方の規則を調べて，yの値が10をこえるときのxの値を予想することができる。

関係を式に表して考える

時間と温度の間に成り立つ関係を式に表すことができれば，温度が10℃になるときの時間を，式に値を代入して求めることができる。

❷，❸ **表の特徴から考える。（ひろとさんの考え）**

ペットボトル飲料の温度は，10分ごとにだいたい0.6℃ずつ上がっている。したがって，5.2℃から10℃まで4.8℃だけ温度が上がるのに，$4.8 \div 0.6 = 8$，すなわち80分かかるから，温度が10℃になるのは，$20 + 80 = 100$（分後）であると予想できる。したがって，10℃以下に保てる時間は1時間40分であると予想できる。

グラフの特徴から考える。（はるかさんの考え）

時間をx軸，温度をy軸にとって，表にある値の組を座標とする点をとると，それらの点は，ほぼ1つの直線上に並んでいるとみることができるから，2点A(20，5.2)，B(60，7.6)を通る直線をひく。$y=10$のときのxの値を調べるため，その直線を延長して$y=10$のときのxの値を読みとると$x=100$である。

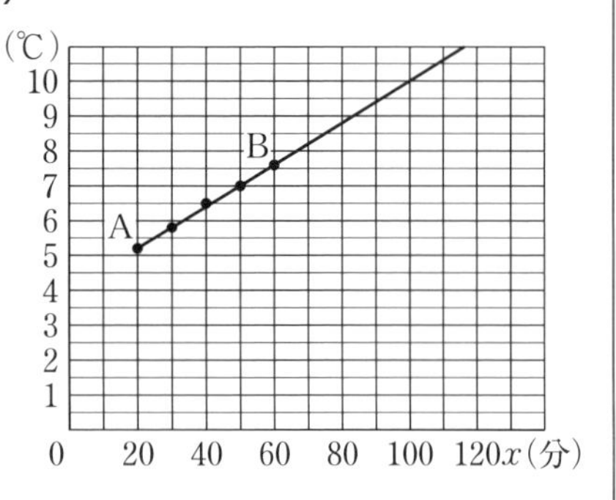

したがって，10℃以下に保てる時間は1時間40分であると予想できる。

関係を式に表して考える。

はるかさんの考えから，温度は時間の1次関数とみなすことができる。

そこで，2点A(20，5.2)，B(60，7.6)を通る直線の式$y=ax+b$を求めると，

$a=\dfrac{7.6-5.2}{60-20}=\dfrac{2.4}{40}=0.06$より，$y=0.06x+b$と書くことができる。

この式に$x=20$，$y=5.2$を代入すると，$b=4$より，$y=0.06x+4$

この式に$y=10$を代入してxの値を求めると，$x=100$となる。

したがって，10℃以下に保てる時間は1時間40分であると予想できる。

❹ どの考え方も，温度は時間の1次関数とみなして問題を考えている。

❺ 省略

1　1次関数とみなすこと

Q 富士山（ふじさん）に登るときに，七合目の山小屋に宿泊（しゅくはく）する計画を立てています。 教科書 p.85

山小屋の周辺の気温が何度ぐらいかを知るには，どうしたらよいでしょうか。

❶ 何を調べれば，山小屋の周辺の気温が予想できるでしょうか。

❷ 山小屋の周辺の気温を予想し，その方法を説明してみましょう。

考え方 ❶ 気温の変化に関係がありそうな数量には，どのようなものがあるかを考えよう。

❷ 表に整理したり，グラフに表したりして，標高と気温の間に成り立つ関係を考えよう。

解答 ❶ 標高とその場所の気温

❷ **値を表に整理して，変化のようすを調べる方法**

値を表に整理して，標高の差と気温の差を調べると次のようになる。

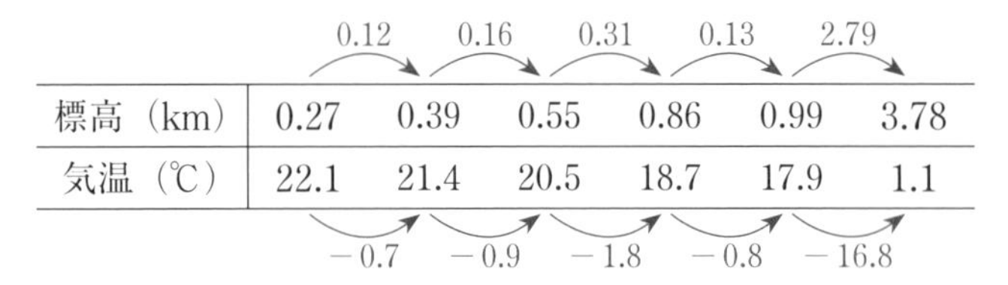

標高の差		0.12		0.16		0.31		0.13		2.79	
標高（km）	0.27		0.39		0.55		0.86		0.99		3.78
気温（℃）	22.1		21.4		20.5		18.7		17.9		1.1
気温の差		−0.7		−0.9		−1.8		−0.8		−16.8	

それぞれ$\dfrac{(\text{気温の差})}{(\text{標高の差})}$を計算して1kmごとに気温が何℃下がるかを調べると，順におよそ5.8，5.6，5.8，6.2，6.0となり，平均するとおよそ5.9℃となる。1kmあたりの気温の下がり方は5.9℃で一定とみなすと，山小屋と富士山の標高の差はおよそ1kmあるので，山小屋の気温はおよそ$1.1+5.9=7$(℃)と予想することができる。

答　標高1kmごとに何℃下がるかを調べ，それを使って，およそ7℃だと予想した。

表の値を座標とする点をとって，点の並び方を調べる方法

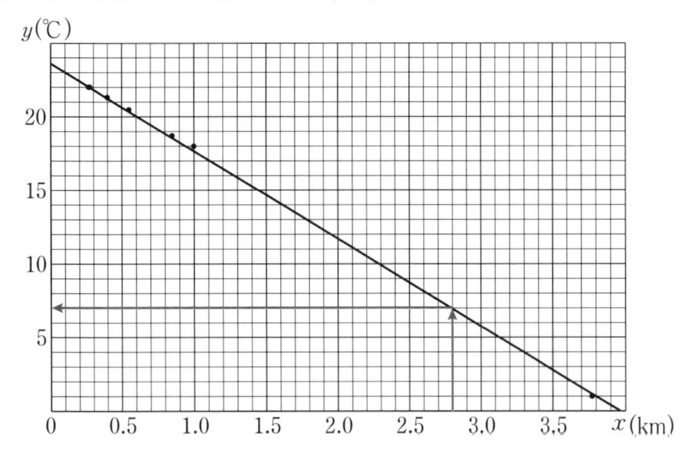

表の値を座標とする点をとると，点がほぼ1つの直線上に並んでいるとみることができる。甲府と富士山を表す点を通る直線をひくと，$x=2.8$のときのy座標は7と読みとることができる。

答　点がほぼ1つの直線上に並んでいることを使って，およそ7℃だと予想した。

2つの値の関係を式で表す方法

標高と気温の値の組を表す点が，ほぼ1つの直線上に並んでいると考え，甲府と富士山の標高と気温を使って直線の式を求めると

甲府(0.27，22.1)，富士山(3.78，1.1)だから，傾きは

$$\frac{1.1-22.1}{3.78-0.27}=-5.98\cdots$$

傾きをおよそ-6.0と考えると，この直線の式は$y=-6.0x+b$と書くことができる。

グラフが点(0.27，22.1)を通るから，上の式に$x=0.27$，$y=22.1$を代入すると

$$22.1=-6.0\times0.27+b$$
$$22.1=-1.62+b$$
$$b=23.72$$

切片をおよそ23.7と考えると

$$y=-6.0x+23.7$$

この式に$x=2.8$を代入すると

$$y=-6.0\times2.8+23.7=-16.8+23.7=6.9$$

答　標高と気温の関係を表す式を使って，およそ6.9℃だと予想した。

3章 1次関数

2　1次関数のグラフの利用

カーフェリーは12時40分に両津港を出発し，15時10分に新潟港に着きます。カーフェリーの前方から来てすれちがうジェットフォイルの写真を撮る機会は，何回あるでしょうか。

教科書 p.86～87

❶ 図の直線は，カーフェリーの運航のようすを表したものです。
カーフェリーがどのように進むとみなして考えているでしょうか。

❷ ❶と同じように考えて，ジェットフォイルの運航のようすを，図にかき入れてみましょう。

❸ カーフェリーの前方から来てすれちがうジェットフォイルの写真を撮る機会は何回あるでしょうか。
また，何時何分ごろにデッキにいればよいでしょうか。

考え方 ❷ カーフェリーの前方から来てすれちがうジェットフォイルを考えるから
12時40分以降に両津港に着くジェットフォイルから
15時10分以前に新潟港に出発するジェットフォイルまで
について考えればよい。

解答 ❶ グラフが直線であることから，カーフェリーの進む速さを一定とみなしている。

❷ ジェットフォイルの進む速さも一定と考えるから，グラフは直線となる。

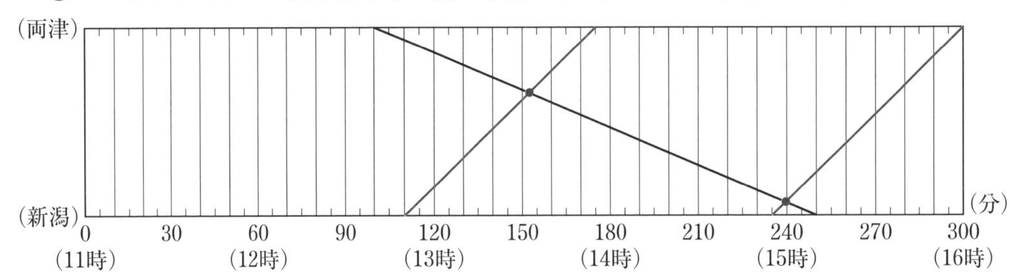

❸ すれちがうのは，❷でかいたグラフとカーフェリーのグラフとが交わるときだから，2回ある。
その時刻は，横軸の座標を読みとって，13時30分を少し過ぎたころと14時55分発のジェットフォイルが出発した直後（15時少し前）となる。

問 1

教科書 p.87

ひろとさんは，9時に家を出発し，自転車で12kmはなれた公園まで行きました。右のグラフは，そのときのようすを，途中(とちゅう)まで表したものです。

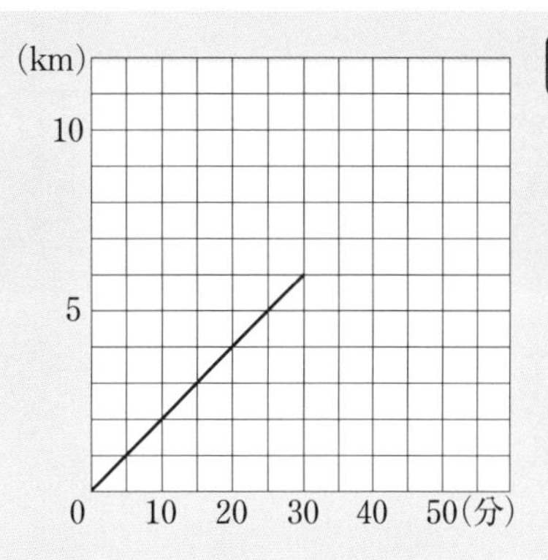

(1) 家を出発してから，時速何kmで進みましたか。

(2) 家から6kmの地点で，10分間休みました。そのことを，図にかき入れなさい。

(3) 10時に公園に着くには，休んだあと，時速何kmで走ればよいですか。

考え方

(1) グラフから，30分 $\left(\frac{1}{2}\text{時間}\right)$ で6km進んだことが読みとれます。

(2) 休んでいるときは進まないので，グラフは，横軸に平行な直線になります。

(3) 10時に公園に着くということは，家を出発してから60分後に家から12kmの地点にいるということで，点(60, 12)がこのことを表します。したがって，休んだ後と点(60, 12)を結んだグラフをかいて考えます。

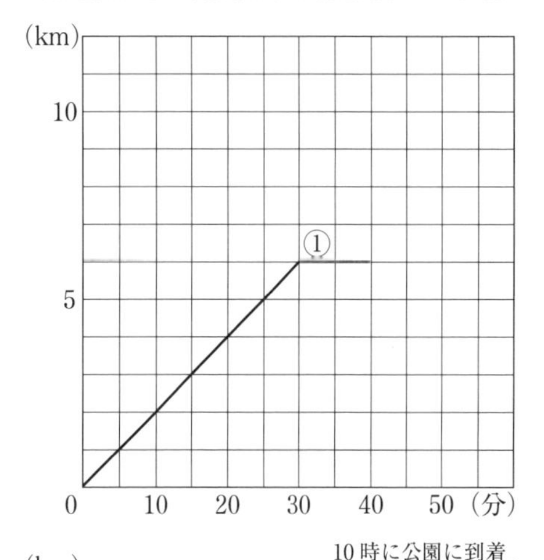

解答

(1) グラフから，30分で6km進んでいるから，時速は

$$6 \div \frac{30}{60} = 6 \div \frac{1}{2} = 12$$

答 時速12km

(2) 右上の図①

(3) 右の図②より，休んだ後は20分で6km進めば10時に公園に到着するから，時速は

$$6 \div \frac{20}{60} = 6 \div \frac{1}{3} = 18$$

答 時速18km

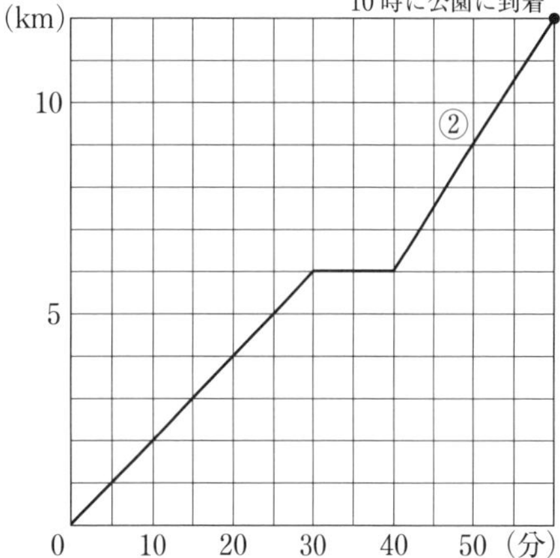

レベルアップ

(1) (進んだ道のり) = (yの増加量)
(かかった時間) = (xの増加量)

だから

$$(\text{傾き}) = (\text{変化の割合}) = \frac{(y\text{の増加量})}{(x\text{の増加量})} = \frac{(\text{進んだ道のり})}{(\text{かかった時間})} = (\text{速さ})$$

となり，グラフの傾きは速さを表す。

問2

問1で，ひろとさんは，休み始めてから5分間たったとき，自転車で家から公園に向かっている姉に追いこされましたが，公園には姉と同時に着きました。姉は休まずに一定の速さで走ったとすると，姉が家を出発したのは9時何分と考えられますか。

教科書 p.87

考え方　問1(2)より，ひろとさんが休み始めてから5分後は，ひろとさんが家を出発してから35分後です。このとき姉が追いつくから，2人は家から6kmの地点にいます。
また，2人は同時に公園に着くから，ひろとさんが出発してから60分後に2人は家から12kmの地点にいます。したがって，姉の進んだようすは，2点(35，6)，(60，12)を通る直線となります。

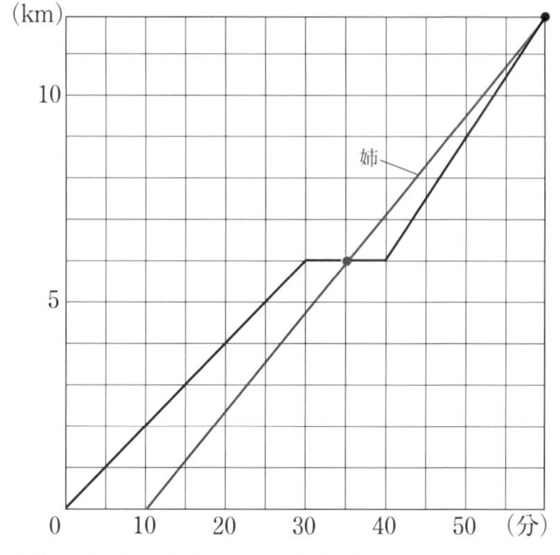

解答　姉の進んだようすを表すグラフは，2点(35，6)，(60，12)を通る直線となる。
姉のグラフで，縦軸の値が0のときの横軸の座標の値が姉が家を出発した時刻だから，姉が家を出発したのは　**9時10分**

3　1次関数と図形

Q

右の図の長方形ABCDで，点PはAを出発して，辺上をB，Cを通ってDまで動きます。点PがAから$x$cm動いたときの△APDの面積を$y$cm^{2}とすると，△APDの面積はどのように変化するでしょうか。

教科書 p.88

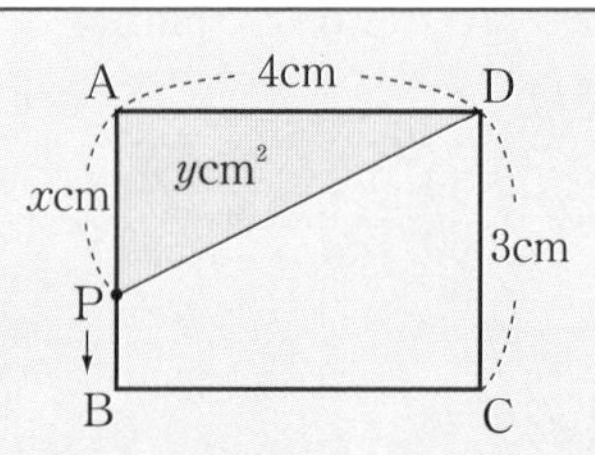

1
A　4cm　D
$y$cm^2
3cm
P
B　C

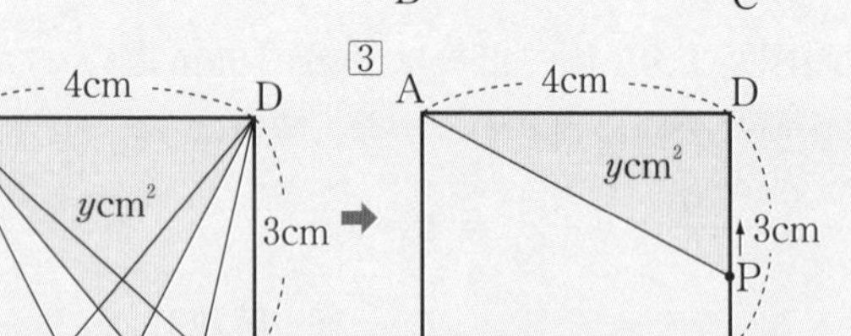

❶ 点Pが次の(1)～(3)の辺上を動くとき，yをxの式で表してみましょう。
また，xの変域はそれぞれどうなるでしょうか。

(1)　辺AB　　(2)　辺BC　　(3)　辺CD

❷ 点Pが辺AB，BC，CD上を動くときの，△APDの面積の変化のようすを表すグラフを，図にかき入れてみましょう。

考え方 ❶ (1)～(3)のそれぞれの場合で，△APDの底辺と高さがどこになるかを考えよう。

解答 ❶ (1)　1の場合で，△APDの底辺はAD，高さはAP $= x$cmだから

$$y = \frac{1}{2} \times \mathrm{AD} \times \mathrm{AP} = \frac{1}{2} \times 4 \times x = 2x$$

したがって　$y = 2x$

変域は　$0 \leqq x \leqq 3$

(2)　2の場合で，△APDの底辺はAD，高さはCDで一定だから

$$y = \frac{1}{2} \times \mathrm{AD} \times \mathrm{CD} = \frac{1}{2} \times 4 \times 3 = 6$$

したがって　$y = 6$

変域は　$3 \leqq x \leqq 7$

(3)　3の場合で，△APDの底辺をADとすると，高さはDPだから

$$\mathrm{DP} = \mathrm{AB} + \mathrm{BC} + \mathrm{CD} - (\mathrm{AB} + \mathrm{BC} + \mathrm{CP})$$
$$= 3 + 4 + 3 - x = 10 - x\ (\mathrm{cm})$$

となる。したがって

$$y = \frac{1}{2} \times \mathrm{AD} \times \mathrm{DP} = \frac{1}{2} \times 4 \times (10 - x) = -2x + 20$$

したがって　$y = -2x + 20$

変域は　$7 \leqq x \leqq 10$

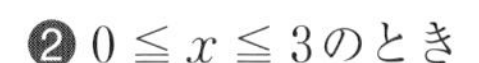

❷ $0 \leqq x \leqq 3$のとき

$y = 2x$

$3 \leqq x \leqq 7$のとき

$y = 6$

$7 \leqq x \leqq 10$のとき

$y = -2x + 20$

となるから，グラフをかくと右の図のようになる。

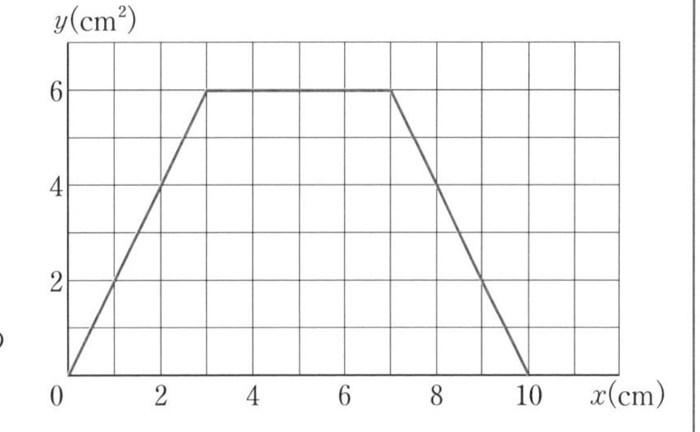

レベルアップ　この問題では

$x = 0$のとき，すなわち，点Pが点Aの位置にあるとき

$x = 10$のとき，すなわち，点Pが点Dの位置にあるとき

は，どちらも三角形ができないが，面積が0の三角形ができているとみなすと，上の(1)，(3)で求めた式で

$x = 0$のとき　　$y = 2 \times 0 = 0$

$x = 10$のとき　　$y = -2 \times 10 + 20 = 0$

となり，式が成り立つから，$x = 0$，$x = 10$のときも変域にふくめて考える。

面積が一定で変わらないとき，
グラフはx軸に平行になるんだね。

学びをひろげよう

教科書 ➔ p.90～91

やってみよう

解答 ①

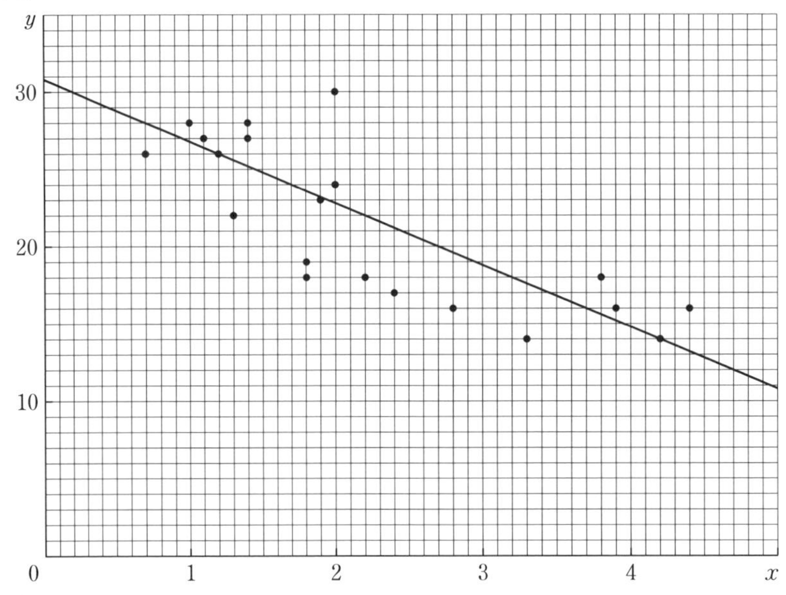

気づいたこと

・点は右下がりに並んでいる。

・点をとると，平均気温と開花日の関係がよくわかる。

・3月の平均気温が高いほど，開花日は早いという傾向がある。

（3月の平均気温が低いほど，開花日は遅いという傾向がある。）

② （例）直線を，2点(1.2，26)，(4.2，14)を通ると考えると，その傾きは

$$\frac{14-26}{4.2-1.2}=\frac{-12}{3}=-4$$

したがって，直線の式は$y=-4x+b$と書くことができる。

グラフが(1.2，26)を通るから，上の式に$x=1.2$，$y=26$を代入すると

$26=-4\times 1.2+b$　　$b=30.8$

したがって，直線の式は　$y=-4x+30.8$

③ 省略

2つの数量の間の関係が
グラフや式で表すことができると，
将来のことが予測できるね。

要点チェック

□1次関数の変化の割合	1次関数$y=ax+b$では，変化の割合は一定で，aに等しい。 $(変化の割合)=\dfrac{(yの増加量)}{(xの増加量)}=a$
□1次関数のグラフ	1次関数$y=ax+b$のグラフは，**傾きがa，切片がb**の直線である。
□2元1次方程式のグラフ	a，b，cを定数とするとき2元1次方程式$ax+by=c$のグラフは直線である。 とくに $a=0$の場合は，x軸に平行な直線である。 $b=0$の場合は，y軸に平行な直線である。
□連立方程式の解とグラフの交点	x，yについての連立方程式の解は，それぞれの方程式のグラフの交点のx座標，y座標の組である。

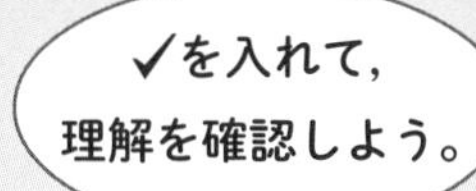

3章 1次関数

章の問題A

教科書 ➔ p.92

1 1次関数$y=-3x+5$について，次の問に答えなさい。

(1) $x=-3$，$x=2$に対応するyの値をそれぞれ求めなさい。

(2) xの値が5だけ増加したときのyの増加量を求めなさい。

考え方 (2) $(y の増加量)=(変化の割合)\times(x の増加量)$で求めることができます。

解答 (1) $x=-3$のとき　$y=-3\times(-3)+5=9+5=14$

$x=2$のとき　$y=-3\times2+5=-6+5=-1$

答　$x=-3$のとき　$y=14$
　　$x=2$のとき　$y=-1$

(2) $-3\times5=-15$

答　-15

2 次の1次関数について，グラフの傾きと切片をいいなさい。

(1) $y=3x+1$　　(2) $y=-\dfrac{1}{2}x-3$

解答 (1) 傾き　3　切片　1

(2) $y=\left(-\dfrac{1}{2}\right)\times x+(-3)$と表すことができるから

傾き　$-\dfrac{1}{2}$　切片　-3

3　次の条件をみたす1次関数の式を求めなさい。

(1)　xの値が5だけ増加すると，yの値は2だけ増加し，$x=5$のとき$y=3$である。

(2)　グラフが2点$(2,\ 3)$，$(-5,\ -11)$を通る。

(3)　グラフが直線$y=-3x-5$に平行で，点$(-1,\ 5)$を通る。

考え方　(1)　$(\text{変化の割合})=\dfrac{(y\text{の増加量})}{(x\text{の増加量})}$から，変化の割合を求めることができます。

(3)　グラフが直線$y=-3x-5$に平行だから，グラフの傾きは-3です。

解答　(1)　xが5だけ増加すると，yは2だけ増加するから，変化の割合は$\dfrac{2}{5}$である。

したがって，この1次関数の式は$y=\dfrac{2}{5}x+b$と書くことができる。

$y=\dfrac{2}{5}x+b$に$x=5$，$y=3$を代入すると

$3=\dfrac{2}{5}\times 5+b$

$b=1$

答　$y=\dfrac{2}{5}x+1$

(2)　グラフが，2点$(2,\ 3)$，$(-5,\ -11)$を通るから，グラフの傾きは

$\dfrac{(-11)-3}{(-5)-2}=\dfrac{-14}{-7}=2$

したがって，1次関数の式は$y=2x+b$と書くことができる。

グラフが点$(2,\ 3)$を通るから，$y=2x+b$に$x=2$，$y=3$を代入すると

$3=2\times 2+b$

$b=-1$

答　$y=2x-1$

(3)　$y=-3x-5$に平行だから，求める1次関数のグラフの傾きは-3である。

したがって，この1次関数の式は$y=-3x+b$と書くことができる。

グラフが点$(-1,\ 5)$を通るから，$y=-3x+b$に$x=-1$，$y=5$を代入すると

$5=-3\times(-1)+b$

$b=2$

答　$y=-3x+2$

4 次の方程式のグラフをかきなさい。

(1) $x-2y+4=0$　　(2) $y=-3$　　(3) $4x-6=0$

解答 (1) $x-2y+4=0$ を y について解くと $y=\dfrac{1}{2}x+2$ となる。

したがって，グラフは，傾き $\dfrac{1}{2}$，切片2の直線である。

(2) グラフは，点 $(0,\ -3)$ を通り，x 軸に平行な直線である。

(3) $4x-6=0$ より，$x=\dfrac{3}{2}$ と変形できるから，グラフは，点 $\left(\dfrac{3}{2},\ 0\right)$ を通り，y 軸に平行な直線である。

（グラフは右の図）

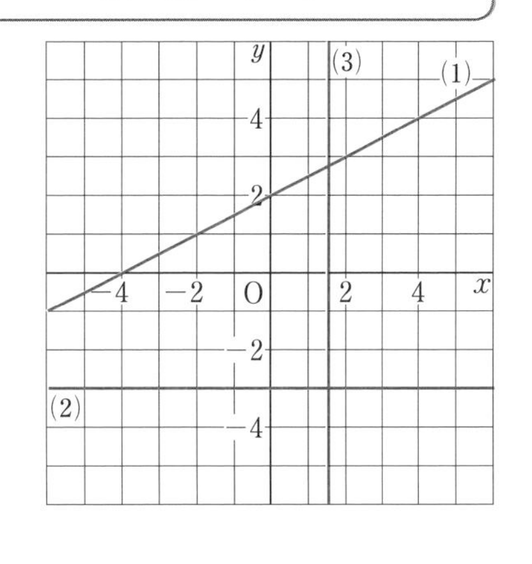

5 右の図の2直線①，②の交点の座標を求めなさい。

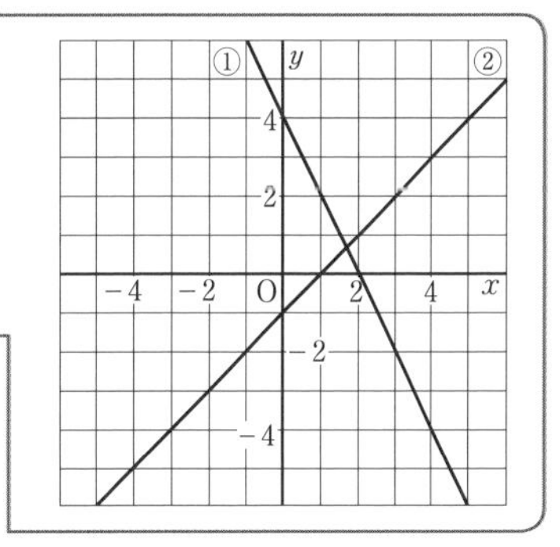

考え方 グラフの交点の座標が読みとれないときは，①，②の直線の式を求め，連立方程式として解き，交点の座標を求めればよい。

解答 ①の直線は y 軸上の点 $(0,\ 4)$ を通るから，切片は　4

また，右へ1だけ進むと下へ2だけ進むから，傾きは　-2

したがって，①の直線の式は

$y=-2x+4$　…①

②の直線は y 軸上の点 $(0,\ -1)$ を通るから，切片は　-1

また，右へ1だけ進むと上へ1だけ進むから，傾きは　1

したがって，②の直線の式は

$y=x-1$　…②

したがって，次の連立方程式を解けばよい。

$$\begin{cases} y=-2x+4 & \cdots① \\ y=x-1 & \cdots② \end{cases}$$

②を①に代入すると

$x-1=-2x+4$

$x=\dfrac{5}{3}$

$x=\dfrac{5}{3}$ を②に代入すると

$y=\dfrac{5}{3}-1=\dfrac{2}{3}$

答　$\left(\dfrac{5}{3},\ \dfrac{2}{3}\right)$

3章 1次関数

6　弟が午前10時に家を出発し，自転車でA町まで行き，A町からは歩いてB町に行きました。右のグラフは，弟が家を出発してからの時間と道のりの関係を表したものです。

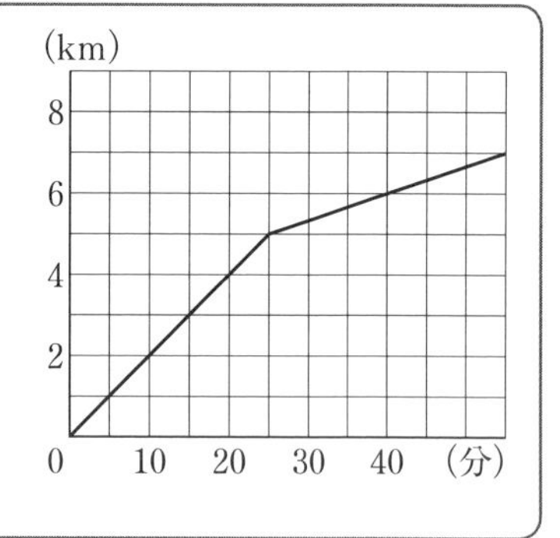

(1)　家からA町まで行ったときの，自転車の時速を求めなさい。

(2)　10時20分に，姉が自転車で家を出発し，時速18kmで弟を追いかけました。姉が弟に追いつく時刻と地点を，グラフをかいて求めなさい。

考え方　グラフが折れ曲がった地点は，弟の速さが変わったことを示しています。したがって，グラフでは

$0 \leqq x \leqq 25$の範囲 …自転車でA町まで行ったようす

$25 \leqq x \leqq 55$の範囲…歩いてA町からB町まで行ったようす

を表しています。

(1)　グラフから，A町まで5kmの道のりを進むのに25分かかったことが読みとれます。

$(\text{速さ}) = \dfrac{(\text{道のり})}{(\text{時間})}$ で求めることができます。

(2)　姉は10時20分に家を出発したから，姉のグラフは点(20, 0)を通ります。また，時速が18kmだから，10分間では3km進みます。したがって，点(20, 0)から右へ10，上へ3だけ進んだ点(30, 3)も通ります。この2点を結ぶ直線をひき，その直線と弟のグラフとの交点のx座標とy座標が，それぞれ姉が弟に追いつく時刻と地点を表します。

解答　(1)　5km進むのに25分かかるから，時速は

$$5 \div \frac{25}{60} = 5 \times \frac{60}{25} = 12$$

答　時速12km

(2)　姉のグラフは右の図のようになる。グラフの交点が，姉が弟に追いつくことを表している。この点の座標を読みとると(40, 6)だから，姉が弟に追いつくのは，午前10時40分，家から6kmの地点である。

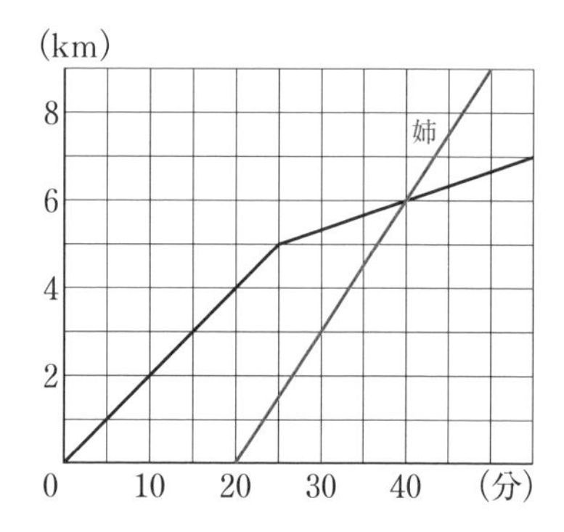

章の問題B

教科書 ➔ p.93〜94

1 次の条件をみたす1次関数の式を求めなさい。

(1) グラフが点$(-2,\ 2)$を通り，直線$y=x-6$とx軸上の点で交わる。

(2) グラフが2直線$y=\frac{1}{2}x$，$y=-2x+5$の交点を通り，直線$y=3x-1$に平行

考え方 (1) 直線$y=x-6$とx軸の交点の座標は，$y=0$のときのxの値を求めればよい。この点と点$(-2,\ 2)$を通る1次関数の式を求めます。

(2) 直線$y=3x-1$に平行だから，傾きが3となり，$y=3x+b$と書くことができます。

$y=\frac{1}{2}x$，$y=-2x+5$の交点の座標は，連立方程式を解いて求めることができます。

解答 (1) 直線$y=x-6$とx軸の交点の座標は，$y=x-6$に$y=0$を代入すると

$0=x-6 \qquad x=6$

となるから，交点の座標は$(6,\ 0)$である。したがって，2点$(-2,\ 2)$，$(6,\ 0)$を通るグラフの傾きは

$$\frac{0-2}{6-(-2)}=-\frac{2}{8}=-\frac{1}{4}$$

したがって，1次関数の式は，$y=-\frac{1}{4}x+b$と書くことができる。

グラフが点$(6,\ 0)$を通るから，上の式に$x=6$，$y=0$を代入すると

$0=-\frac{1}{4}\times 6+b \qquad b=\frac{3}{2}$

答 $y=-\frac{1}{4}x+\frac{3}{2}$

(2) $y=\frac{1}{2}x$と$y=-2x+5$の交点の座標は

連立方程式 $\begin{cases} y=\frac{1}{2}x & \cdots① \\ y=-2x+5 & \cdots② \end{cases}$ を解くと

①を②に代入すると

$\frac{1}{2}x=-2x+5$

$x=-4x+10$

$x=2$

$x=2$を①に代入すると

$y=\frac{1}{2}\times 2=1$

したがって，交点の座標は$(2,\ 1)$

直線$y=3x-1$に平行だから，傾きは3である。したがって，この1次関数の式は，$y=3x+b$と書くことができる。

グラフが点$(2,\ 1)$を通るから，$y=3x+b$に$x=2$，$y=1$を代入すると

$1=3\times 2+b \qquad b=-5$

答 $y=3x-5$

2　右の図のような∠B＝90°の直角三角形ABCで，点PはAを出発して，辺上をBを通ってCまで動きます。点PがAから$x$cm動いたときの△APCの面積をy cm^{2}として，次の問に答えなさい。

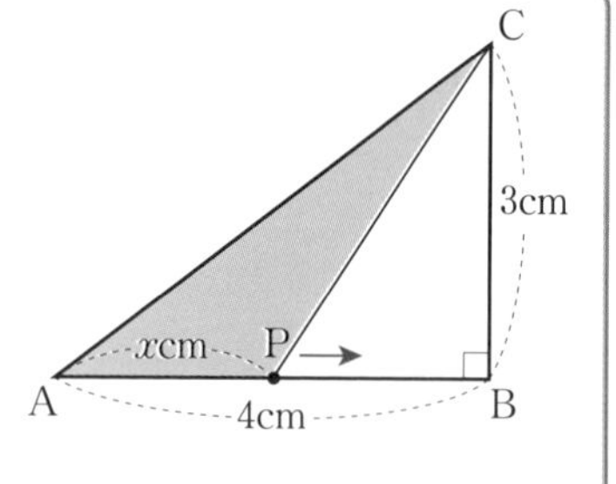

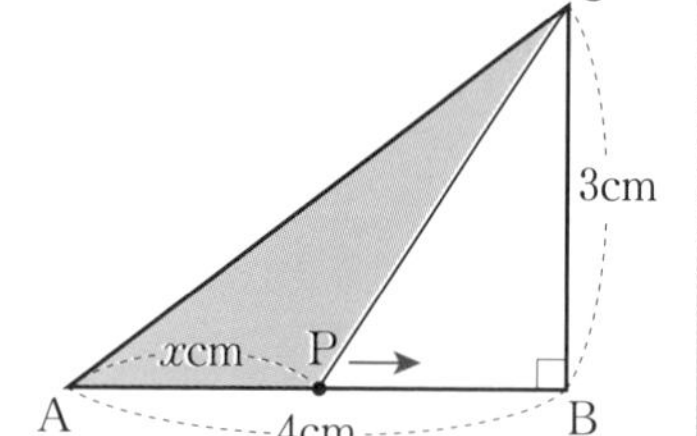

(1)　点Pが辺AB上を動くとき，yをxの式で表しなさい。

(2)　点Pが辺BC上を動くとき，yをxの式で表しなさい。

(3)　点Pが辺AB，BC上を動くときの，△APCの面積の変化のようすを表すグラフをかきなさい。

考え方　(1)，(2)　三角形の底辺と高さがわかれば，面積が求められます。

点Pが辺AB上を動くとき（上の図），△APCは

底辺AP，高さBC

点Pが辺BC上を動くとき（右の図），△APCは

底辺PC（PC＝AB＋BC－x），高さAB

となります。

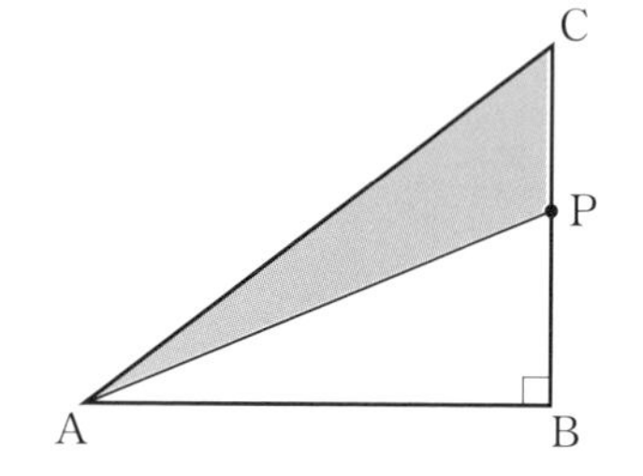

(3)　(1)，(2)で考えた2つの場合について，xの変域に注意してグラフをかこう。

解答　(1)　点Pが辺AB上を動くとき

△APCは，底辺$x$cm，高さ3cmの三角形だから，面積$y$cm^{2}は

$$y=\frac{1}{2}\times x\times 3=\frac{3}{2}x$$

答　$y=\frac{3}{2}x$

(2)　点Pが辺BC上を動くとき

△APCは，底辺$(7-x)$cm，高さ4cmの三角形だから，面積$y$cm^{2}は

$$y=\frac{1}{2}\times(7-x)\times 4=-2x+14$$

答　$y=-2x+14$

(3)　点Pは

$0\leqq x\leqq 4$のとき　辺AB上

$4\leqq x\leqq 7$のとき　辺BC上

をそれぞれ動くから，グラフは右の図のようになる。

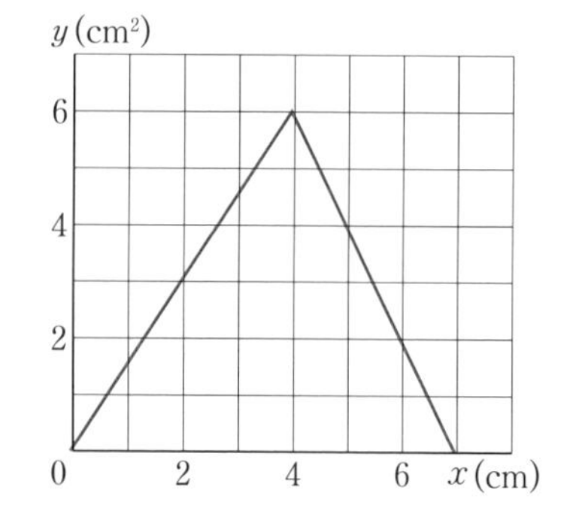

3 右の図で，直線mの式は$y=2x+b$，直線nの式は$y=-x+10$で，点Pは2つの直線の交点です。
また，点A, Bはそれぞれ直線m, nとx軸との交点で，Aのx座標は-2です。
次の問に答えなさい。

(1) bの値を求めなさい。

(2) △ABPの面積を求めなさい。ただし，座標の1目もりを1cmとします。

(3) 点Pを通り，△ABPの面積を2等分する直線の式を求めなさい。

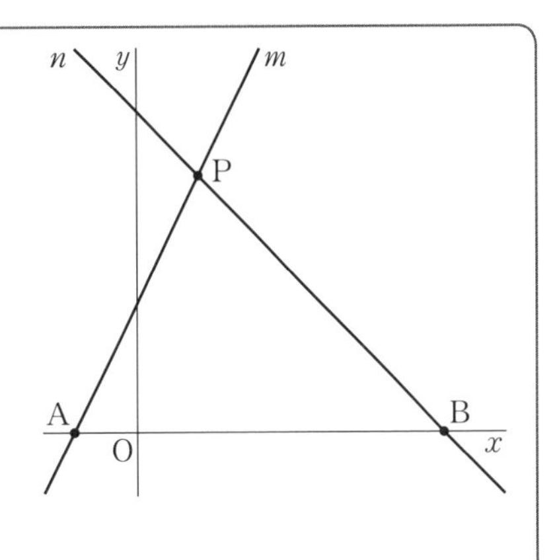

考え方 (1) 直線mは点Aを通ります。点Aのx座標をもとに，$y=2x+b$のbの値を求めることができます。

(2) △ABPの底辺と高さを考えよう。点Pの座標がわかれば，高さを求めることができます。

(3) 点Pを通り，△ABPの面積を2等分する直線は，ABのどんな点を通るか考えよう。
底辺が等しく，高さが同じ三角形の面積は等しくなります。

解答 (1) 点Aの座標は$(-2,\ 0)$で，点Aは直線m上の点だから，$y=2x+b$に$x=-2$，$y=0$を代入すると

$0=2\times(-2)+b$

$b=4$

答　$b=4$

(2) 点Aの座標は$(-2,\ 0)$
点Bのx座標は，$y=-x+10$に$y=0$を代入して

$0=-x+10 \qquad x=10$

したがって，点Bの座標は$(10,\ 0)$となるから

線分ABの長さは　$10-(-2)=12$ (cm)

直線mとnの交点Pの座標を求めると

$$\begin{cases} y=2x+4 & \cdots① \\ y=-x+10 & \cdots② \end{cases}$$

②を①に代入すると

$-x+10=2x+4$

$-3x=-6$

$x=2$

$x=2$を②に代入すると

$y=-2+10=8$

したがって，点Pの座標は

$(2,\ 8)$

△ABPで底辺を線分ABとすると，高さは点Pのy座標となる。
したがって，△ABPは底辺12cm，高さ8cmとなるから，面積は

$\frac{1}{2}\times12\times8=48\ (\mathrm{cm}^2)$

答　$48\mathrm{cm}^2$

(3)　求める直線が，点Pと線分ABの中点Mを通るとき，右の図で，△PAMと△PMBは底辺が等しく，高さが同じだから，面積は等しくなる。すなわち，△ABPの面積がPMによって2等分されている。

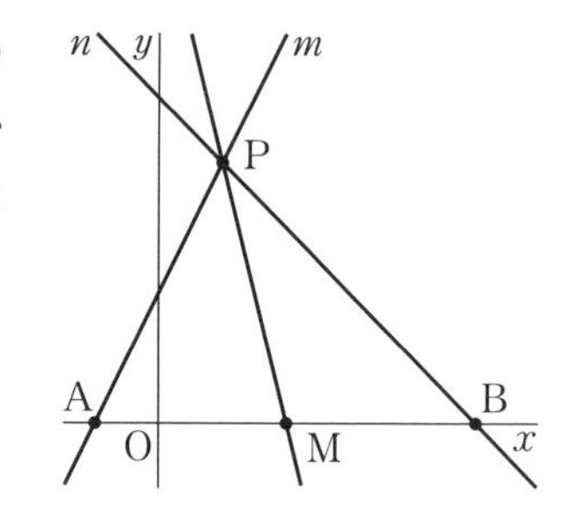

(2)より　　$AB = 12$

Mは辺ABの中点だから　　$BM = 6$

したがって，Mのx座標は　　$10 - 6 = 4$

よって，Mの座標は(4，0)となるから，2点P(2，8)，M(4，0)を通る1次関数の式を求めればよい。

1次関数の式を$y = ax + b$とすると

2点P(2，8)，M(4，0)を通るから，$y = ax + b$に

　$x = 2$，$y = 8$を代入すると　　$8 = 2a + b$

　$x = 4$，$y = 0$を代入すると　　$0 = 4a + b$

したがって，次の連立方程式を解くと

$$\begin{cases} 8 = 2a + b & \cdots ① \\ 0 = 4a + b & \cdots ② \end{cases}$$

$$\begin{array}{rrl} ① & 8 = & 2a + b \\ ② & -)\ 0 = & 4a + b \\ \hline & 8 = & -2a \\ & a = & -4 \end{array}$$

$a = -4$を②に代入すると

　$0 = 4 \times (-4) + b$

　$b = 16$

したがって，求める直線の式は　　$y = -4x + 16$　　　　**答**　$y = -4x + 16$

レベルアップ　2点$(a, 0)$，$(b, 0)$の中点のx座標は

$$\frac{a + b}{2}$$

で求めることができる。

2点(a, b)，(c, d)の中点の座標は，次のようになる。

$$\left(\frac{a + c}{2}, \frac{b + d}{2}\right)$$

x座標の和の$\frac{1}{2}$　　y座標の和の$\frac{1}{2}$

4 活用の問題

高層ビルのエレベーターに乗って上るとき，耳が痛くなることがあります。これは，高いところへ上がると，気圧が低くなることが原因です。
そこで，高さと気圧にどのような関係があるのかを調べてみました。
表（省略）は，地上の気圧が1018hPaで，気温が24℃のときの標高と気圧を調べたものです。
hPaは気圧の大きさを表す単位で，「ヘクトパスカル」と読みます。

(1) 表の標高と気圧の値の組が表す点を，標高xmの地点の気圧をyhPaとして，図にかき入れなさい。

(2) 地上の気圧が1018hPaで，気温が24℃のとき，横浜（よこはま）ランドマークタワー展望台で気圧をはかったら，986hPaでした。展望台の標高を予想する方法を説明しなさい。また，標高を予想しなさい。

解答 (1)

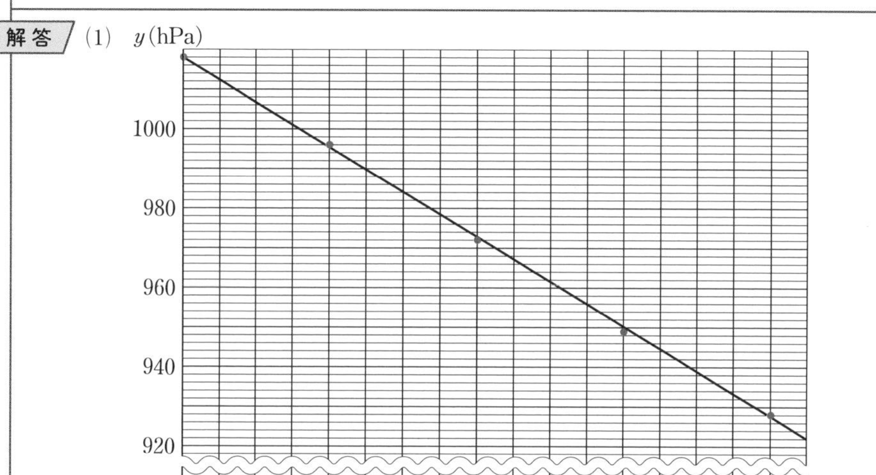

(2) **方法の説明**

ア (1)でかき入れた点が，ほぼ1つの直線上に並ぶことから，yはxの1次関数であるとみなすことができる。この1次関数の式を求め，$y=986$を代入してxの値を求める。

イ (1)でかき入れた点が，ほぼ1つの直線上に並ぶことから，yはxの1次関数であるとみなすことができる。それらの点のなるべく近くを通る直線をかき，$y=986$のときのxの値を図から読みとる。

標高の予想

ア 標高が800m増加すると気圧は90hPa減少しているから，変化の割合は

$$\frac{-90}{800}=-0.1125$$

また，$x=0$のとき$y=1018$だから，xとyの関係は

$$y=-0.1125x+1018$$

この式に$y=986$を代入してxの値を求めると

$$x=284.4\cdots$$

イ (1)でかき入れた点のなるべく近くを通る直線をかき，
$y=986$のときのxの値を読みとると　　$x=280$

答　およそ280m

4章 [平行と合同] 図形の性質の調べ方を考えよう

1節 説明のしくみ

次のそれぞれの多角形で，角の和をいろいろな方法で求めてみましょう。

教科書 p.96～97

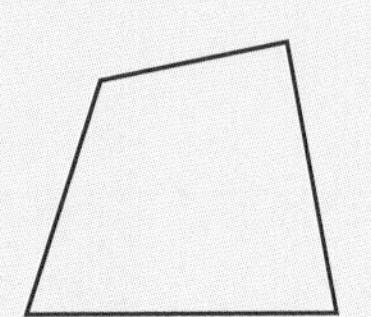
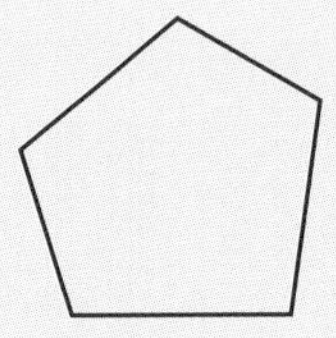
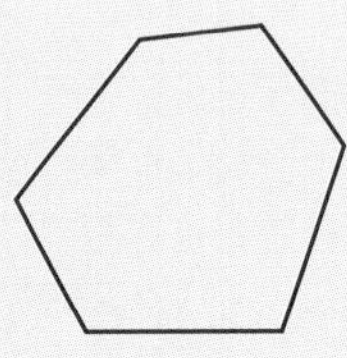
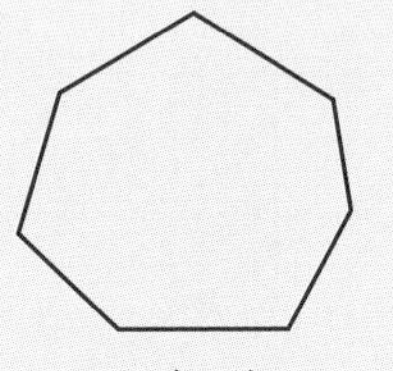

四角形　五角形　六角形　七角形

❶ それぞれの多角形について，求め方を説明してみましょう。

❷ 友だちの考えやほかの考えをかいてみましょう。

❸ 十角形の角の和はどうなるでしょうか。

解答 ❶，❷ ア　**1つの頂点から出る対角線で，いくつかの三角形に分ける方法**

それぞれの多角形を三角形に分けると，三角形のすべての角の和が多角形の角の和になっている。

したがって

　(多角形の角の和) = 180° ×(三角形の数)

となる。三角形は(辺の数 − 2)個できる。

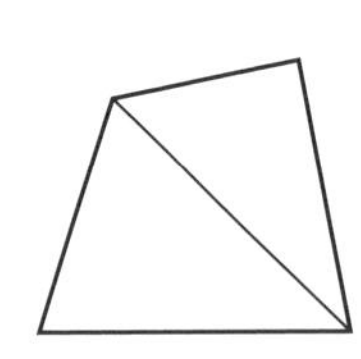
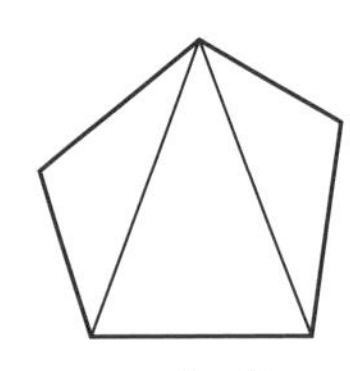
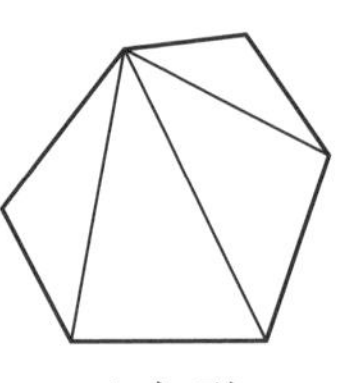
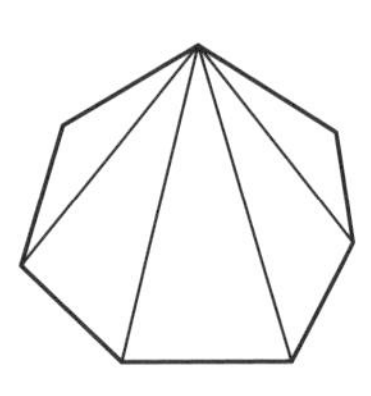

四角形　五角形　六角形　七角形

イ　**内部の1つの点から頂点にひいた線分で，いくつかの三角形に分ける方法**

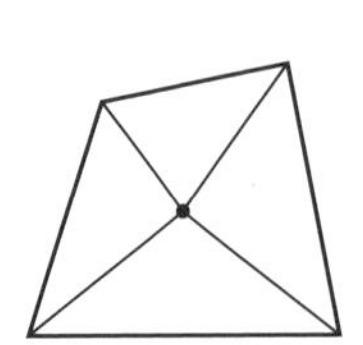
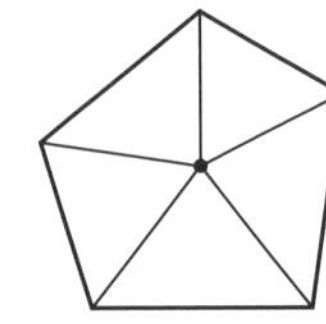
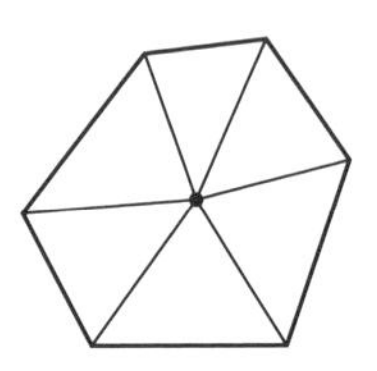
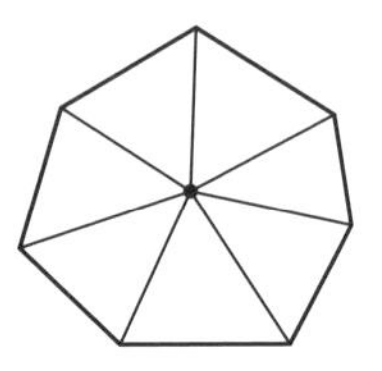

四角形　五角形　六角形　七角形

それぞれの多角形を三角形に分けると，三角形のすべての角の和から内部の1つの点のまわりの角360°をひいて求めることができる。したがって

(多角形の角の和) $= 180^\circ \times$ (三角形の数) $- 360^\circ$

となる。三角形は辺の数だけできる。

ウ　多角形の辺上の1つの点から頂点にひいた線分で，いくつかの三角形に分ける方法

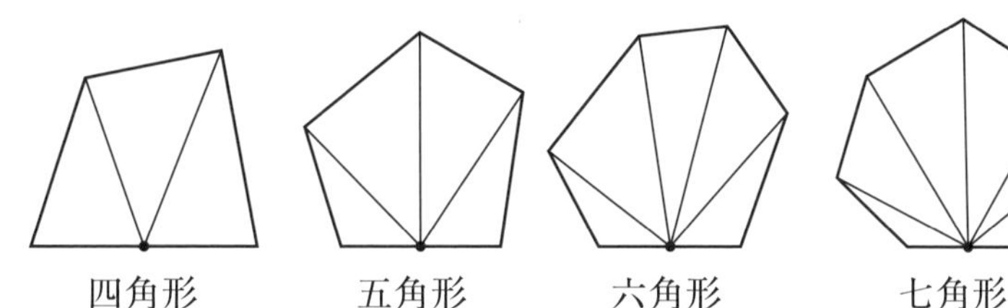

それぞれの多角形を三角形に分けると，三角形のすべての角の和から，辺上の1つの点のまわりの角のうち，多角形の内部にある角180°をひいて求めることができる。したがって

(多角形の角の和) $= 180^\circ \times$ (三角形の数) $- 180^\circ$

となる。三角形は(辺の数 − 1)個できる。

それぞれの方法で多角形の角の和を求めると，下の表のようになる。

	四角形	五角形	六角形	七角形
ア	$180^\circ \times (4-2)$ $= 360^\circ$	$180^\circ \times (5-2)$ $= 540^\circ$	$180^\circ \times (6-2)$ $= 720^\circ$	$180^\circ \times (7-2)$ $= 900^\circ$
イ	$180^\circ \times 4 - 360^\circ$ $= 360^\circ$	$180^\circ \times 5 - 360^\circ$ $= 540^\circ$	$180^\circ \times 6 - 360^\circ$ $= 720^\circ$	$180^\circ \times 7 - 360^\circ$ $= 900^\circ$
ウ	$180^\circ \times (4-1) - 180^\circ$ $= 360^\circ$	$180^\circ \times (5-1) - 180^\circ$ $= 540^\circ$	$180^\circ \times (6-1) - 180^\circ$ $= 720^\circ$	$180^\circ \times (7-1) - 180^\circ$ $= 900^\circ$

❸ アの方法

十角形では，三角形は(10 − 2)個できるから

$180^\circ \times (10-2) = 180^\circ \times 8 = 1440^\circ$

イの方法

十角形では，三角形は10個できるから

$180^\circ \times 10 - 360^\circ = 1800^\circ - 360^\circ = 1440^\circ$

ウの方法

十角形では，三角形は(10 − 1)個できるから

$180^\circ \times (10-1) - 180^\circ = 180^\circ \times 9 - 180^\circ = 1440^\circ$

レベルアップ　・多角形に1つの対角線をひいて考えてみよう。

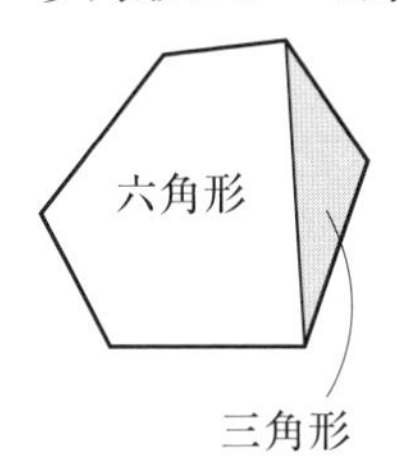

六角形に1つの対角線をひくと

(五角形) + (三角形)

となり，角の和も(五角形の角の和) + (三角形の角の和)となる。したがって，多角形の角の和は辺の数が1だけ増加すると，角の和は三角形1個分の角の和だけ，すなわち，180°増加する。このことをもとに，多角形の角の和を求めることもできる。

四角形

$180°+180°=360°$

五角形
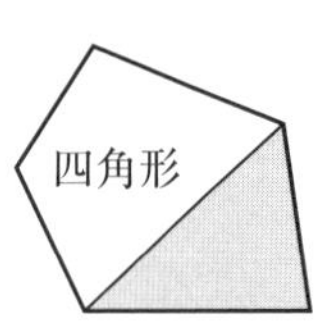

$360°+180°=540°$

六角形
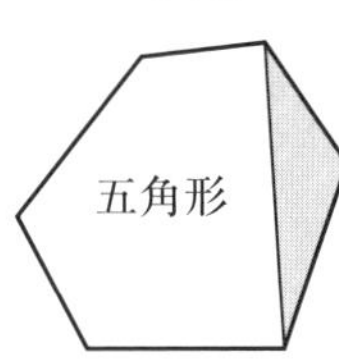

$540°+180°=720°$

七角形
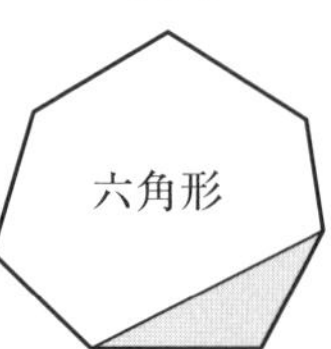

$720°+180°=900°$

1　多角形の角の和の説明

ことばの意味

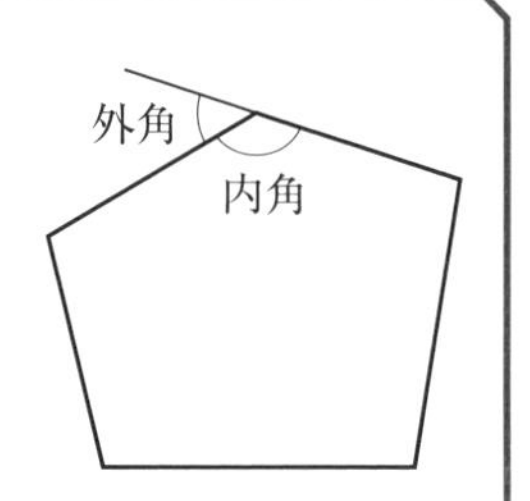

● **外角**

1つの辺と，そのとなりの辺の延長とがつくる角を，その頂点における**外角**(がいかく)という。

● **内角**

1つの辺ととなりの辺とがつくる角で，外角ととなり合う角を**内角**(ないかく)という。

Q　多角形を，1つの頂点から出る対角線で三角形に分けます。
頂点の数がnの多角形の内角の和を求める式はどうなるでしょうか。

教科書 p.98〜99

❶ n角形のときに分けられる三角形の個数はどうなるでしょうか。
また，その理由を説明してみましょう。

❷ n角形の内角の和を求める式はどうなるでしょうか。

解答

	四角形	五角形	六角形	七角形	…
三角形の個数	2	3	4	5	…
内角の和を求める式	$180°\times2$	$180°\times3$	$180°\times4$	$180°\times5$	…

❶ **三角形の個数**　$(n-2)$個

その理由

多角形を，1つの頂点から出る対角線で三角形に分けると，その頂点に対する辺の数だけ三角形ができる。頂点に対する辺の数は，多角形の辺の数から，その頂点を通る2つの辺を除いたものだから

(三角形の個数)＝(頂点に対する辺の数)＝(多角形の辺の数)-2

となる。多角形の頂点の数がnのとき，多角形の辺の数もnだから

(三角形の個数)＝$n-2$(個)

❷ 三角形は$(n-2)$個できるから，多角形の内角の和を求める式は

$$180^\circ \times (n-2)$$

となる。

問 1

上の多角形の内角の和の求め方の説明で，もとにしていることがらをいいなさい。

教科書 p.99

解答 三角形の内角の和が180°であることをもとにしている。

問 2

多角形を，その内部の1つの点から頂点にひいた線分で三角形に分ける方法で，多角形の内角の和の求め方を説明しなさい。

教科書 p.99

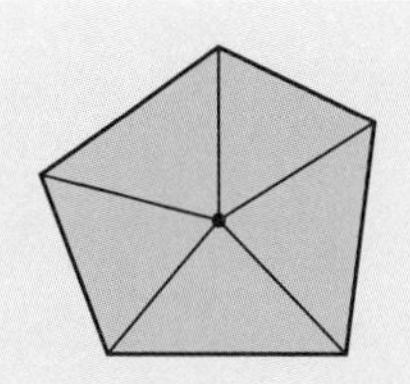

解答 多角形は，内部の1つの点から頂点にひいた線分で，(辺の数)個の三角形に分けられる。

これらの三角形のすべての内角の和から，内部の1つの点に集まっている角の和である360°をひいたものが，はじめの多角形の内角の和に等しい。

1つの三角形の内角の和は180°だから，多角形の内角の和は，次の式で求められる。

$$180^\circ \times (\text{辺の数}) - 360^\circ$$

したがって，n角形の内角の和は

$$180^\circ \times n - 360^\circ$$

である。

Q

多角形の外角の和を求めてみましょう。
また，その求め方を説明してみましょう。

教科書 p.100

❶ 四角形，六角形のそれぞれについて，外角の和の求め方を説明してみましょう。

❷ n角形の内角の和は，$180^\circ \times (n-2)$で求められます。
このことから，n角形の外角の和を求めてみましょう。

考え方 ❶ 教科書100ページの五角形の場合の説明にならって説明してみよう。

❷ ❶の説明の4や6の代わりにnとおいて，和を求めてみよう。
n角形にはn個の頂点があります。

4章 平行と合同

解答 ❶ **四角形**　どの頂点でも，内角と外角の和は180°である。

したがって4つの頂点の内角と外角の和をすべて加えると

$180^\circ \times 4 = 720^\circ$

ところが，4つの内角の和は

$180^\circ \times (4-2) = 360^\circ$

したがって，四角形の外角の和は

$720^\circ - 360^\circ = 360^\circ$

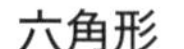

六角形　どの頂点でも，内角と外角の和は180°である。

したがって6つの頂点の内角と外角の和をすべて加えると

$180^\circ \times 6 = 1080^\circ$

ところが，6つの内角の和は

$180^\circ \times (6-2) = 720^\circ$

したがって，六角形の外角の和は

$1080^\circ - 720^\circ = 360^\circ$

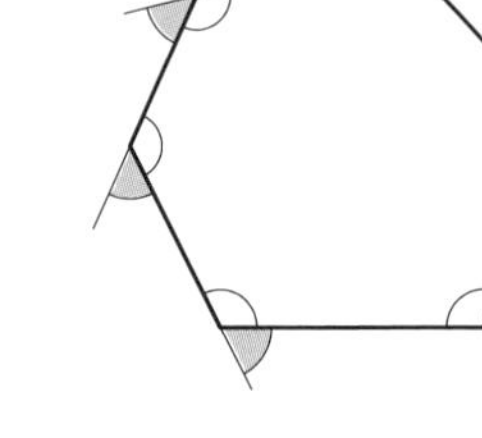

❷ どの頂点でも，内角と外角の和は180°である。

したがって，n個の頂点の内角と外角の和をすべて加えると

$180^\circ \times n$

ところが，n個の内角の和は

$180^\circ \times (n-2) = 180^\circ \times n - 360^\circ$

したがって，n角形の外角の和は

$$(180^\circ \times n) - (180^\circ \times n - 360^\circ) = 180^\circ \times n - 180^\circ \times n + 360^\circ = 360^\circ$$

問3　上の多角形の外角の和の求め方の説明で，もとにしていることがらをいいなさい。　教科書 p.100

解答
- 1つの頂点における内角と外角の和は180°であること
  （一直線のつくる角は180°であること）
- n角形の内角の和は$180^\circ \times (n-2)$で求められること

2節 平行線と角

Q 右の図の△ABCで，∠Cをつくっている2つの辺を延長すると，その2つの直線によって，点Cのまわりに4つの角ができます。これらの4つの角の間には，どのような関係があるでしょうか。

教科書 p.101

❶ ∠C = 70°のとき，点Cのまわりにあるほかの3つの角の大きさをそれぞれ求めてみましょう。

❷ ❶で調べたことから，点Cのまわりの4つの角の間には，どのような関係があるでしょうか。

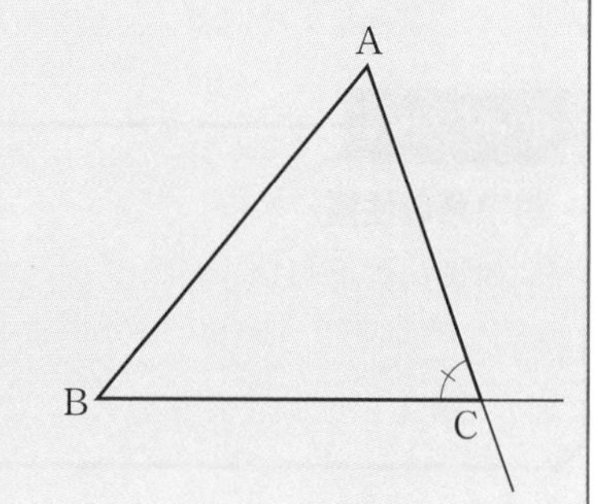

考え方 一直線の角は180°であることから，それぞれの角の大きさを求め，関係を考えよう。

解答 ❶ 右の図で

角ア = 70°

角イ = 180° − 角ア = 110°

角ウ = 180° − 角イ = 70°

角エ = 180° − 角ア = 110°

❷ ❶で

角ア = 角ウ，角イ = 角エ

となっている。

したがって，角アと角ウ，角イと角エのように向かい合った角の大きさは等しい。

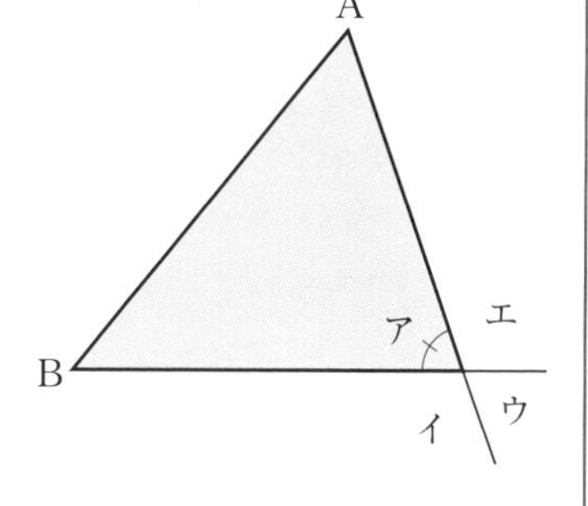

1 平行線と角

ことばの意味

● **対頂角**

2つの直線が交わるときにできる角で，向かい合っている角を**対頂角**（たいちょうかく）という。

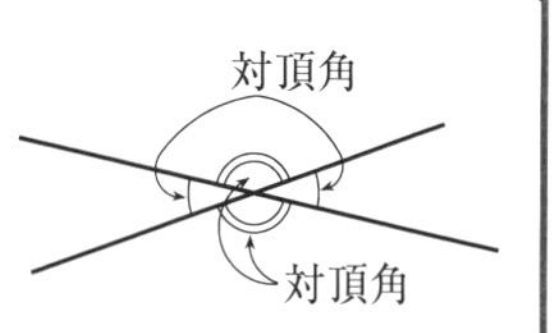

問1　上にならって，$\angle b=\angle d$ となることを説明しなさい。　教科書 p.102

解答　$\angle a$ が何度であっても，次のことが成り立つ。

$\angle a+\angle b=180°$ だから

$\angle b=180°-\angle a$

$\angle a+\angle d=180°$ だから

$\angle d=180°-\angle a$

$\angle b$ と $\angle d$ は，どちらも $180°-\angle a$ に等しいから

$\angle b=\angle d$

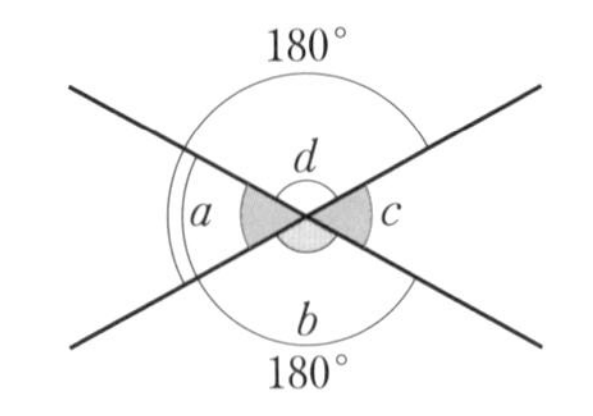

ポイント

対頂角の性質

対頂角は等しい。

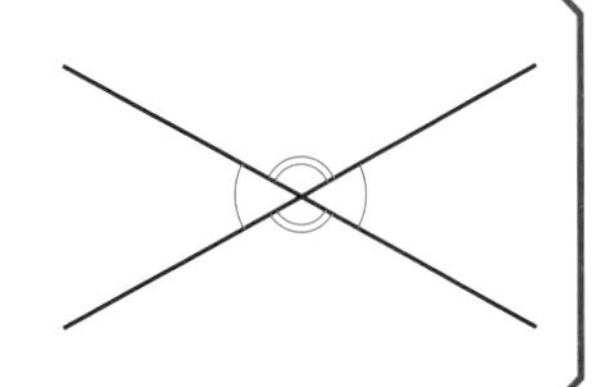

問2　右の図のように，3つの直線が1点で交わっています。このとき，$\angle a$，$\angle b$，$\angle c$，$\angle d$ の大きさをそれぞれ求めなさい。　教科書 p.102

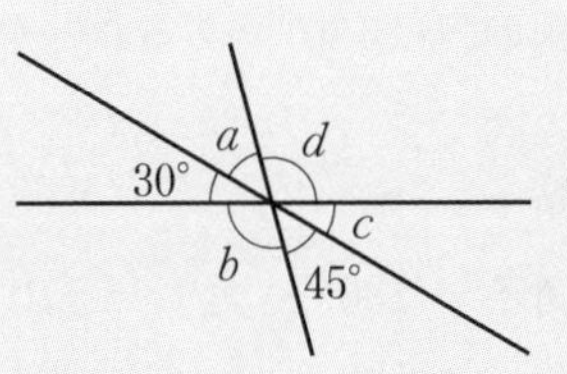

➔ 教科書 p.217 45
（ガイドp.244）

考え方　対頂角が等しいことを利用して求めます。
また，一直線の角は180°であることも使います。

解答　$\angle a$ は45°の角の対頂角だから　$\angle \boldsymbol{a}=\mathbf{45°}$

$30°+\angle b+45°=180°$ だから　$\angle \boldsymbol{b}=180°-(30°+45°)=\mathbf{105°}$

$\angle c$ は30°の角の対頂角だから　$\angle \boldsymbol{c}=\mathbf{30°}$

$\angle d$ は $\angle b$ の対頂角だから　$\angle \boldsymbol{d}=\angle b=\mathbf{105°}$

ことばの意味

● **同位角，錯角**

右の図のように，2つの直線 ℓ，m に1つの直線 n が交わってできる角のうち，$\angle a$ と $\angle e$ のような位置にある角を**同位角**（どういかく）という。
また，$\angle b$ と $\angle h$ のような位置にある角を**錯角**（さっかく）という。

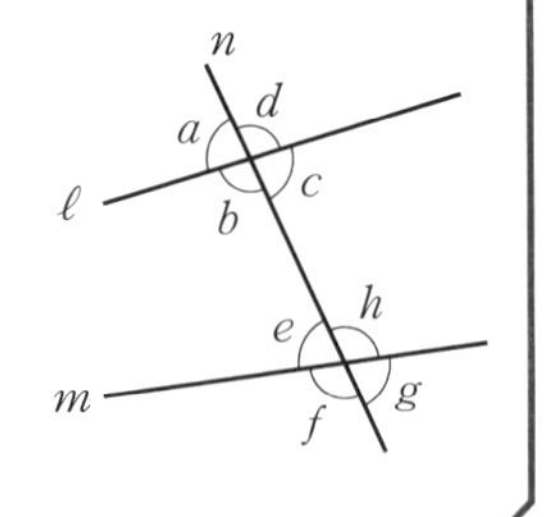

問3

右の図で，$\angle p$の同位角をいいなさい。
また，$\angle s$の錯角をいいなさい。

教科書 p.103

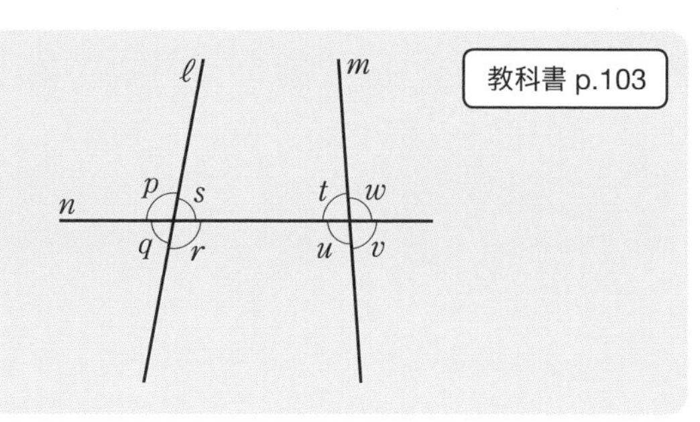

解答 $\angle p$の同位角…$\angle t$，$\angle s$の錯角…$\angle u$

レベルアップ ほかの角の同位角や錯角も考えてみよう。
同位角…$\angle q$と$\angle u$，$\angle r$と$\angle v$，$\angle s$と$\angle w$
錯角…$\angle r$と$\angle t$

Q 三角定規を使って平行線をひき，同位角になるところに印をつけて，その大きさを調べてみましょう。

教科書 p.103

考え方 片方の三角定規を固定して，もう片方の三角定規をずらして線をひいて平行線をひきます。

（例）

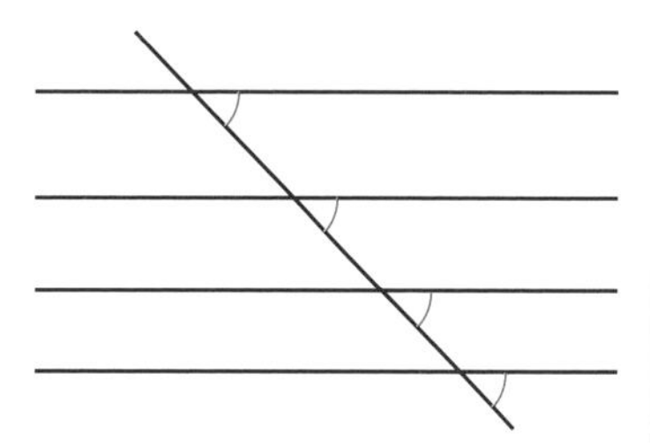

解答 図は右の図
印をつけた角は，三角定規の同じ角を使っているので，その大きさは等しい。

Q 右の図で，2つの直線ℓ，mが平行であるとき，$\angle a = \angle c$となることを説明してみましょう。

教科書 p.103

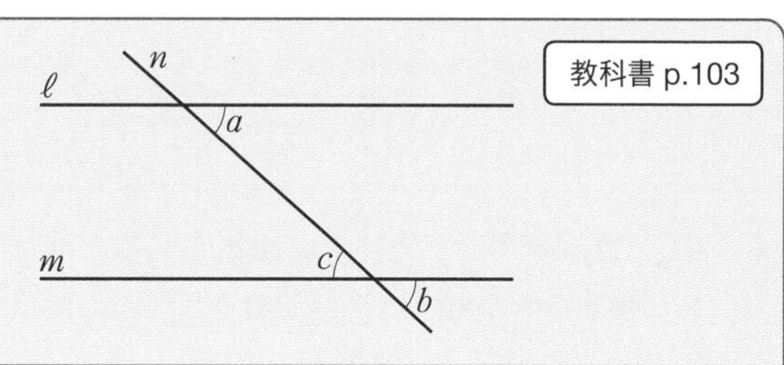

考え方 いままでに学習した図形の性質
対頂角は等しい
平行線の同位角は等しい
を使って説明できないか考えてみよう。

解答 $\angle a$と$\angle b$は平行線の同位角だから $\angle a = \angle b$
$\angle c$と$\angle b$は対頂角だから $\angle c = \angle b$
$\angle a$と$\angle c$はどちらも$\angle b$に等しいから $\angle a = \angle c$

問4

右の図で$\angle a=\angle c$とします。このとき，$\ell /\!/ m$となることを，同位角が等しくなることから説明しなさい。

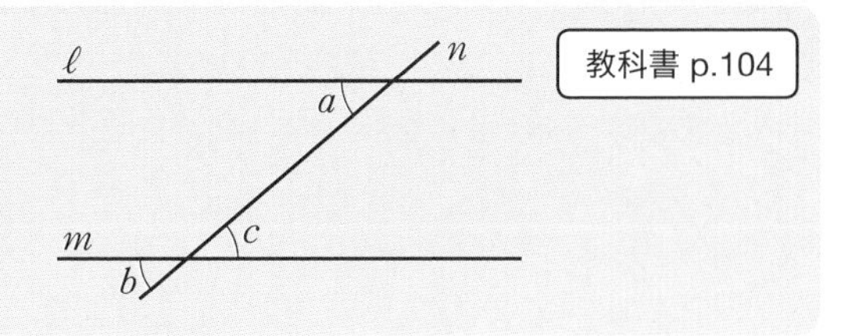

教科書 p.104

考え方 錯角が等しいとき，2直線は平行になることを示します。
$\angle b$と$\angle c$は対頂角で等しいことを利用します。

解答 対頂角は等しいから　$\angle b=\angle c$
また　$\angle a=\angle c$
$\angle a$と$\angle b$はどちらも$\angle c$に等しいから　$\angle a=\angle b$
同位角が等しいから　$\ell /\!/ m$

ポイント

平行線と角の関係

2直線に1つの直線が交わるとき

1　**平行線の性質**
2直線が平行ならば，同位角，錯角は等しい。

2　**平行線になるための条件**
同位角または錯角が等しければ，その2直線は平行である。

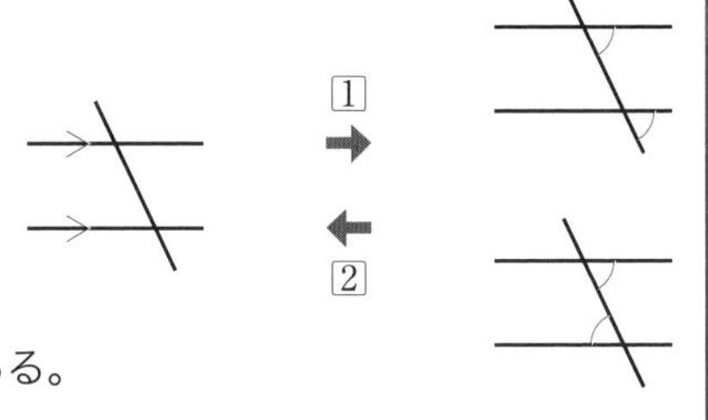

問5

右の図の直線のうち，平行であるものを記号$/\!/$を使って示しなさい。
また，$\angle x$，$\angle y$，$\angle z$，$\angle u$のうち，等しい角の組をいいなさい。

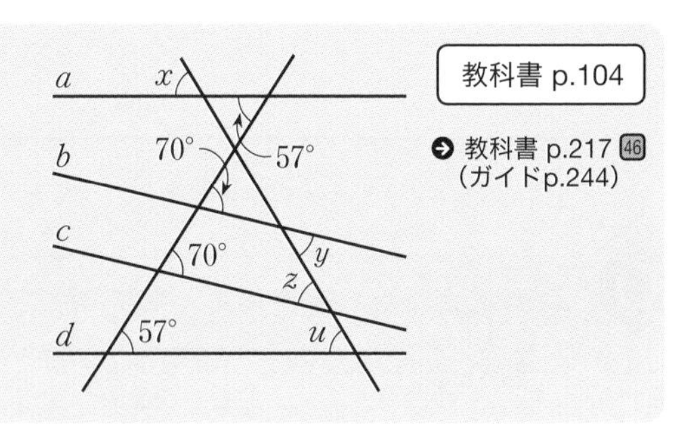

教科書 p.104

➔ 教科書 p.217 46
（ガイドp.244）

考え方 2直線が平行であることを示すには，同位角または錯角が等しいことを示します。
等しい角の組は，平行である2直線の同位角と錯角を調べます。

・57°である2つの角は，直線a，dに1つの直線が交わってできる錯角になっています。
・70°である2つの角は，直線b，cに1つの直線が交わってできる同位角になっています。

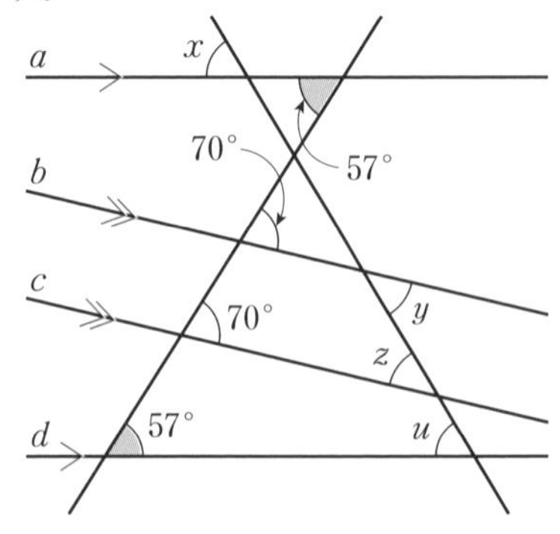

解答 錯角が57°で等しいから　$a /\!/ d$
同位角が70°で等しいから　$b /\!/ c$
$a /\!/ d$で，$\angle x$と$\angle u$は同位角だから，$\angle x$と$\angle u$は等しい。
$b /\!/ c$で，$\angle y$と$\angle z$は錯角だから，$\angle y$と$\angle z$は等しい。

問 6

右の図で$\ell /\!/ m$として，$\angle x$，$\angle y$の大きさをそれぞれ求めなさい。また，$\angle x + \angle y$の大きさを求めなさい。

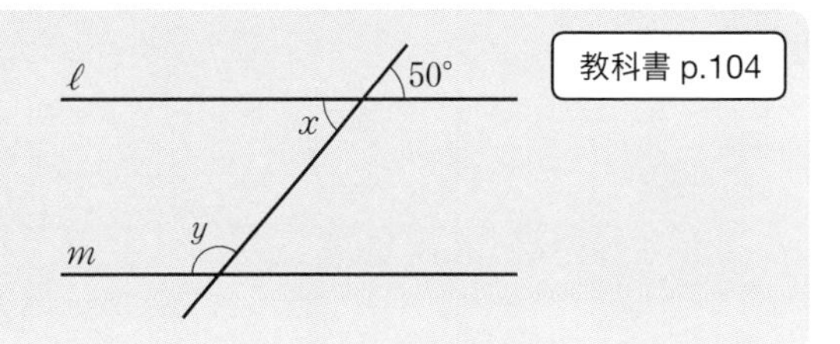

考え方 $\angle x$は50°の角の対頂角です。右の図の$\angle z$は，50°の角の同位角（$\angle x$の錯角）で，$\ell /\!/ m$だから，50°です。

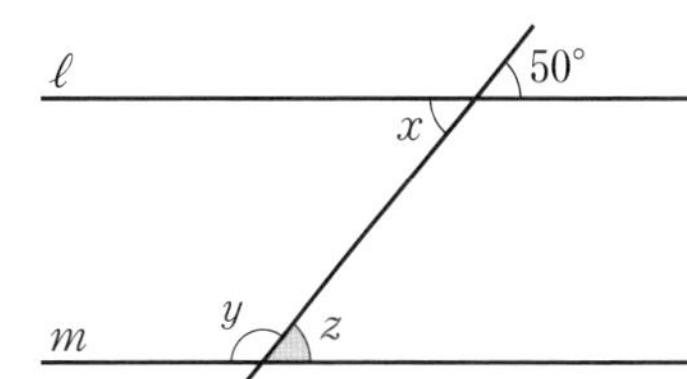

解答 対頂角は等しいから　　$\angle x = 50^\circ$

平行線の同位角は等しいから，右の図で　　$\angle z = 50^\circ$

（$\angle z = 50^\circ$は，平行線の錯角が等しいことからもいえる。）

したがって　　$\angle y = 180^\circ - \angle z = 130^\circ$

したがって　　$\angle x + \angle y = 50^\circ + 130^\circ = 180^\circ$

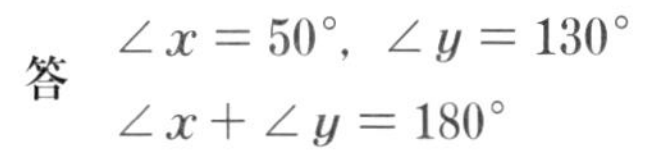

答　$\angle x = 50^\circ$，$\angle y = 130^\circ$

$\angle x + \angle y = 180^\circ$

レベルアップ 上の図の$\angle x$と$\angle y$のような位置にある2つの角を同側内角という。

2直線に1つの直線が交わるとき

　2直線が平行ならば，同側内角の和は180°

となる。

このことは，右の図で

$\angle x = a^\circ$

$\angle y = 180^\circ - a^\circ$

したがって

$\angle x + \angle y = a^\circ + (180^\circ - a^\circ) = 180^\circ$

となることから示すことができる。

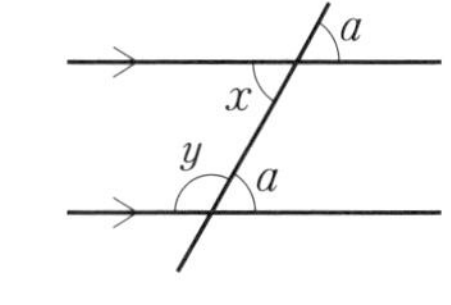

ことばの意味

● **証明**

あることがらが成り立つわけを，すでに正しいとわかっている性質を根拠にして示すことを**証明**（しょうめい）という。

ポイント

三角形の内角，外角の性質

1　三角形の内角の和は180°である。

2　三角形の外角は，それととなり合わない2つの内角の和に等しい。

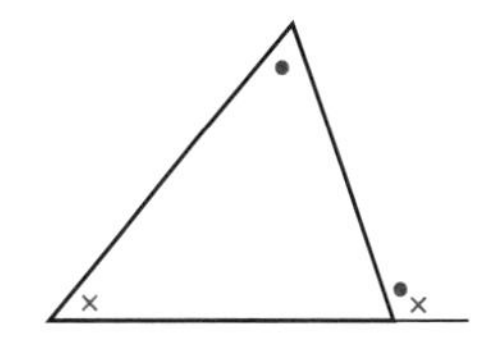

問7

下の図で，$\angle x$の大きさを求めなさい。

教科書 p.106

➡ 教科書 p.217 47
（ガイドp.244）

(1)

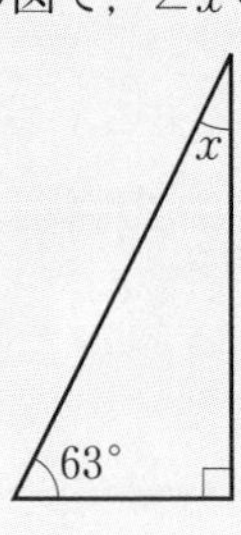

(2)

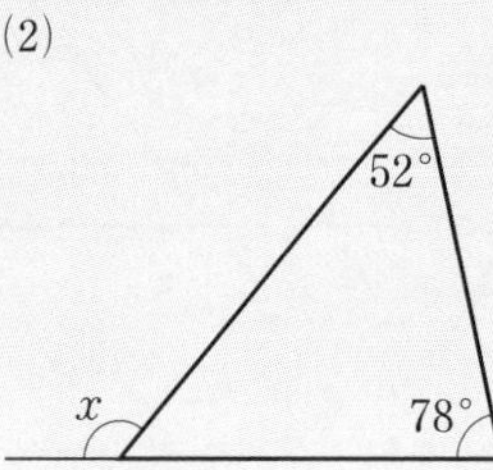

(3)

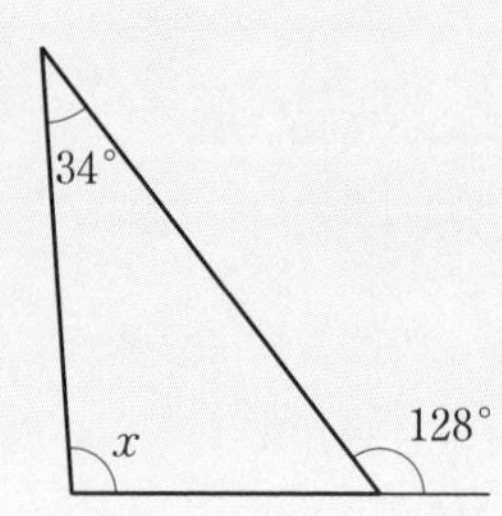

考え方 (1)　三角形の内角の和は180°であることを使います。

∟はその角の大きさが90°であることを示しています。

(2)，(3)　三角形の外角は，それととなり合わない2つの内角の和に等しいことを使います。

解答 (1)　三角形の内角の和は180°だから

$\angle x = 180° - (63° + 90°) = 27°$

答　$\angle x = 27°$

(2)　三角形の外角は，それととなり合わない2つの内角の和に等しいから

$\angle x = 52° + 78° = 130°$

答　$\angle x = 130°$

(3)　三角形の外角は，それととなり合わない2つの内角の和に等しいから

$128° = 34° + \angle x$

$\angle x = 128° - 34°$

$= 94°$

答　$\angle x = 94°$

問8

右の図のように，△ABCの頂点Aを通り，辺BCに平行な直線DEをひきます。この図を利用して，三角形の内角の和が180°であることを証明しなさい。

教科書 p.106

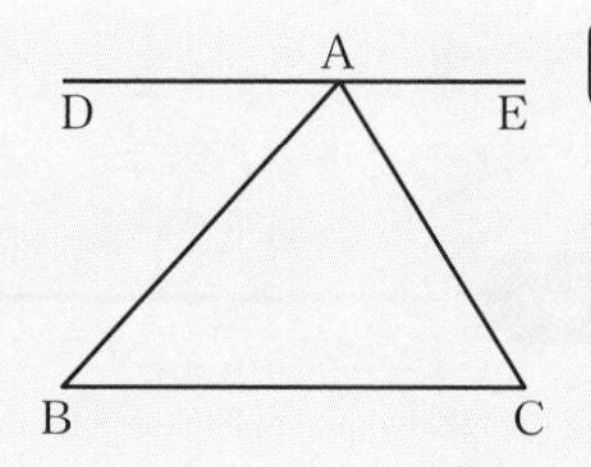

考え方 平行線の錯角の性質を使って，3つの内角を頂点Aのまわりに集めます。

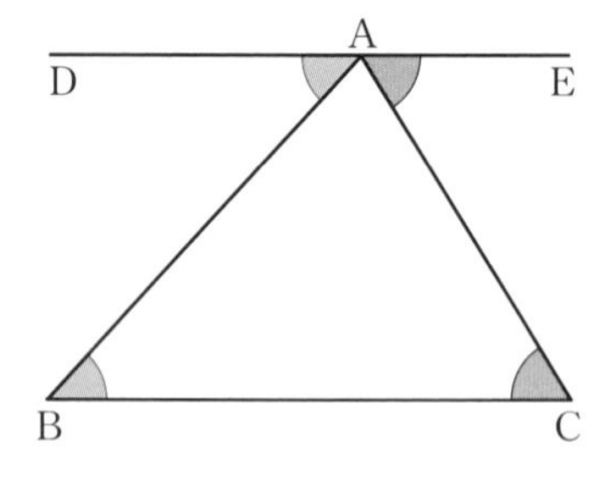

解答 DE∥BCで，平行線の錯角は等しいから

$\angle DAB = \angle ABC$

$\angle EAC = \angle ACB$

したがって

$\angle ABC + \angle BAC + \angle ACB$

$= \angle DAB + \angle BAC + \angle EAC$

$= 180°$

したがって，三角形の内角の和は180°である。

ポイント

多角形の内角の和，外角の和

1 n角形の内角の和は，$180^\circ \times (n-2)$である。

2 多角形の外角の和は360°である。

問 9 次の問に答えなさい。

(1) 十二角形の内角の和を求めなさい。

(2) 正八角形の1つの外角の大きさを求めなさい。

教科書 p.106

教科書 p.217 48
(ガイドp.244)

考え方 (1) n角形の内角の和を求める式$180^\circ \times (n-2)$のnに12を代入します。

(2) 正多角形は内角の大きさがすべて等しいから，外角の大きさもすべて等しくなります。

解答 (1) $180^\circ \times (12-2) = 180^\circ \times 10 = 1800^\circ$　答 1800°

(2) 正八角形の外角の和は360°で，1つの外角の大きさはすべて等しいから

$360^\circ \div 8 = 45^\circ$　答 45°

別解 (2) 正八角形の内角の和は　$180^\circ \times (8-2) = 180^\circ \times 6 = 1080^\circ$

したがって，正八角形の1つの内角の大きさは　$1080^\circ \div 8 = 135^\circ$

したがって，正八角形の1つの外角の大きさは　$180^\circ - 135^\circ = 45^\circ$

問 10 下の図で，$\angle x$の大きさを求めなさい。

教科書 p.106

教科書 p.217 49
(ガイドp.245)

(1)

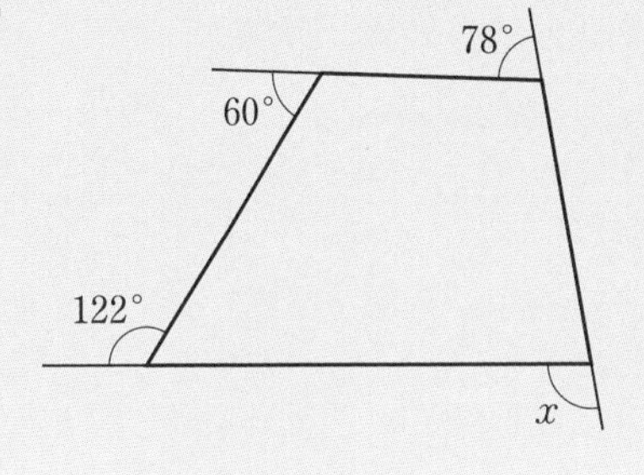

(2)

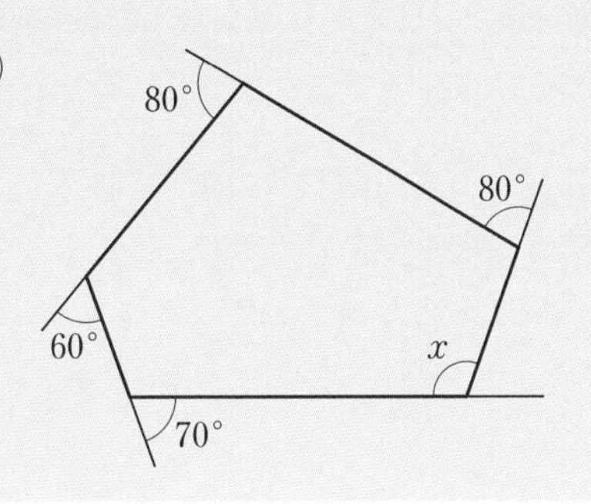

考え方 多角形の外角の和は360°であることを使います。

(2) まず，$\angle x$の外角（右の図の$\angle y$）の大きさを，外角の和が360°であることから求めます。

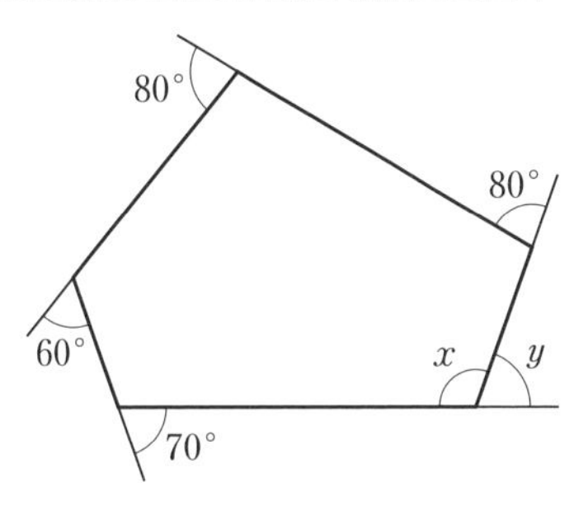

解答 (1) 多角形の外角の和は360°だから

$\angle x = 360^\circ - (78^\circ + 60^\circ + 122^\circ) = 100^\circ$

答 $\angle x = 100^\circ$

(2) 多角形の外角の和は360°だから

$(\angle x\text{の外角}) = 360^\circ - (80^\circ + 80^\circ + 60^\circ + 70^\circ)$

$= 70^\circ$

したがって　$\angle x = 180^\circ - 70^\circ = 110^\circ$

答 $\angle x = 110^\circ$

深い学び　角の大きさを求める方法を考えてみよう

教科書 ➔ p.107〜109

右の図で$\ell /\!/ m$のとき，$\angle x$の大きさを求めてみましょう。

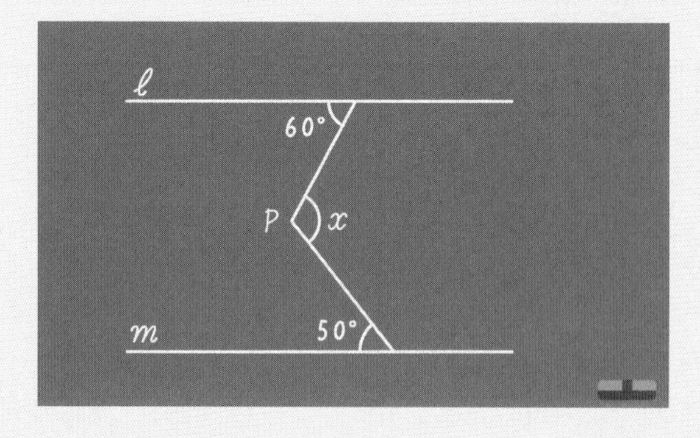

❶ ノートに図をかいて，$\angle x$の大きさを求める方法を考えてみましょう。1つの方法で求めることができたら，ちがう方法でも考えてみましょう。

❷ 自分の求め方を説明してみましょう。
そのとき，どのような図形の性質を根拠にしているのかを明らかにして説明してみましょう。

❸ ひろとさんは，もとの図にどのような線をかき加えて$\angle x$を求めていますか。
ひろとさんの求め方を説明してみましょう。

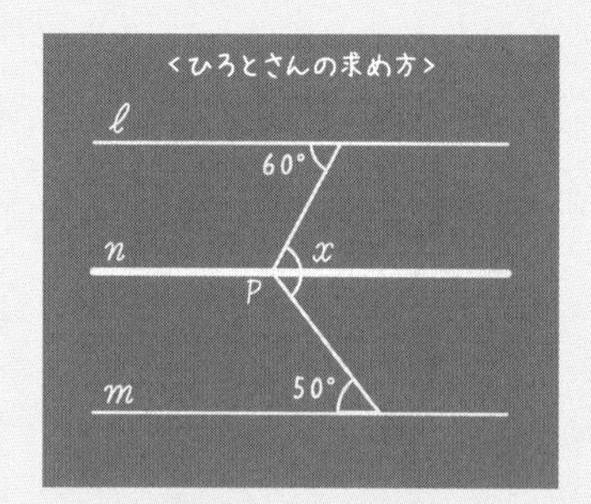

❹ はるかさんは，もとの図にどのような線をかき加えて$\angle x$を求めていますか。
はるかさんの求め方を説明してみましょう。

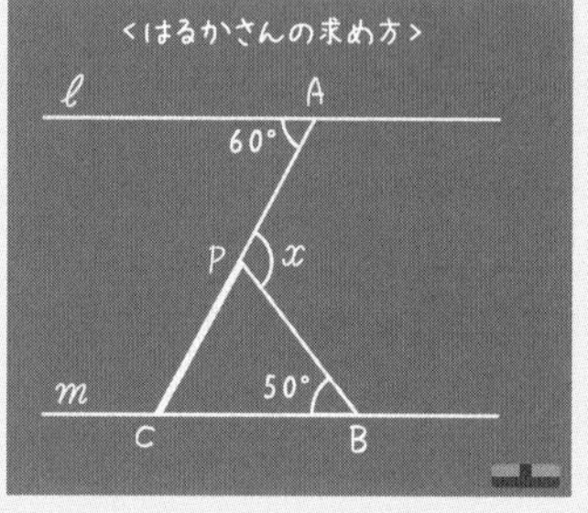

❺ ひろとさんとはるかさんの求め方を比べて，同じところやちがうところを話し合ってみましょう。

❻ 学習をふり返ってまとめをしましょう。

❼ 最初の問題をもとにして，条件を変えて問題をつくり，$\angle x$の大きさを求めてみましょう。

➔ 教科書 p.218 50
（ガイドp.245）

解答　❶，❷ 省略

❸ $\angle x$の頂点Pを通り，ℓとmに平行な直線nをかき加えて平行線の錯角は等しいという性質を使い

$$\angle x = 60^\circ + 50^\circ = 110^\circ$$

と求めている。

❹ APを延長した線をかき加えて，mとの交点をCとして
平行線の錯角は等しいという性質を使い
$\angle \mathrm{PCB} = 60^\circ$
三角形の外角は，それととなり合わない2つの内角の和に等しいという性質を使い
$\angle x = 50^\circ + 60^\circ = 110^\circ$
と求めている。

❺ **同じところ**…2人とも図形の性質が利用できるように，直線をかき加えている。
2人とも平行線の錯角は等しいという性質を使っている。
ちがうところ…はるかさんは三角形の外角は，それととなり合わない2つの内角の和に等しいという性質を使っているが，ひろとさんは使っていない。

❻ 省略

❼ **●点Pの位置を変える**

ゆうなさんの考え

教科書108ページのひろとさんやはるかさんの考え方と同じように
$\angle x = 50^\circ + 40^\circ = 90^\circ$

〈ひろとさんの求め方〉

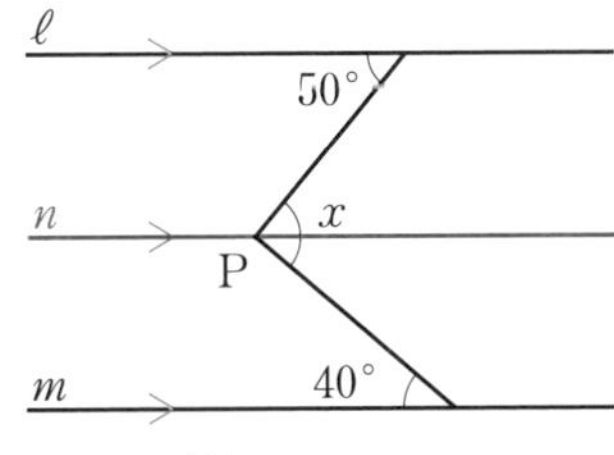

〈はるかさんの求め方〉

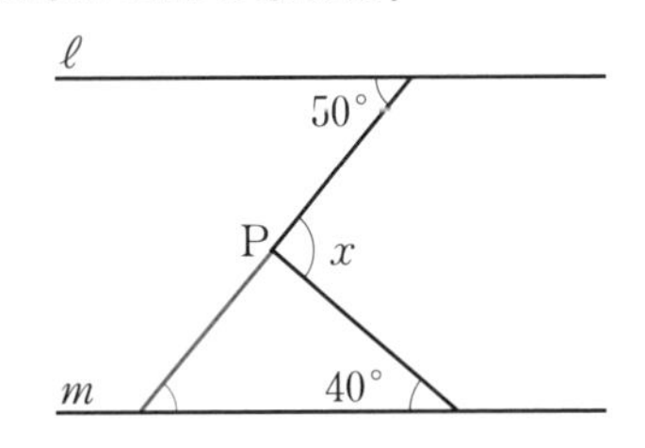

そうたさんの考え

点Pを直線mの下側に動かしたとき，平行線の同位角（錯角）や三角形の外角は，それととなり合わない2つの内角の和に等しいという性質を使って
$\angle x + 30^\circ = 70^\circ$
$\angle x = 70^\circ - 30^\circ = 40^\circ$

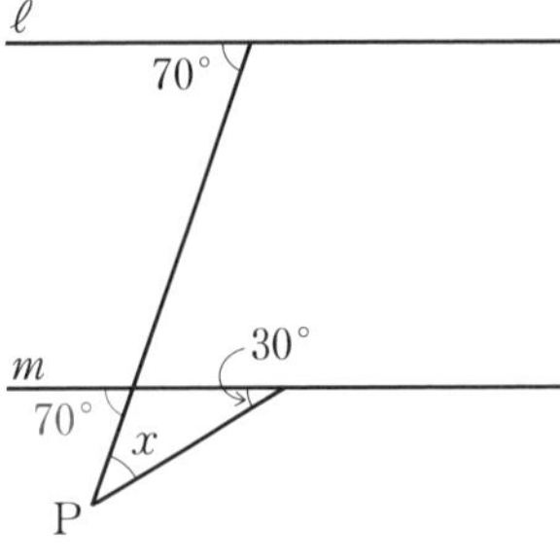

どの求め方でも平行線と角の性質を根拠にしている。また，ゆうなさんの考えをはるかさんの求め方で求めるときと，そうたさんの考えでは，どちらも，三角形の外角は，それととなり合わない2つの内角の和に等しいという性質を根拠にしている。

●直線ℓの位置を変える

ア　右の図のように補助線をひいて三角形をつくると，2つの三角形で，三角形の外角は，それととなり合わない2つの内角の和に等しいという性質を使って
$\angle y = 20^\circ + 40^\circ$
$\angle x = \angle y + 50^\circ$
$= (20^\circ + 40^\circ) + 50^\circ$
$= 110^\circ$

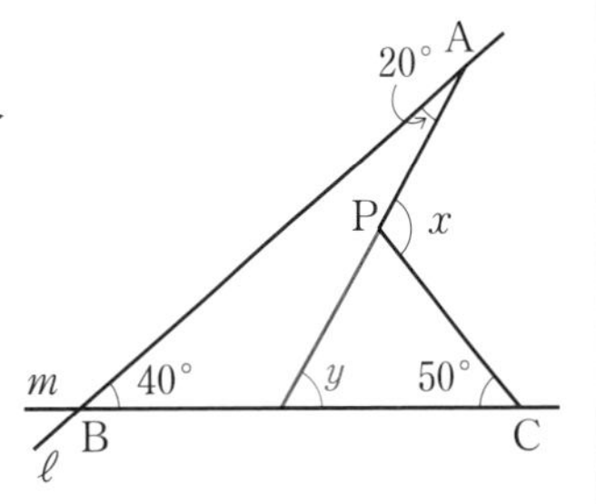

4章　平行と合同

イ　右の図のように，ℓとmの交点と，$\angle x$の頂点P を通る直線をひくと，三角形の外角は，それととなり合わない2つの内角の和に等しいから

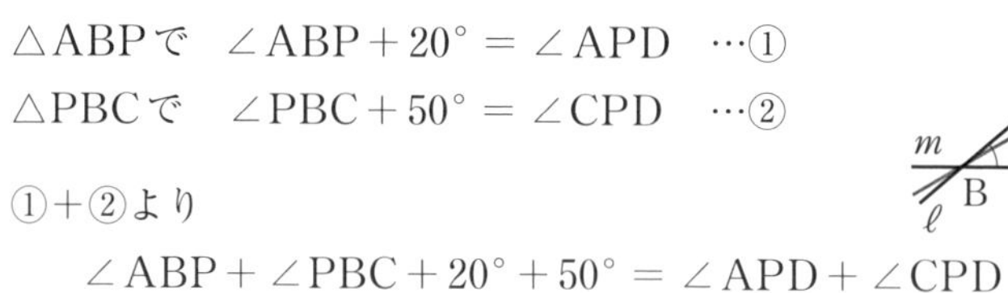

△ABPで　$\angle ABP + 20^\circ = \angle APD$　…①

△PBCで　$\angle PBC + 50^\circ = \angle CPD$　…②

①＋②より

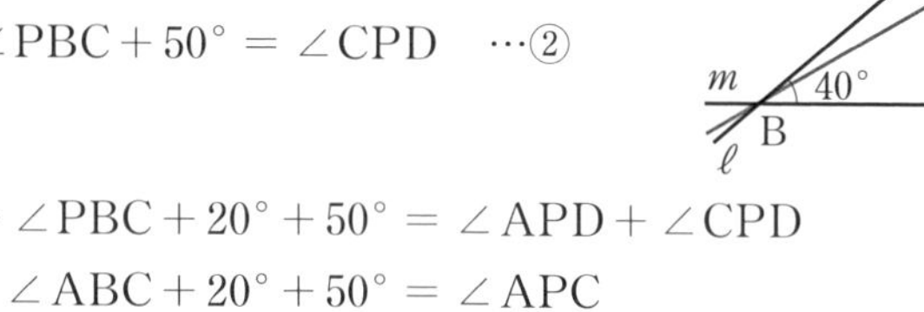

$$\angle ABP + \angle PBC + 20^\circ + 50^\circ = \angle APD + \angle CPD$$

$$\angle ABC + 20^\circ + 50^\circ = \angle APC$$

$$40^\circ + 20^\circ + 50^\circ = \angle APC$$

したがって　$\angle x = 110^\circ$

ア，イどちらの方法も

$\angle x = 20^\circ + 40^\circ + 50^\circ = 110^\circ$

と求めている。

ゆうなさん…アの方法は，APを延長して考えているので，はるかさんの求め方と同じ方法であるといえる。

イの方法は，Pを通る直線をひいて考えているので，ひろとさんの求め方と同じ方法であるといえる。

基 本 の 問 題

教科書 ➔ p.110

1　右の図について，次の問に答えなさい。

(1)　$\angle b$の対頂角，同位角，錯角をそれぞれいいなさい。

(2)　$\angle g = 105^\circ$であるとき，$\angle e$の大きさをいいなさい。

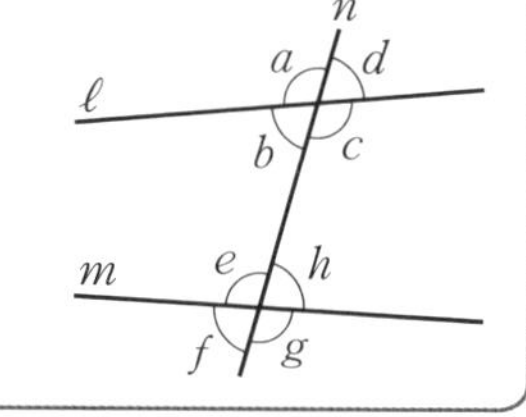

解答　(1)　対頂角…$\angle d$，同位角…$\angle f$，錯角…$\angle h$

(2)　対頂角は等しいから　　$\angle e = \angle g$

したがって　　$\angle e = 105^\circ$

2　下の図で，$\ell /\!/ m$のとき，$\angle x$の大きさを求めなさい。

(1)

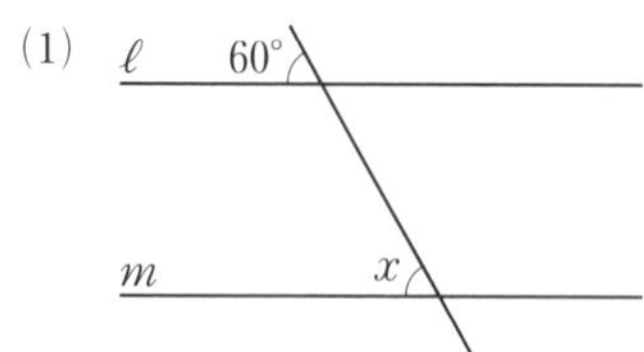

(2)

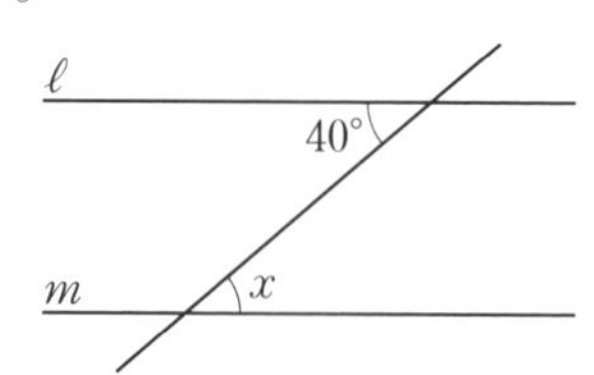

考え方　平行線に1つの直線が交わるとき，同位角や錯角は等しいことを利用します。

解答　(1)　平行線の同位角は等しいから　　$\angle x = 60^\circ$

(2)　平行線の錯角は等しいから　　$\angle x = 40^\circ$

3 下の図で，$\angle x$の大きさを求めなさい。

(1)

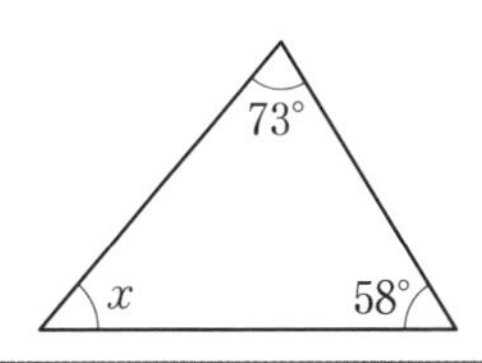

(2)

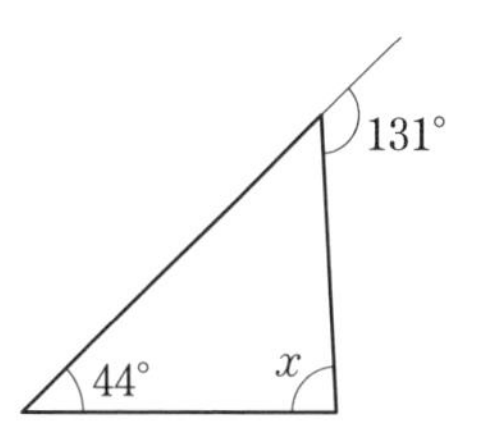

解答 (1) 三角形の内角の和は180°だから

$$73^\circ + \angle x + 58^\circ = 180^\circ$$

したがって

$$\angle x = 180^\circ - (73^\circ + 58^\circ) = 49^\circ$$

答 $\angle x = 49^\circ$

(2) 三角形の外角は，それととなり合わない2つの内角の和に等しいから

$$44^\circ + \angle x = 131^\circ$$

したがって

$$\angle x = 131^\circ - 44^\circ = 87^\circ$$

答 $\angle x = 87^\circ$

4 次の問に答えなさい。

(1) 次の□に，あてはまることばや式をいいなさい。

n角形の内角の和は$180^\circ \times$(□)で求められる。この式で使われている180°は□の内角の和を表している。

(2) 正五角形の内角の和を求めなさい。

(3) 正十角形の1つの外角の大きさを求めなさい。

考え方 (2) n角形の内角の和は　$180^\circ \times (n-2)$

(3) 多角形の外角の和は360°で，正多角形は外角の大きさがすべて等しくなります。

解答 (1) n角形の内角の和は$180^\circ \times$($n-2$)で求められる。この式で使われている180°は 三角形 の内角の和を表している。

(2) $180^\circ \times (n-2)$に$n=5$を代入すると

$$180^\circ \times (5-2) = 180^\circ \times 3 = 540^\circ$$

(3) 多角形の外角の和は360°だから

$$360^\circ \div 10 = 36^\circ$$

3節 合同な図形

教科書 p.111

右の図は，四角形ABCDと合同な四角形をしきつめてつくった模様です。この模様にはどのような特徴があるでしょうか。

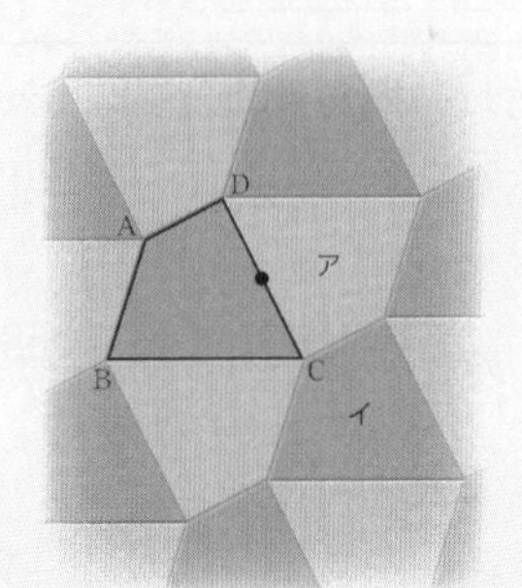

❶ 四角形ABCDを，辺CDの中点を中心に180°回転移動させると，四角形アに重ね合わせることができます。このとき，2つの四角形の対応する辺どうしには，どのような関係がありますか。

❷ 四角形ABCDを四角形イに重ね合わせる場合についても，❶と同じように，対応する辺どうしの関係を調べてみましょう。

考え方 ❷ 四角形ABCDを，頂点Aが頂点Cに重なるように平行移動させると，四角形イに重ね合わせることができます。

解答 ❶，❷ 四角形の対応する辺どうしは，長さが等しい。

1 合同な図形の性質と表し方

ことばの意味

● **合同を表す記号**

≡は合同を表す記号である。

問1

教科書 p.112

下の図で，△ABCと合同な三角形を見つけ，△ABCと合同であることを，記号≡を使って表しなさい。

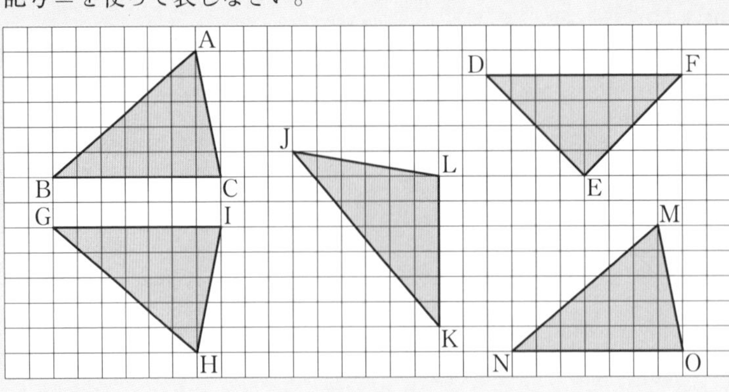

考え方 方眼の目もりを利用して△ABCと合同な三角形を見つけます。
記号≡を使うときは，対応する頂点の名まえを周にそって同じ順に書きます。

解答 △ABC ≡ △HGI，△ABC ≡ △MNO

ポイント

合同な図形の性質 合同な図形では，対応する線分や角は等しい。

2 三角形の合同条件

ある三角形と合同な三角形をかくためには，何がわかればよいでしょうか。 教科書 p.113

❶ 2辺が4cm，6cmで，1つの角が30°の三角形をかいてみましょう。
三角形は1通りに決まるでしょうか。

❷ 次の場合，三角形は1通りに決まるでしょうか。三角形をかいて調べてみましょう。

(1) 3辺が4cm，5cm，6cmの三角形

(2) 1辺が6cmで，2つの角が30°と45°の三角形

解答 ❶ 30°の角が4cmと6cmの2辺の間の角ではないとき，三角形は3通り考えられ（ア，イ，ウの三角形），1通りには決まらない。30°の角の位置を「4cmと6cmの2辺の間」と決めれば，三角形は1通り（エの三角形）に決まる。

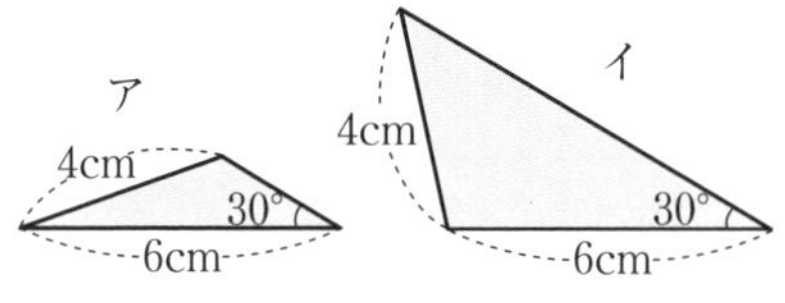

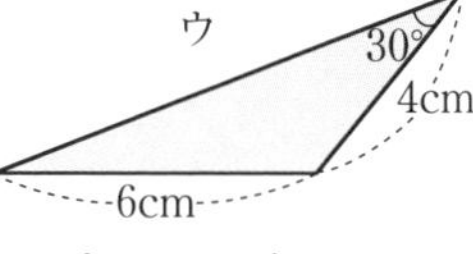

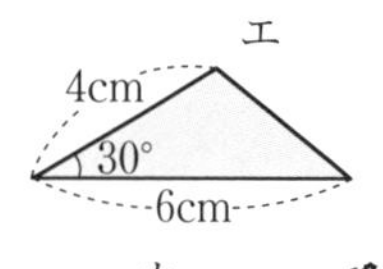

❷ (1) 6cmの辺に対して，5cmの辺が右側にあるか左側にあるかで2通りの三角形ができるが，合同なので1通りと考えると，1通りに決まる。

オ 4cm 5cm 6cm

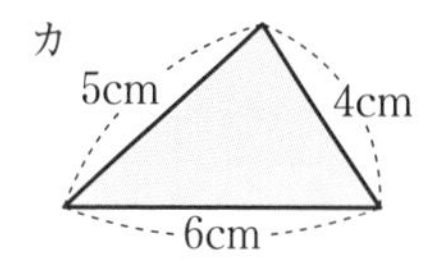

(2) 2つの角が6cmの辺の両端ではないとき，三角形は2通り考えられ（ク，ケの三角形），1通りには決まらない。2つの角の位置を「6cmの辺の両端」と決めれば，三角形は1通り（キの三角形）に決まる。

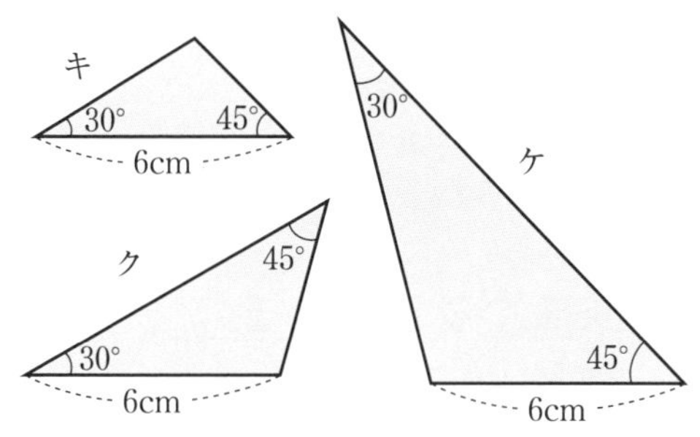

ポイント

三角形の合同条件

2つの三角形は，次のどれかが成り立つとき合同である。

1 3組の辺がそれぞれ等しい。

2 2組の辺とその間の角がそれぞれ等しい。

3 1組の辺とその両端の角がそれぞれ等しい。

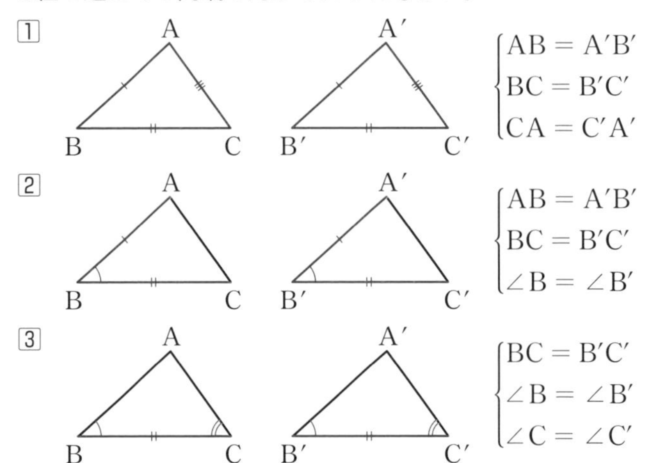

問1 下の図で，△ABC ≡ △QPR である。ほかに合同な三角形の組を見つけ，記号≡を使って表しなさい。また，そのときに使った合同条件をいいなさい。

教科書 p.115

➔ 教科書 p.218 51
(ガイドp.245)

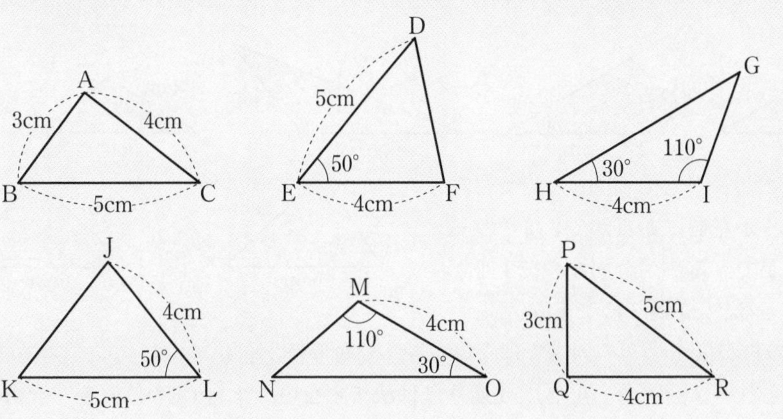

考え方 記号≡を使うときは，対応する頂点を周にそって同じ順に書くことに注意しよう。

解答 △DEF ≡ △KLJ　2組の辺とその間の角がそれぞれ等しい。

△GHI ≡ △NOM　1組の辺とその両端の角がそれぞれ等しい。

問2 次のそれぞれの図形で，合同な三角形の組を見つけ，記号≡を使って表しなさい。また，そのときに使った合同条件をいいなさい。ただし，それぞれの図で，同じ印をつけた辺や角は等しいとします。

教科書 p.115

➔ 教科書 p.218 52
（ガイドp.245）

(1)
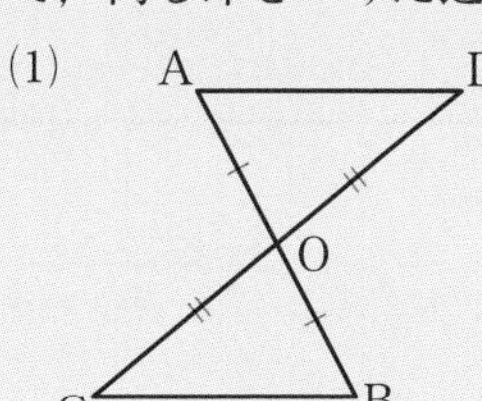

(2)
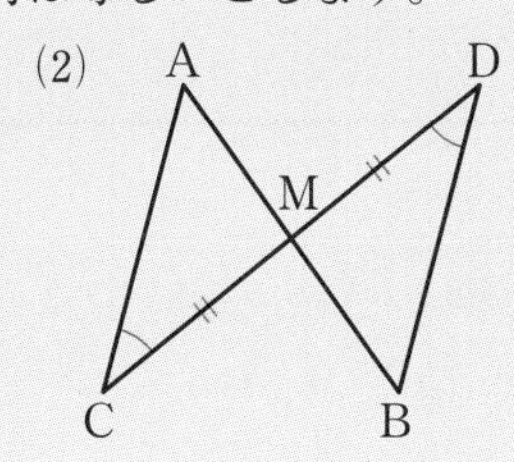

(3)
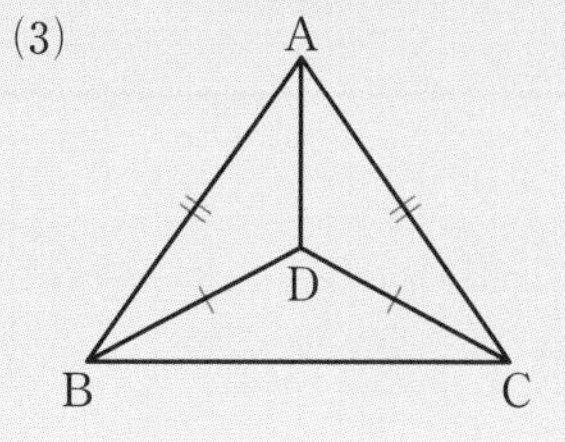

考え方 印のついた辺や角のほかに，それぞれ次のような等しい辺や角があります。

(1) 対頂角は等しいから $\angle AOD = \angle BOC$

(2) 対頂角は等しいから $\angle AMC = \angle BMD$

(3) △ABDと△ACDで，辺ADは共通で等しい。

解答 (1) **△AOD ≡ △BOC** 2組の辺とその間の角がそれぞれ等しい。

(2) **△ACM ≡ △BDM** 1組の辺とその両端の角がそれぞれ等しい。

(3) **△ABD ≡ △ACD** 3組の辺がそれぞれ等しい。

3 証明のすすめ方

Q 教科書116ページの方法で角の二等分線が作図できることを，三角形の合同条件を根拠にして証明してみましょう。

教科書 p.116〜117

❶ ∠XOYをかいて，その角の二等分線を作図してみましょう。

❷ 右の図で，点AとC，点BとCを結ぶとき，$\angle AOC = \angle BOC$であることを示すには，どの三角形とどの三角形が合同であることがいえればよいでしょうか。

❸ 証明で，①，②がいえるのはなぜでしょうか。

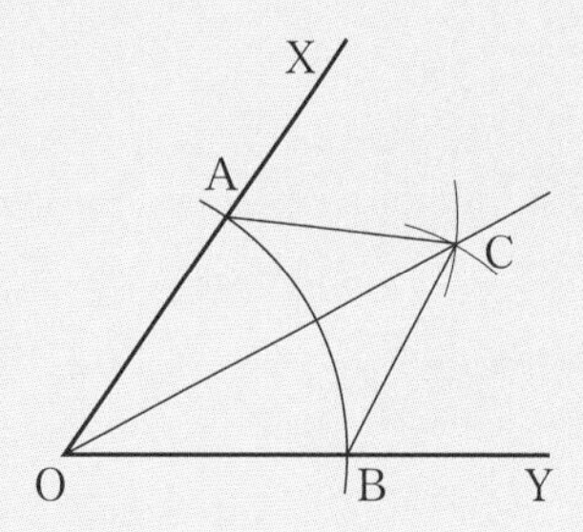

考え方 ❷ ∠AOCと∠BOCをそれぞれ内角にもつ2つの三角形を考えよう。

❸ OAとOB, ACとBCの長さにはどんな関係があるか, 作図の方法にもどって考えよう。

解答 ❶ 省略

❷ △AOCと△BOC

❸ OA = OB…作図の手順①で，点A，Bは点Oを中心とした円周上の点で，OAとOBは1つの円の半径だから等しい。

AC = BC…作図の手順②で，ACとBCは等しい半径だから等しい。

ことばの意味

● **仮定と結論**

「○○○ならば□□□」というような文で，「ならば」の前の○○○の部分を**仮定**（かてい），「ならば」のあとの□□□の部分を**結論**（けつろん）という。

問1

次のことがらについて，それぞれ仮定と結論をいいなさい。

教科書 p.117

➔ 教科書 p.218 53（ガイドp.245）

(1)　△ABC ≡ △DEF　ならば　AB = DE

(2)　xが6の倍数　ならば　xは2の倍数である。

(3)　三角形の内角の和は180°である。

考え方　(2)　仮定と結論は，図形の性質だけでなく数の性質についても使います。

(3)「○○○ならば□□□」という表現で表してみよう。

解答　(1)　仮定…△ABC ≡ △DEF

結論…AB = DE

(2)　仮定…xが6の倍数である。

結論…xは2の倍数である。

(3)「ある図形が三角形　ならば　その図形の内角の和は180°である。」といい表されるから

仮定…ある図形が三角形である。

結論…その図形の内角の和は180°である。

Q

教科書 p.118

右の図は，線分ABとCDの交点をEとして

EA = EB，AD∥CB

となるようにかいたものです。このとき

ED = EC

となることを証明してみましょう。

❶ 上のことがらの仮定と結論をいってみましょう。

❷ 仮定から結論を導くには，どの三角形とどの三角形の合同をいえばよいでしょうか。

❸ 上のことがらを証明してみましょう。

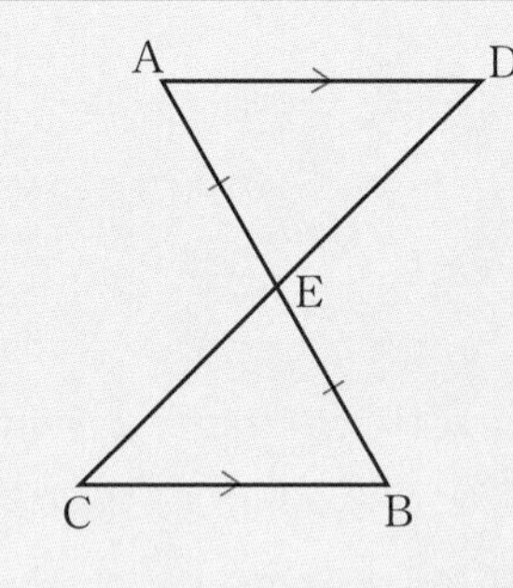

考え方　❷ 結論のED = ECを導くには，EDとECそれぞれをふくむ2つの三角形を見つけ，それらが合同となることを証明すればよい。

解答　❶ 仮定…EA = EB，AD∥CB

結論…ED = EC

❷ 仮定から結論を導くには，△AEDと△BECの合同をいえばよい。

❸ 省略（教科書119ページ参照）

教科書
p.119～120

右の図で，点Oは線分ABの中点です。点Oで線分ABと交わる線分CDをOC＝ODとなるようにかき，点AとC，点BとDを結んでみましょう。

辺や角について，どんな関係が成り立つでしょうか。

❶ はるかさんは，∠OAC＝∠OBDが成り立つと予想し，その証明を次のように考えました。

下の①～⑤の根拠となっていることがらをいってみましょう。

はるかさんの考え

仮定から結論を導くには，△ACOと△BDOが合同であることをいえばよい。

そのためには，次の3つのことがらを示せばよい。

OA＝OB　…①

OC＝OD　…②

∠AOC＝∠BOD　…③

これらのことから

△ACO≡△BDO　…④

これより　∠OAC＝∠OBD　…⑤

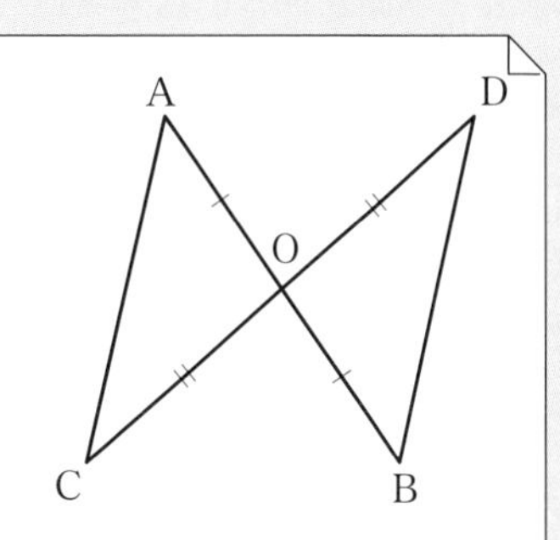

❷ そうたさんは，右のような図をかいて，はるかさんと同じように

∠OAC＝∠OBD

が成り立つと予想しました。このとき，上の❶の証明はどうなるでしょうか。

そうたさんの考え

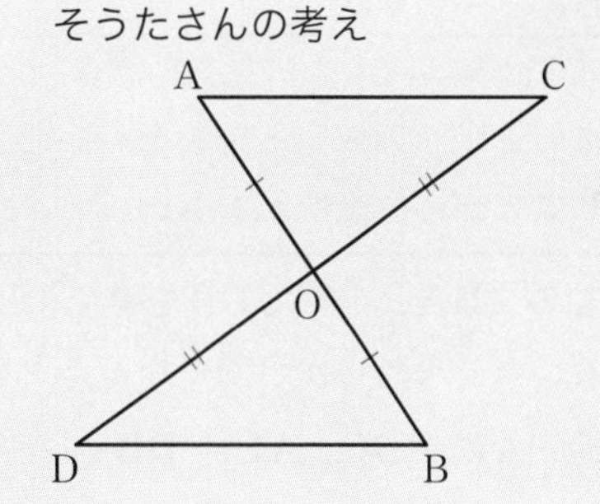

考え方 ❶ ①…点Oは線分ABの中点だから，OA＝OBとなります。

❷ ❶の証明のすじ道が，そうたさんの図でも同じようにいえるか，図を見ながら確かめてみよう。

解答 ❶ ①　仮定

②　仮定

③　対頂角は等しい。

④　2組の辺とその間の角がそれぞれ等しい2つの三角形は合同である。

⑤　合同な図形の対応する角は等しい。

❷ ❶の証明と同じようにして証明することができる。

基本の問題

教科書 ➔ p.121

1 △ABCと△DEFにおいて

AC＝DF，BC＝EF

のとき，このほかにどんな条件をつけ加えれば

△ABC≡△DEF

になりますか。つけ加える条件を1ついいなさい。
また，そのときの合同条件をいいなさい。

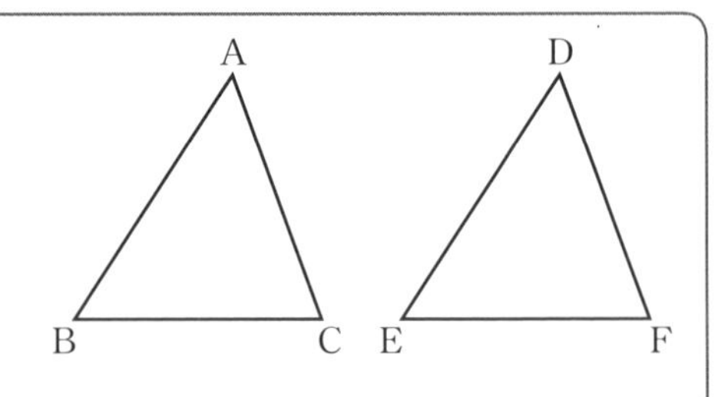

考え方 2辺が等しいから，もう1辺か，等しい2辺の間にある角が等しければ，合同になります。

解答 次のどれか1つ

・**AB＝DE**

3組の辺がそれぞれ等しい。

・**∠C＝∠F**

2組の辺とその間の角がそれぞれ等しい。

2 右の図で

AB＝DC，AC＝DB

ならば

∠BAC＝∠CDB

となります。

(1) このことがらの仮定と結論をいいなさい。

(2) このことがらを証明しなさい。

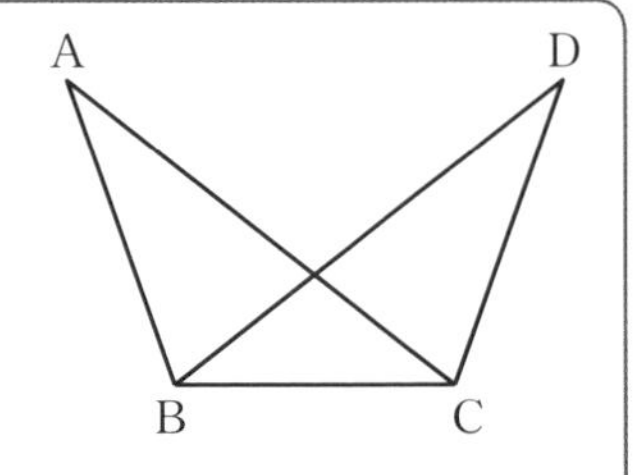

考え方 (2) 結論の∠BAC＝∠CDBを導くには，∠BACと∠CDBそれぞれをふくむ2つの三角形を見つけ，それらが合同となることを証明すればよい。

証明 (1) 仮定…**AB＝DC，AC＝DB**

結論…**∠BAC＝∠CDB**

(2) △ABCと△DCBにおいて

仮定から

AB＝DC　…①

AC＝DB　…②

また

BC＝CB　…③

①，②，③より，3組の辺がそれぞれ等しいから

△ABC≡△DCB

合同な図形の対応する角は等しいから

∠BAC＝∠CDB

要点チェック

□外角，内角

1つの辺と，そのとなりの辺の延長とがつくる角を，その頂点における**外角**という。
1つの辺ととなりの辺とがつくる角で，外角ととなり合う角を**内角**という。

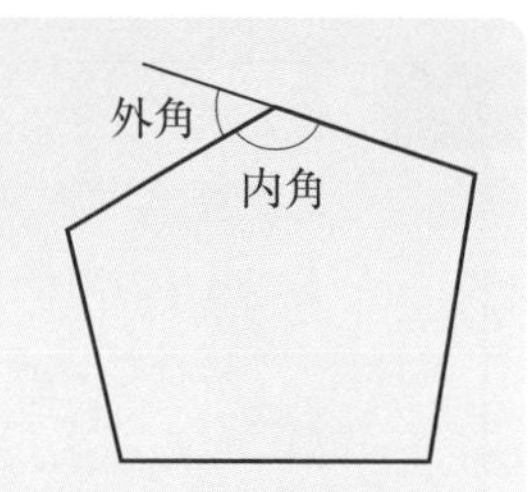

□対頂角

2つの直線が交わるときにできる角で，向かい合っている角を**対頂角**という。

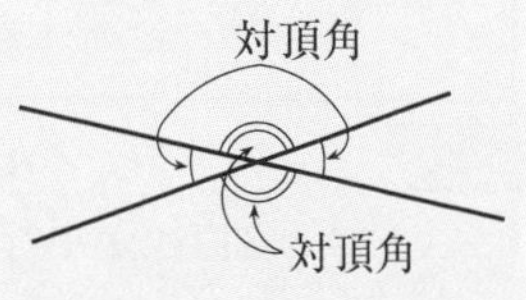

□対頂角の性質

対頂角は等しい。

□同位角，錯角

右の図のように，2つの直線ℓ，mに1つの直線nが交わってできる角のうち，$\angle a$と$\angle e$のような位置にある角を**同位角**という。また，$\angle b$と$\angle h$のような位置にある角を**錯角**という。

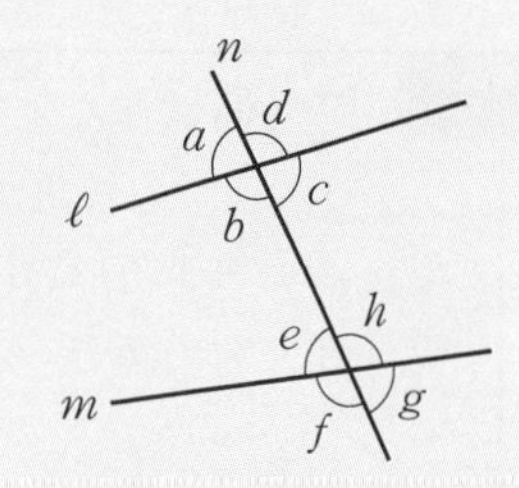

□平行線と角の関係

2直線に1つの直線が交わるとき

平行線の性質

　2直線が平行ならば，同位角，錯角は等しい。

平行線になるための条件

　同位角または錯角が等しければ，その2直線は平行である。

□三角形の内角と外角

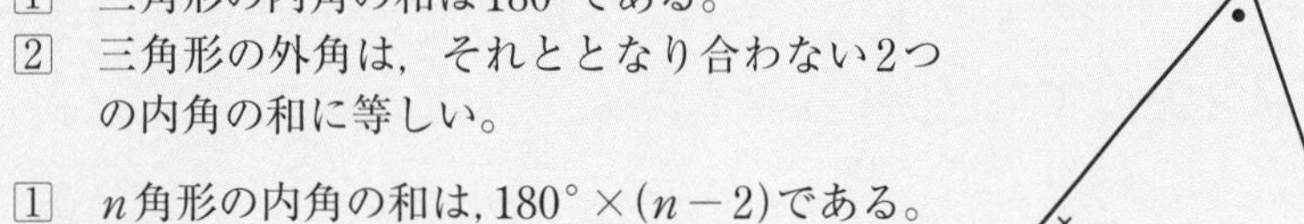

1 三角形の内角の和は180°である。
2 三角形の外角は，それととなり合わない2つの内角の和に等しい。

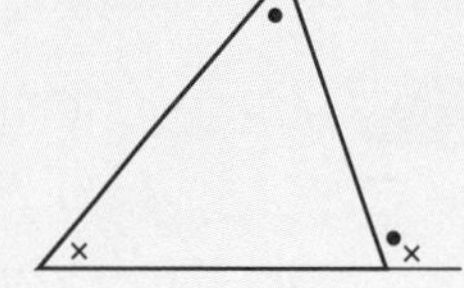

□多角形の内角の和，外角の和

1 n角形の内角の和は，$180° \times (n-2)$である。
2 多角形の外角の和は360°である。

□合同な図形の性質

合同な図形では，対応する線分や角は等しい。

□三角形の合同条件

2つの三角形は，次のどれかが成り立つとき合同である。
1 3組の辺がそれぞれ等しい。
2 2組の辺とその間の角がそれぞれ等しい。
3 1組の辺とその両端の角がそれぞれ等しい。

□仮定と結論

「○○○ならば□□□」というような文で，「ならば」の前の○○○の部分を**仮定**，「ならば」のあとの□□□の部分を**結論**という。

章の問題A

教科書 ➲ p.122

1 右の図で，$\ell /\!/ m$，$\angle d = 40^\circ$であるとき，次の問に答えなさい。

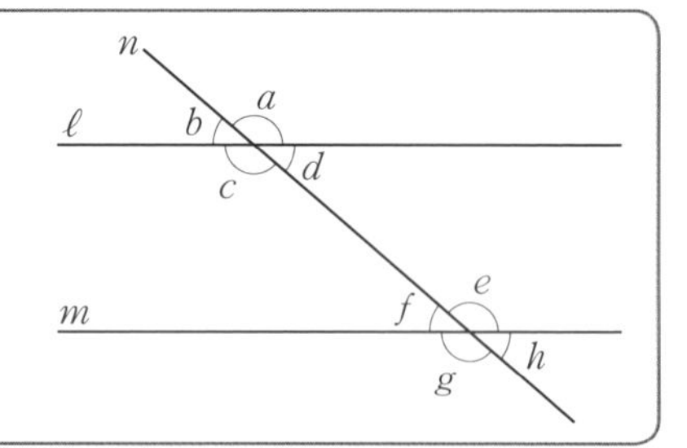

(1) $\angle d$の同位角をいいなさい。また，その大きさを求めなさい。

(2) $\angle f$と$\angle d$の大きさが等しいことを示すときに使う平行線の性質をいいなさい。

解答 (1) 同位角…$\angle h$，大きさ…40°

(2) 2直線が平行ならば，錯角は等しい。

2 次の問に答えなさい。

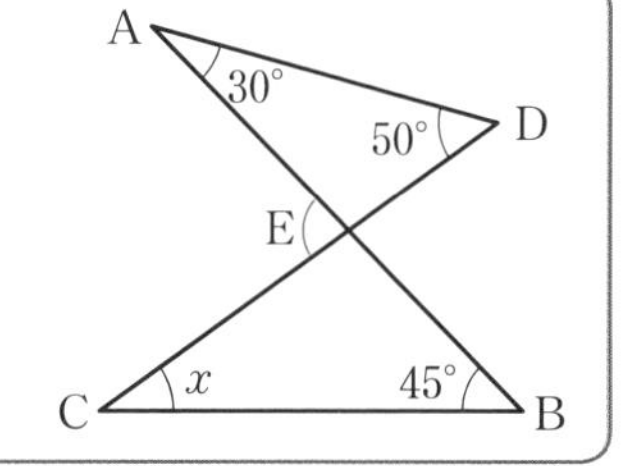

(1) 1つの外角が20°である正多角形は正何角形ですか。

(2) 二十角形の内角の和を求めなさい。

(3) 右の図で，$\angle x$の大きさを求めなさい。

考え方 (1) 多角形の外角の和は360°で，正多角形では，外角の大きさはすべて等しい。

(2) n角形の内角の和は，$180^\circ \times (n-2)$だから，この式に$n=20$を代入して求めます。

(3) ∠AECは，△ADEと△BCEの共通の外角です。三角形の外角は，それととなり合わない2つの内角の和に等しいことを使います。

解答 (1) 多角形の外角の和は360°だから

$360 \div 20 = 18$　　　答　正十八角形

(2) $180^\circ \times (20-2) = 180^\circ \times 18 = 3240^\circ$　　　答　3240°

(3) 三角形の外角の和は，それととなり合わない2つの内角の和に等しいから

△AEDで　　$\angle \mathrm{AEC} = 30^\circ + 50^\circ$

△ECBで　　$\angle \mathrm{AEC} = \angle x + 45^\circ$

したがって　　$30^\circ + 50^\circ = \angle x + 45^\circ$

$\angle x = 30^\circ + 50^\circ - 45^\circ$

$= 35^\circ$　　　答　$\angle x = 35^\circ$

レベルアップ 解答からわかるように，右のような図で

$\angle \mathrm{A} + \angle \mathrm{B} = \angle \mathrm{C} + \angle \mathrm{D}$

が成り立つ。

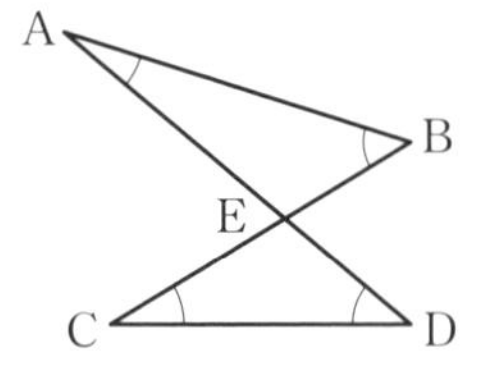

3 次の$\angle x$の大きさを求めなさい。

(1) $\ell /\!/ m$ (2)

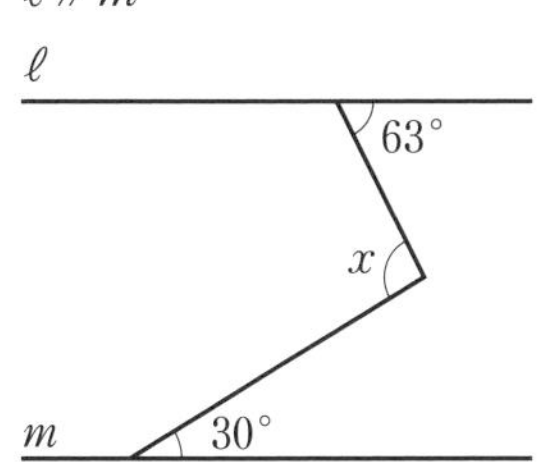

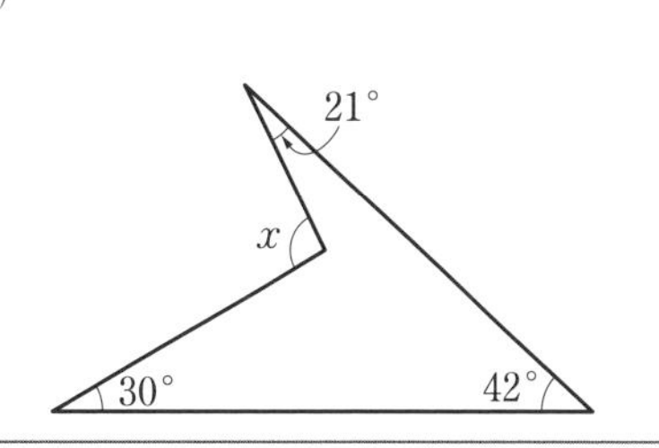

考え方 平行線の性質や，三角形の外角は，それととなり合わない2つの内角の和に等しいことが利用できるように，問題の図に補助線をかき加えて考えよう。

解答 (1) 右の図のように，$\angle x$の頂点を通りℓとmに平行な直線nをひくと，平行線の錯角は等しいから

$\angle y = 63°$，$\angle z = 30°$

したがって　$\angle x = \angle y + \angle z$

$= 63° + 30°$

$= 93°$　　　**答** $\angle x = 93°$

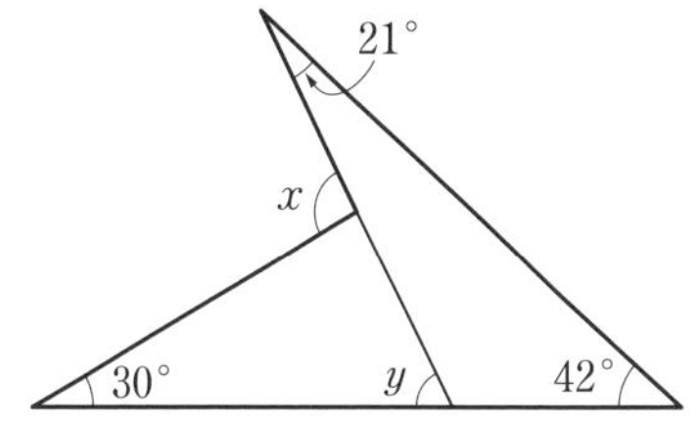

(2) 右の図のように$\angle y$をつくると，三角形の外角は，それととなり合わない2つの内角の和に等しいから

$\angle y = 21° + 42°$

同様に

$\angle x = 30° + \angle y$

$= 30° + 21° + 42°$

$= 93°$　　　**答** $\angle x = 93°$

レベルアップ (1)で，下のアの図のように，ℓを時計回りに42°回転させた直線nを考えると，(2)と同じ問題となる。

(1)でも，イの図のように補助線をひくと，三角形の外角は，それととなり合わない2つの内角の和に等しいことを利用して求めることができる。

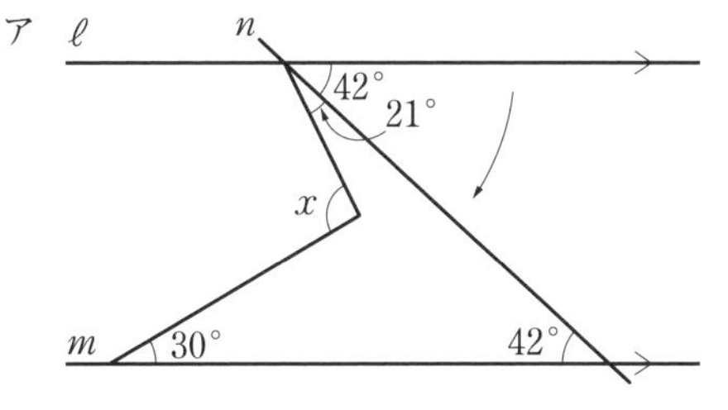

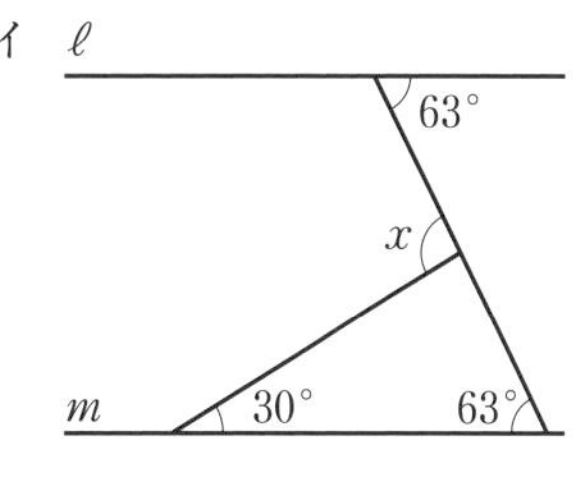

レベルアップ 上の解答からわかるように，一般に，次のことが成り立つ。

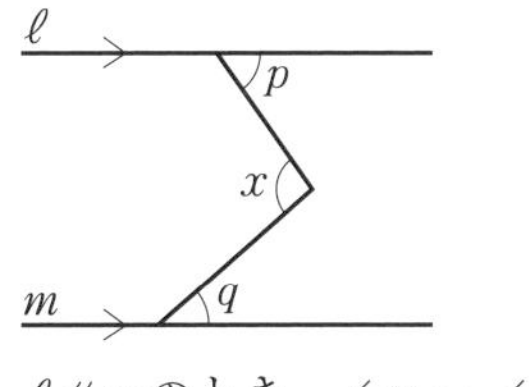

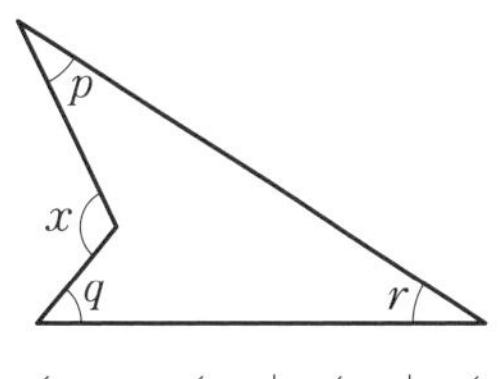

$\ell /\!/ m$のとき　$\angle x = \angle p + \angle q$　　　$\angle x = \angle p + \angle q + \angle r$

4　右の図で

　　BA＝DA，∠B＝∠D

ならば

　　BC＝DE

となります。

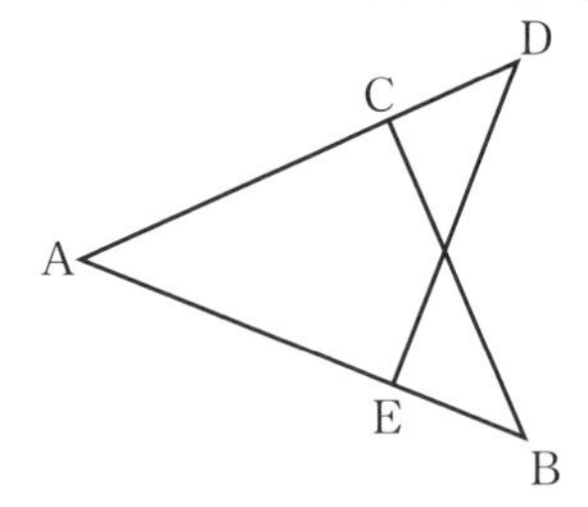

(1)　仮定と結論をいいなさい。

(2)　このことを証明するとき，どの三角形とどの三角形の合同をいえばよいですか。

(3)　(2)の証明をするときに使う三角形の合同条件をいいなさい。

考え方　(2)　BCとDEをそれぞれふくむ2つの三角形を考えます。

解答　(1)　**仮定…BA＝DA，∠B＝∠D**

　　結論…BC＝DE

(2)　**△ABCと△ADE**

(3)　**1組の辺とその両端の角がそれぞれ等しい。**

レベルアップ　証明は次のようになる。

△ABCと△ADEにおいて

仮定から　　BA＝DA　　…①

　　　　　　∠B＝∠D　　…②

共通な角であるから

　　∠BAC＝∠DAE　…③

①，②，③より，1組の辺とその両端の角がそれぞれ等しいから

　　△ABC≡△ADE

合同な図形の対応する辺は等しいから

　　BC＝DE

章の問題B

教科書 ➔ p.123〜124

1 下の図で$\ell /\!/ m$のとき，$\angle x$の大きさを求めなさい。
ただし，(2)では，同じ印をつけた角は等しいとします。

(1)

五角形ABCDEは正五角形

(2)

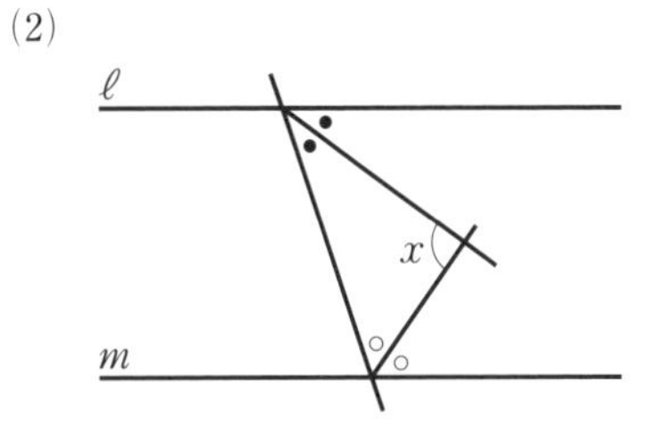

考え方 (1) 正五角形の1つの内角を求め，ABの延長とmとの交点をFとして，△BFCの内角，外角の大きさを考えます。

(2) ●，○の印をつけた4つの角の和は何度になるか考えよう。

解答 (1) 正五角形の内角はすべて等しいから，1つの内角は

$180° \times (5-2) \div 5 = 108°$

ABの延長とmとの交点をF，ℓとEDの交点をGとする。

正五角形の内角だから

$\angle \mathrm{EAB} = 108°,\ \angle \mathrm{ABC} = 108°$

したがって

$\angle \mathrm{GAF} = 108° - 20° = 88°$

平行線の錯角は等しいから

$\angle \mathrm{AFC} = \angle \mathrm{BFC} = 180° - 88° = 92°$

したがって，△BFCにおいて，三角形の外角は，それととなり合わない2つの内角の和に等しいから

$\angle x + 92° = 108°$

$\angle x = 16°$

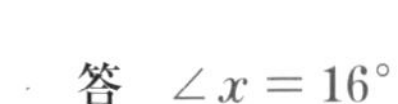

答 $\angle x = 16°$

(2)

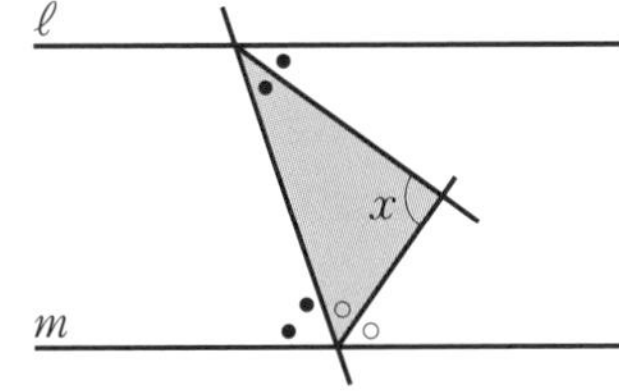

平行線の錯角は等しいから，角の関係は左の図のようになる。したがって

●＋●＋○＋○＝180°

2(●＋○)＝180°

●＋○＝90° …①

色をつけた三角形で，三角形の内角の和は180°だから

●＋○＋$\angle x = 180°$

①より　$\angle x = 90°$

答 $\angle x = 90°$

2　長方形の紙を次のように折ったとき，$\angle x$の大きさを求めなさい。

(1)

(2)

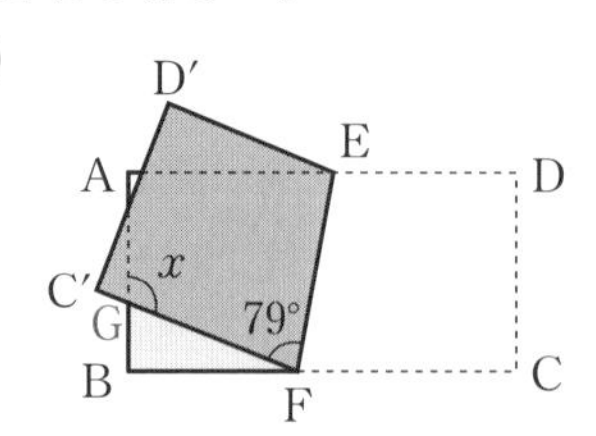

考え方　折り返した図形ともとの図形は合同だから，対応する角は等しくなります。このことをもとに考えてみよう。

(1)　$\triangle ABC \equiv \triangle AB'C$です。$\angle x$は$\triangle AEC$の外角，長方形の1つの角は$90°$です。
$AD /\!/ BC$より，$\angle EAC = \angle BCA$であることから，$\angle EAC$と$\angle ECA$を求めます。

(2)　ABとC′Fの交点をGとすると$\angle x$は$\triangle GBF$の外角です。
四角形EFCD≡四角形EFC′D′だから，$\angle EFC = 79°$となります。

解答

(1)　$\angle EAC = 90° - 65° = 25°$
$AD /\!/ BC$より
$\angle EAC = \angle BCA = 25°$
折り返した角だから
$\angle ECA = \angle BCA = 25°$
三角形の外角は，それととなり合わない2つの内角の和に等しいから
$\angle x = 25° + 25° = 50°$
答　$\angle x = 50°$

(2)　ABとC′Fの交点をGとする。
折り返した角だから
$\angle EFC = \angle EFC' = 79°$
したがって
$\angle GFB = 180° - (79° + 79°) = 22°$
三角形の外角は，それととなり合わない2つの内角の和に等しいから
$\angle x = 90° + 22° = 112°$
答　$\angle x = 112°$

3　**活用の問題**

図1は，辺の長さがすべて等しい六角形の各頂点を中心として，六角形の辺の長さの半分を半径とする円をかいたものです。斜線(しゃせん)をひいたおうぎ形の面積の和をA，斜線をひいていないおうぎ形の面積の和をBとします。

(1)　図1で，六角形の辺の長さがすべて2cmのとき，A，Bはそれぞれ何cm^2ですか。また，$B-A$を求めなさい。

(2)　辺の長さがすべて等しいn角形の各頂点を中心として，n角形の辺の長さの半分を半径とする円をかきます。このとき，$B-A$は，n角形の辺の長さの半分を半径とする円2つ分の面積になります。
その理由を説明しなさい。
ただし，図2のように，円どうしは重ならないものとします。

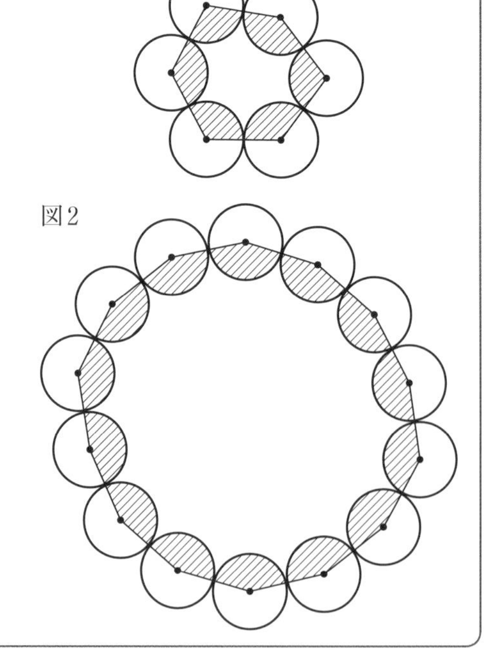

考え方 斜線をひいたおうぎ形の中心角の和は，n角形の内角の和になります。
Bは，(1つの円の面積)×(円の数n)−Aで求められます。
おうぎ形の面積は中心角に比例するから，中心角の和が$a°$のとき

$$(\text{おうぎ形の面積の和})=(1\text{つの円の面積})\times\frac{a°}{360°}$$

となります。

解答 (1) 斜線をひいたおうぎ形の中心角の和は，六角形の内角の和に等しいから

$$180°\times(6-2)=720°$$

また，六角形の1辺の長さが2cmだから，1つの円の半径は1cmとなる。
したがって

$$A=\pi\times1^2\times\frac{720°}{360°}=2\pi\ (\text{cm}^2)$$

$$B=\pi\times1^2\times6-2\pi=4\pi\ (\text{cm}^2)$$

$$B-A=4\pi-2\pi=2\pi\ (\text{cm}^2)$$

(2) 斜線をひいたおうぎ形の中心角の和は，n角形の内角の和になるから

$$180°\times(n-2)$$

また，n角形の辺の長さを$2r$cmとすると，1つの円の半径は$r$cmとなる。
したがって

$$A=\pi\times r^2\times\frac{180°\times(n-2)}{360°}=\frac{1}{2}\pi r^2(n-2)=\frac{1}{2}\pi r^2n-\pi r^2$$

$$B=\pi\times r^2\times n-\left(\frac{1}{2}\pi r^2n-\pi r^2\right)=\pi r^2n-\frac{1}{2}\pi r^2n+\pi r^2$$

$$=\frac{1}{2}\pi r^2n+\pi r^2$$

$$B-A=\left(\frac{1}{2}\pi r^2n+\pi r^2\right)-\left(\frac{1}{2}\pi r^2n-\pi r^2\right)$$

$$=2\pi r^2\ (\text{cm}^2)$$

$2\pi r^2\text{cm}^2$はn角形の辺の長さ($2r$cm)の半分の長さ($r$cm)を半径とする円の面積($\pi r^2\text{cm}^2$)の2つ分に等しい。

別解 次のように，おうぎ形の中心角の和の差を求めて考えてもよい。
斜線をひいたおうぎ形の中心角の和は，n角形の内角の和に等しいから

$$180°\times(n-2)=180°\times n-360°\quad\cdots①$$

また，斜線をひいていないおうぎ形の中心角の和は，円の中心のまわりの角360°のn個分から，①をひいたものとなるから

$$360°\times n-(180°\times n-360°)=180°\times n+360°\quad\cdots②$$

②−①を計算すると

$$(180°\times n+360°)-(180°\times n-360°)=720°$$

720°は360°×2だから，これは，円の中心のまわりの角2つ分に等しい。
したがって，$B-A$は，n角形の辺の長さの半分を半径とする円2つ分の面積に等しい。

4章 平行と合同

4

右の図では

$\angle ADC = \angle A + \angle B + \angle C$　…①

が成り立ちます。

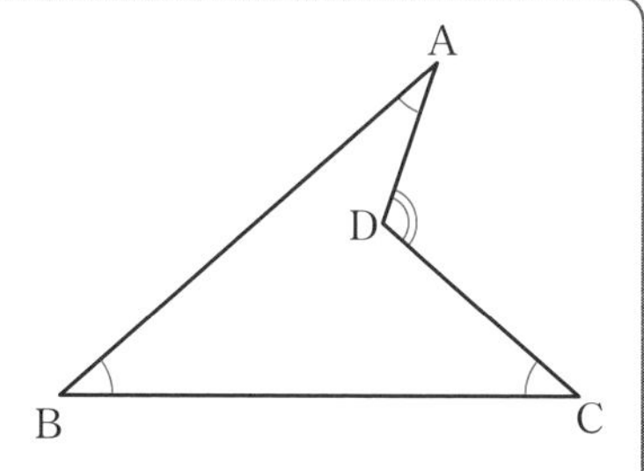

(1)　はるかさんの証明を参考にして，ひろとさんがかいた図で，①が成り立つことを証明しなさい。

はるかさんの考え

辺ADを延長して，2つの三角形に分けました。

（証明）

三角形の外角は，それととなり合わない2つの内角の和に等しいから

△ABEで　　$\angle DEC = \angle A + \angle B$

△DECで　　$\angle ADC = \angle DEC + \angle C$

したがって　　$\angle ADC = \angle A + \angle B + \angle C$

ひろとさんの考え

点Dを通る半直線BEをひいて，2つの三角形に分けました。

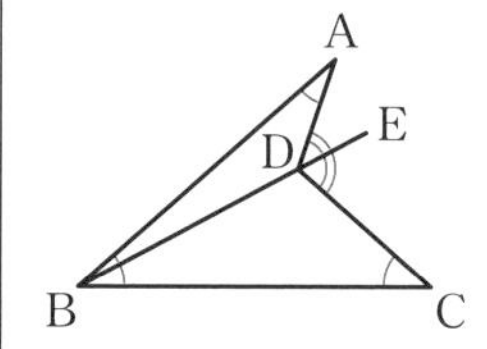

ほかの考えでも，証明できないかな。

(2)　下の図の①，②で，印をつけた5つの角の和を求めなさい。また，その求め方を説明しなさい。

①

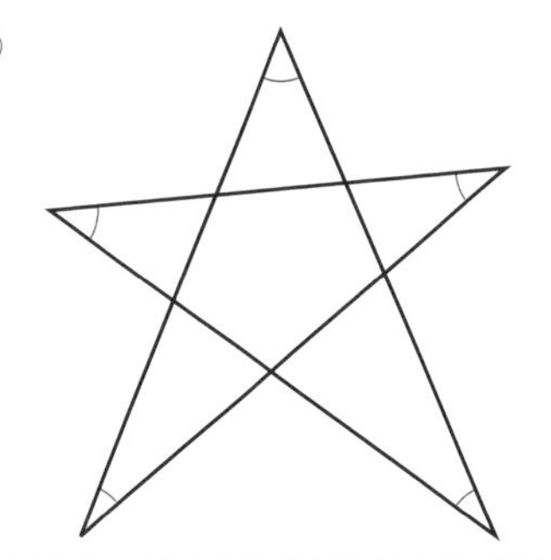

②

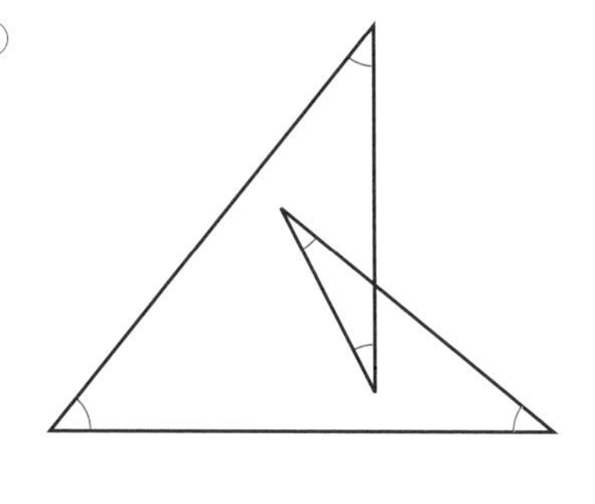

考え方　(2)　図の中から①の関係が成り立つ ◁ の形をした図形を見つけよう。

解答　(1)　三角形の外角は，それととなり合わない2つの内角の和に等しいから

△ABDで　$\angle ADE = \angle A + \angle ABD$　…①

△CBDで　$\angle CDE = \angle CBD + \angle C$　…②

①，②より　$\angle ADE + \angle CDE = \angle A + \angle ABD + \angle CBD + \angle C$

したがって　$\angle ADC = \angle A + \angle B + \angle C$

・CDを延長して2つの三角形に分けても，はるかさんの考えと同じようにして証明することができる。

・AとCを結んで，次のように証明することができる。

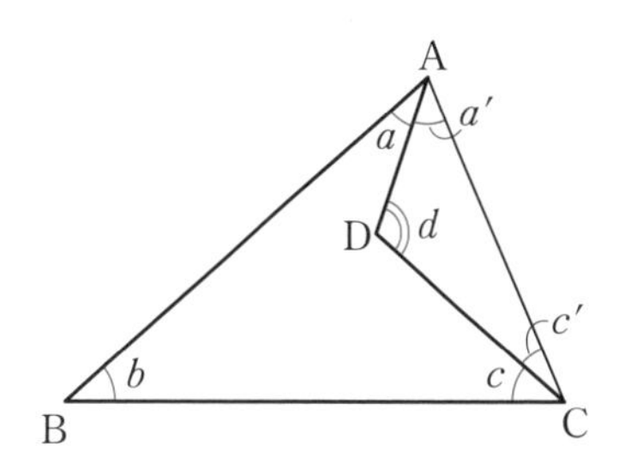

右の図のように角をおくと，三角形の内角の和は180°だから

$(\angle a+\angle a')+\angle b+(\angle c+\angle c')=180^\circ$

$\angle a'+\angle d+\angle c'=180^\circ$

となり

$(\angle a+\angle a')+\angle b+(\angle c+\angle c')$

$=\angle a'+\angle d+\angle c'$

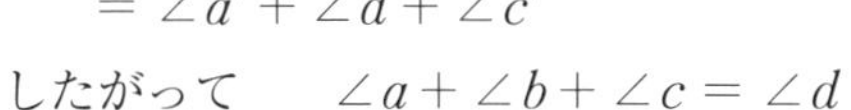

したがって　$\angle a+\angle b+\angle c=\angle d$

(2) **角の和**

① 180°　　② 180°

説明の例

① 右の図で，色をつけた図形は，(1)の図と同じだから

$\angle \mathrm{CFD}=\angle \mathrm{A}+\angle \mathrm{C}+\angle \mathrm{D}$ …①

対頂角は等しいから

$\angle \mathrm{CFD}=\angle \mathrm{BFE}$ …②

△BFEの内角の和は180°だから，①，②より

$\angle \mathrm{B}+\angle \mathrm{BFE}+\angle \mathrm{E}$

$=\angle \mathrm{B}+\angle \mathrm{CFD}+\angle \mathrm{E}$

$=\angle \mathrm{B}+(\angle \mathrm{A}+\angle \mathrm{C}+\angle \mathrm{D})+\angle \mathrm{E}$

$=180^\circ$

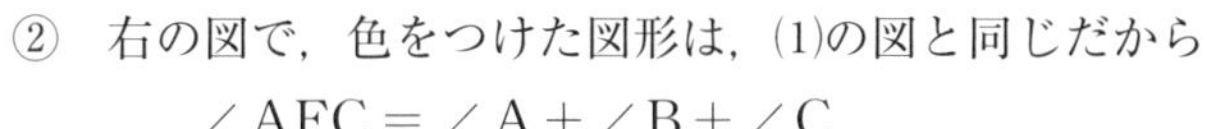

② 右の図で，色をつけた図形は，(1)の図と同じだから

$\angle \mathrm{AFC}=\angle \mathrm{A}+\angle \mathrm{B}+\angle \mathrm{C}$

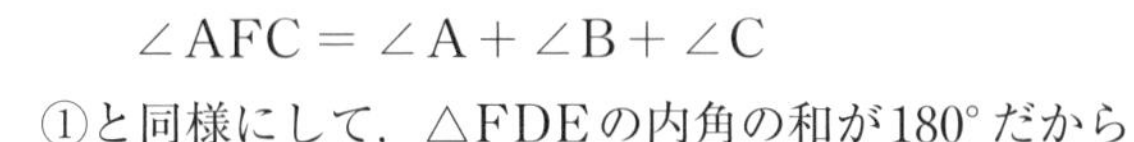

①と同様にして，△FDEの内角の和が180°だから

$\angle \mathrm{D}+\angle \mathrm{E}+\angle \mathrm{DFE}$

$=\angle \mathrm{D}+\angle \mathrm{E}+\angle \mathrm{AFC}$

$=\angle \mathrm{D}+\angle \mathrm{E}+(\angle \mathrm{A}+\angle \mathrm{B}+\angle \mathrm{C})$

$=180^\circ$

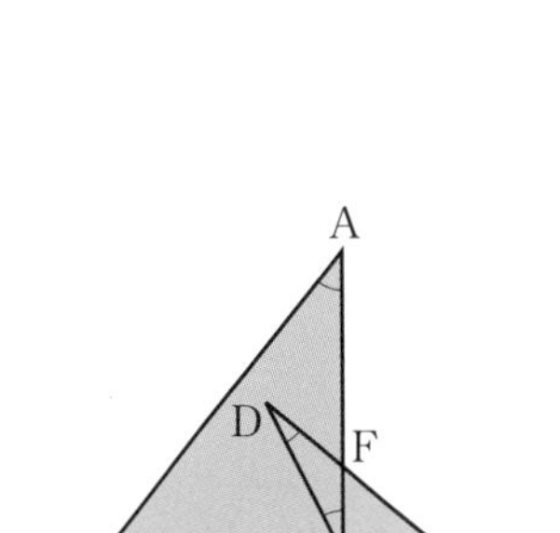

レベルアップ 三角形の外角は，それととなり合わない2つの内角の和に等しいことから，次のように求めることもできる。

右の図のように点を定める。

① △ACFと△BDGを考えると，印をつけた5つの角は，△EFGの内角に集まる。

② △ABFと△CDGを考えると，印をつけた5つの角は，△EFGの内角に集まる。

したがって，5つの角の和はどちらも180°である。

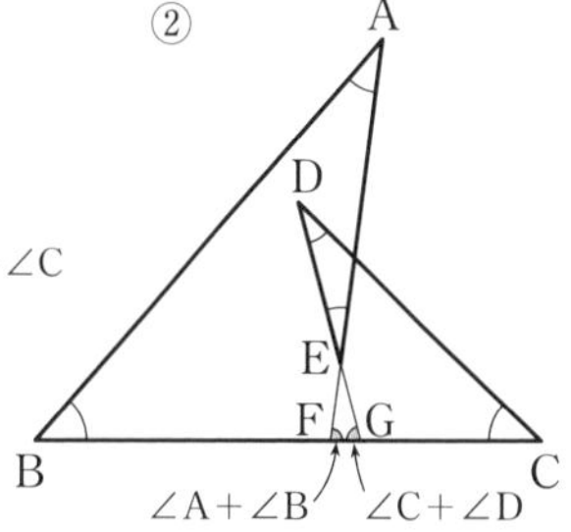

5章 [三角形と四角形] 図形の性質を見つけて証明しよう

1節 三角形

教科書126ページの方法で, Aの位置に直角ができるのはどうしてでしょうか。

教科書 p.126〜127

❶ 教科書126ページの方法1〜4を参考にして, ノートに適当な長さの線分ABをかき, ひもを使って4のPの位置を決めて, 線分APをかいてみましょう。
∠PABは直角になっているでしょうか。

❷ ❶の操作をふり返って, 図に表してみましょう。
その図のなかに, どのような三角形を見つけることができるでしょうか。

考え方 ❷ 等しい長さの部分に, 同じ印をかき入れて考えよう。

解答 ❶ (図は省略)
∠PABは直角になっている。

❷

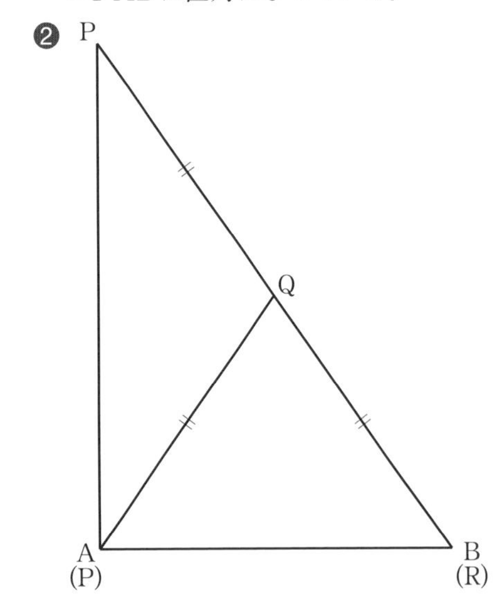

左の図で, ロープの長さの関係について
2, 3の手順から
PQ = RQ (AQ = BQ)
4の手順から
AQ = PQ
したがって
△QPAと△QABはどちらも
二等辺三角形になっている。

1 二等辺三角形の性質

右の図の△OAB，△OACがどんな三角形かを考えて，$\angle OAB=\angle a$，$\angle OAC=\angle b$として，$\angle BAC=90°$となることを証明してみましょう。

教科書 p.128

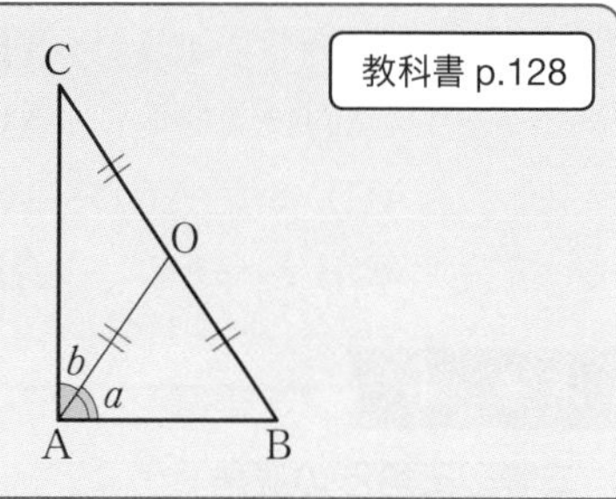

❶ (1)，(2)から，$\angle OAB=\angle a$，$\angle OAC=\angle b$として，$\angle BAC=90°$であることを示してみましょう。

❷ 証明で根拠にしていることがらをいってみましょう。

考え方 ❶ $\angle BAC=\angle a+\angle b$だから，$\angle a+\angle b=90°$であることを示すことができればよい。

解答 ❶ (1)より　$\angle OAB=\angle OBA=\angle a$

$\angle OAC=\angle OCA=\angle b$

(2)より　$\angle OBA+\angle BAC+\angle OCA=180°$

$\angle BAC=\angle OAB+\angle OAC$であるから

$$\angle OBA+(\angle OAB+\angle OAC)+\angle OCA=180°$$
$$\angle a+(\angle a+\angle b)+\angle b=180°$$
$$\angle a+\angle a+\angle b+\angle b=180°$$
$$2(\angle a+\angle b)=180°$$
$$\angle a+\angle b=90°$$

したがって

$\angle BAC=90°$

❷ (1)…二等辺三角形の2つの角は等しい。

(2)…三角形の内角の和は180°である。

ことばの意味

● **定義**

ことばの意味をはっきり述べたものを**定義**(ていぎ)という。

● **二等辺三角形**

定義：二等辺三角形とは，2つの辺が等しい三角形のことである。

● **二等辺三角形**

二等辺三角形で，長さの等しい2つの辺の間の角を**頂角**(ちょうかく)，頂角に対する辺を**底辺**(ていへん)，底辺の両端の角を**底角**(ていかく)という。

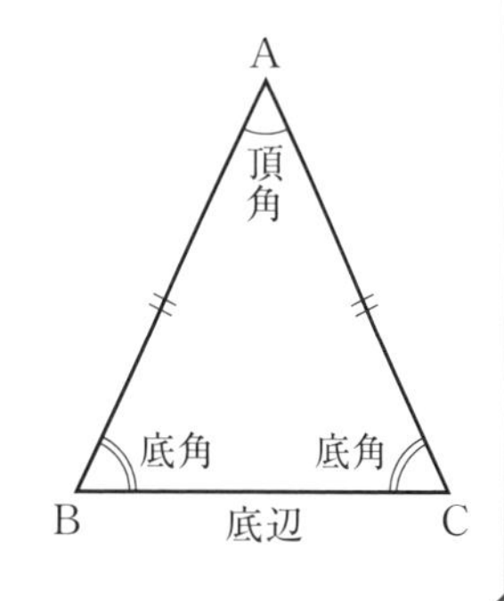

問 1　教科書129ページの証明で根拠にしていることがらをいいなさい。　教科書 p.129

解答
　AB = AC　…仮定（二等辺三角形の定義）
$\angle$BAD = $\angle$CAD…ADは$\angle$Aの二等分線である。
　ADは共通　…ADは共通な辺である。
$\triangle$ABD $\equiv$ $\triangle$ACD…2組の辺とその間の角がそれぞれ等しい2つの三角形は合同である。
　$\angle$B = $\angle$C　…合同な図形の対応する角は等しい。

ポイント

二等辺三角形の底角
　定理　二等辺三角形の底角は等しい。

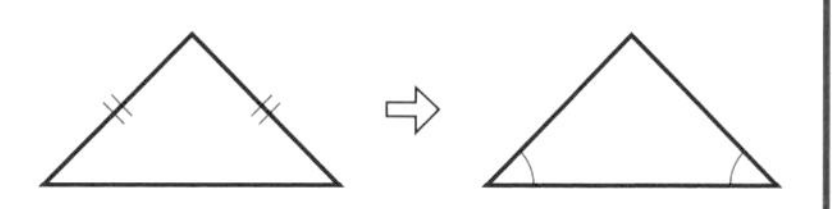

問 2　下のそれぞれの図で，同じ印をつけた辺は等しいとして，$\angle x$の大きさを求めなさい。　教科書 p.130

➔ 教科書 p.219 54
（ガイドp.246）

(1)
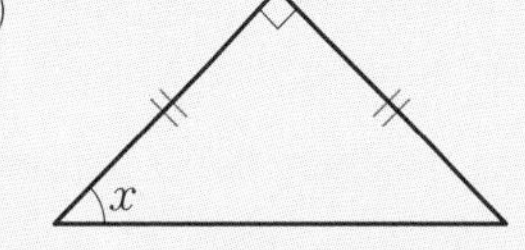

(2)
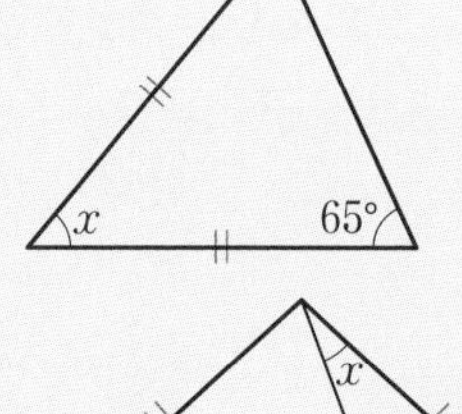

(3)　145°　x

(4)　x　42°

考え方　図にまどわされないで，どの角が底角（等しい2つの角）になっているか注意しよう。
　(4)　解答の図で，$\triangle$ABD，$\triangle$ABCが二等辺三角形になっています。

解答
(1)　$\angle x = (180° - 90°) \div 2 = 45°$
(2)　$\angle x = 180° - 65° \times 2 = 50°$
(3)　$180° - 145° = 35°$
　　$\angle x = 180° - 35° \times 2 = 110°$
(4)　右の図で，$\angle \mathrm{BAC} = (180° - 42°) \div 2 = 69°$
　　また，$\angle \mathrm{BAD} = 180° - 42° \times 2 = 96°$
　　　$\angle x = \angle \mathrm{CAD} = \angle \mathrm{BAD} - \angle \mathrm{BAC}$
　　　　$= 96° - 69° = 27°$

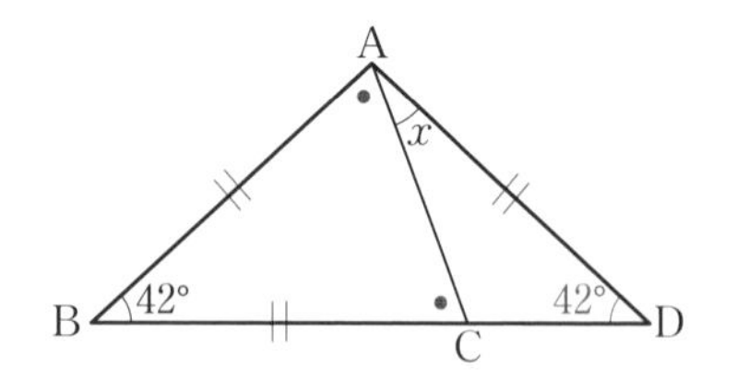

ことばの意味

● **鋭角，鈍角**
0°より大きく90°より小さい角を**鋭角**（えいかく），90°より大きく180°より小さい角を**鈍角**（どんかく）という。

問 3 二等辺三角形の底角は，かならず鋭角であるといってよいですか。 教科書 p.130

考え方 二等辺三角形の頂角を$\angle a$として，底角を$\angle a$を使って表します。

解答 二等辺三角形の頂角を$\angle a$とすると，底角は

$$(180^\circ - \angle a) \div 2 = 90^\circ - \frac{1}{2}\angle a$$

$\angle a$の大きさは0°より大きく180°より小さいから，$\frac{1}{2}\angle a$は0°より大きく90°より小さい。

したがって，$90^\circ - \frac{1}{2}\angle a$は$90^\circ$より小さい。

したがって，二等辺三角形の底角はかならず鋭角であるといってよい。

レベルアップ 次のように示すこともできる。

底角が90°以上であったとすると，三角形の内角の和は180°をこえてしまう。このことは，三角形の内角の和が180°であることに反する。したがって，底角が90°以上であることはない。

したがって，底角は90°未満，すなわち鋭角でなければならない。

Q 教科書129ページでの証明から，二等辺三角形ABCの頂角$\angle$Aの二等分線をひき，BCとの交点をDとすると，$\triangle ABD \equiv \triangle ACD$であることがわかりました。
このことから，$\angle B = \angle C$のほかに，どんなことがわかるでしょうか。 教科書 p.131

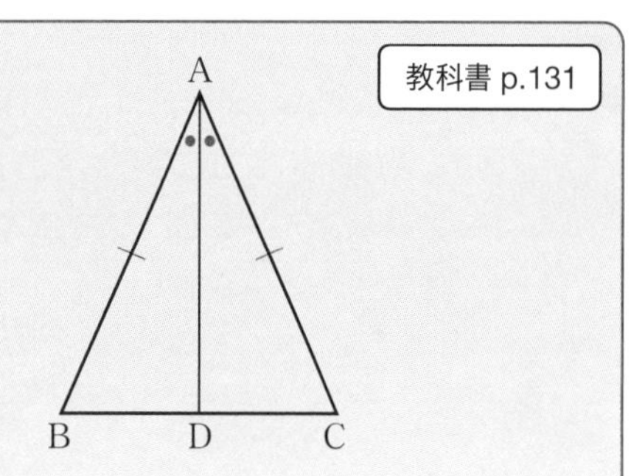

考え方 合同な図形では，対応する辺や角が等しくなります。
$\triangle$ABDと$\triangle$ACDの対応する辺や角を考えよう。

解答
- BD = CD
  （二等辺三角形の頂角の二等分線は，底辺を2等分する，底辺の中点を通る）
- $\angle ADB = \angle ADC$で，$\angle ADB + \angle ADC = 180^\circ$だから
  $\angle ADB = \angle ADC = 90^\circ$ （$AD \perp BC$）
  （二等辺三角形の頂角の二等分線は，底辺と垂直に交わる）

問4

次の□にあてはまる角を書き入れて，Ⓠで AD ⊥ BC となることの証明を完成させなさい。 教科書 p.131

△ABD ≡ △ACD より，対応する角は等しいから

∠ADB ＝ □ …①

また ∠ADB ＋ □ ＝ 180° …②

①，②から 2∠ADB ＝ 180°

したがって ∠ADB ＝ □

すなわち AD ⊥ BC

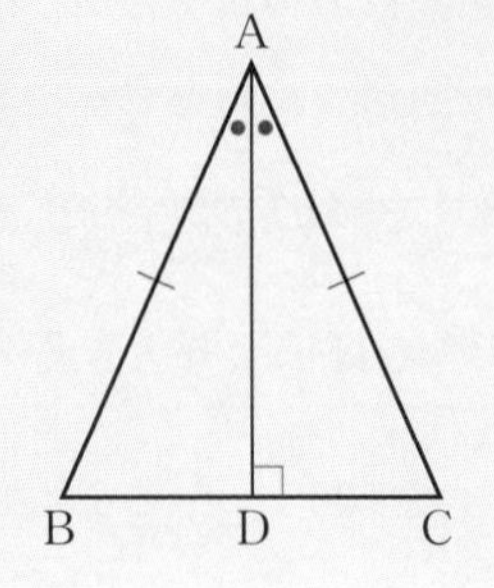

解答 (順に) ∠ADC，∠ADC，90°

ポイント

二等辺三角形の頂角の二等分線

定理　二等辺三角形の頂角の二等分線は，底辺を垂直に2等分する。

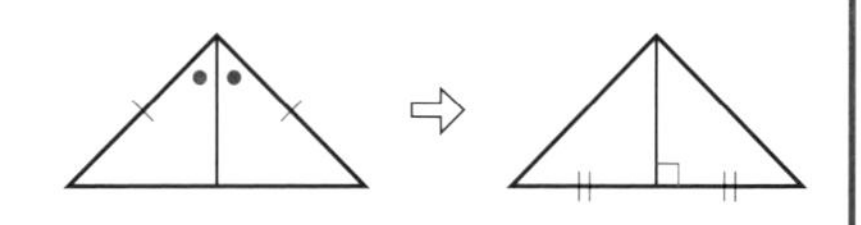

問5

右の図で，CA ＝ CB，DA ＝ DB とします。 教科書 p.132

(1) ∠ACD ＝ ∠BCD であることを証明しなさい。

(2) (1)の結果から，CD が線分 AB の垂直二等分線であることを証明しなさい。

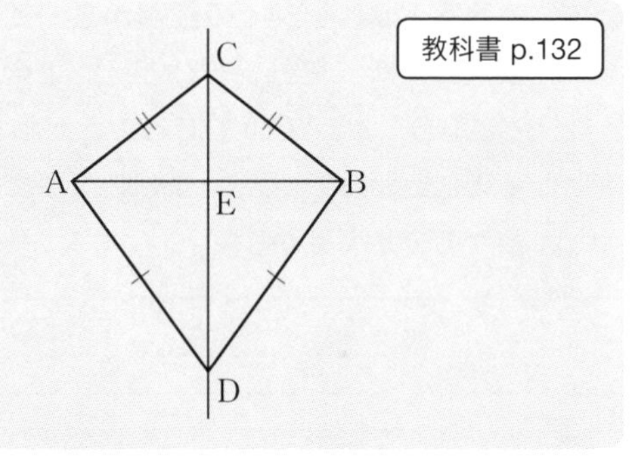

考え方 (1) ∠ACD と ∠BCD をそれぞれふくむ2つの三角形の合同を考えよう。

(2) (1)の結果より，二等辺三角形CABで，CDは二等辺三角形の頂角の二等分線になっています。

証明 (1) △ACD と △BCD において

仮定から　CA ＝ CB …①

DA ＝ DB …②

また　CD は共通 …③

①，②，③より，3組の辺がそれぞれ等しいから

△ACD ≡ △BCD

合同な図形の対応する角は等しいから

∠ACD ＝ ∠BCD

(2)　△CABはCA＝CBの二等辺三角形である。
また，(1)より，CDは二等辺三角形の頂角∠ACBの二等分線である。
二等辺三角形の頂角の二等分線は，底辺を垂直に2等分するから，
CDは線分ABの垂直二等分線である。

ことばの意味

●正三角形の定義　　正三角形とは，3つの辺が等しい三角形のことである。

問6　次の□にあてはまる角を書き入れて，証明を完成させなさい。　教科書 p.132

△ABCは，AB＝ACである二等辺三角形と
考えられるから　∠B＝□　……①
また，△ABCは，BA＝BCである二等辺三角形とも
考えられるから　∠A＝□　……②
①，②から　　∠A＝∠B＝∠C

解答　(順に) ∠C，∠C

根拠にしていることがら
①，②…二等辺三角形の底角は等しい。

ポイント

正三角形　　定理　正三角形の3つの角は等しい。

2　二等辺三角形になるための条件

Q　紙テープを下の図のように折ったとき，重なった部分の△ABCは，どんな三角形になっているでしょうか。　教科書 p.133

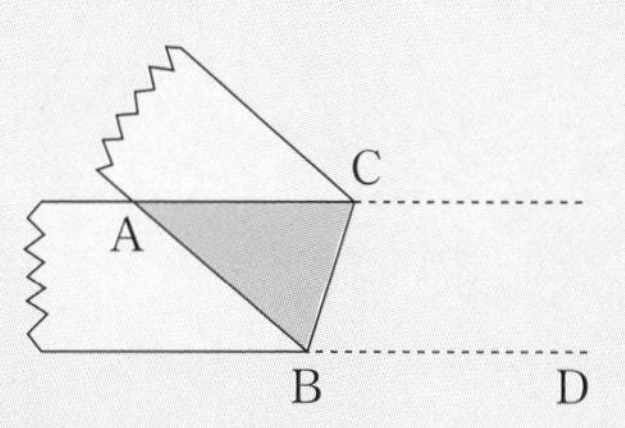

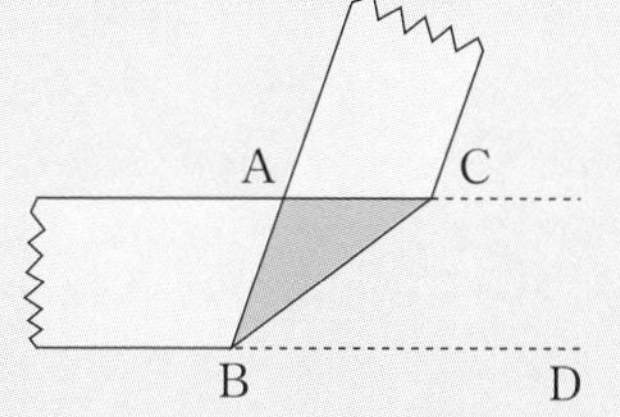

❶ 上の図の△ABCで，∠ABC＝∠ACBとなるわけをいってみましょう。

考え方　紙テープを平行線とみて，AC∥BDと考えます。折った角は，折る前の角と等しいから，∠ABC＝∠DBCとなります。

解答 $\angle ABC = \angle ACB$である三角形となっている。

❶ AC∥BDより，平行線の錯角は等しいから

$$\angle ACB = \angle DBC \quad \cdots①$$

折った角と折る前の角は等しいから

$$\angle ABC = \angle DBC \quad \cdots②$$

①，②より　$\angle ABC = \angle ACB$

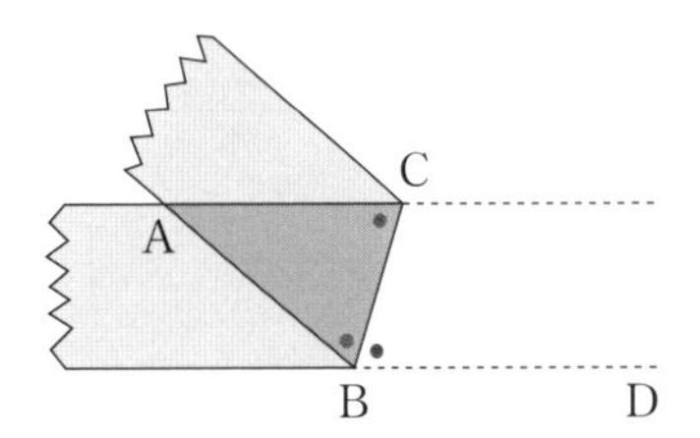

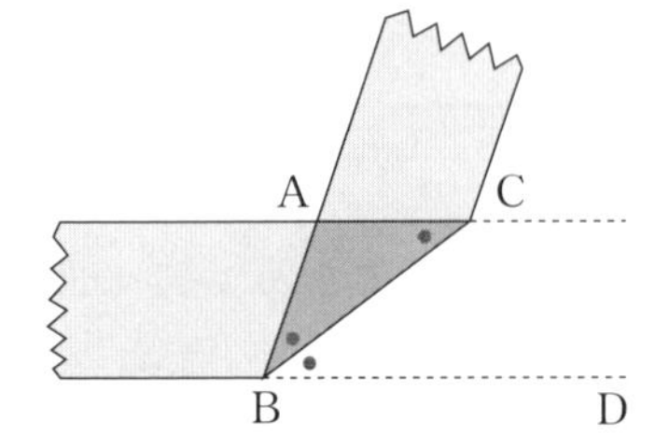

ポイント

二等辺三角形になるための条件

定理　三角形の2つの角が等しければ，その三角形は，等しい2つの角を底角とする二等辺三角形である。

問 1

二等辺三角形ABCで，底角∠B，∠Cのそれぞれの二等分線をひき，その交点をPとします。このとき，△PBCは二等辺三角形になることを証明しなさい。　教科書 p.134

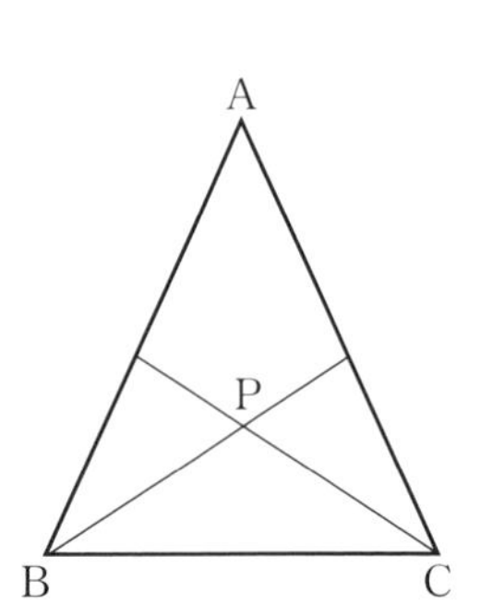

考え方 △PBCが二等辺三角形であることを証明するには，$\angle PBC = \angle PCB$を示せばよい。

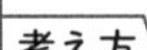

証明 二等辺三角形の底角は等しいから

$$\angle ABC = \angle ACB \quad \cdots①$$

仮定より

$$\angle PBC = \frac{1}{2}\angle ABC \quad \cdots②$$

$$\angle PCB = \frac{1}{2}\angle ACB \quad \cdots③$$

①，②，③より

$$\angle PBC = \angle PCB$$

2つの角が等しいから，△PBCは二等辺三角形である。

問 2

3つの角が等しい三角形は正三角形です。このことを証明しなさい。　教科書 p.134

考え方 正三角形であることを示すには，3つの辺が等しいことを示せばよい。このとき，三角形の2つの角が等しければ，その三角形は二等辺三角形であることを2回使います。

証明　三角形の3つの頂点をA，B，Cとし，$\angle A = \angle B = \angle C$であるとする。

$\angle A = \angle B$であるから

△CABは$\angle A$と$\angle B$を底角とする二等辺三角形となり

$CA = CB$　…①

また，$\angle B = \angle C$であるから

△ABCは$\angle B$と$\angle C$を底角とする二等辺三角形となり

$AB = AC$　…②

①，②より　$AB = BC = CA$

したがって，3つの辺が等しいから，△ABCは正三角形である。

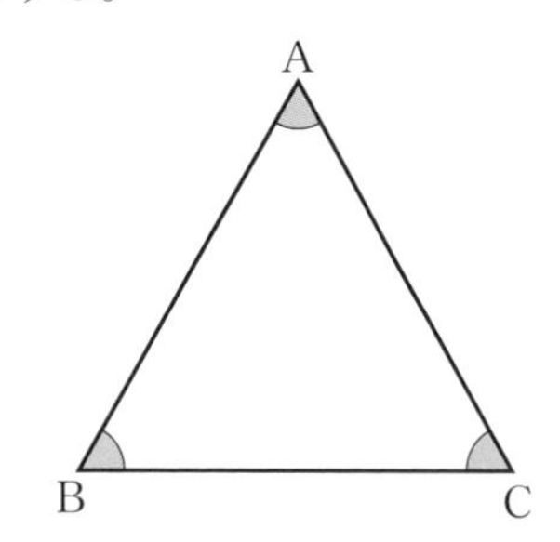

ことばの意味

●**逆**　あることがらの仮定と結論を入れかえたものを，そのことがらの逆(ぎゃく)という。

問3

次の(1)～(3)について，それぞれの逆をいいなさい。
また，それが正しいかどうかもいいなさい。

(1)　右の図で，$\ell /\!/ m$　ならば　$\angle a = \angle b$

(2)　2つの三角形が合同ならば，その2つの三角形は面積が等しい。

(3)　$x \geqq 5$　ならば　$x > 3$

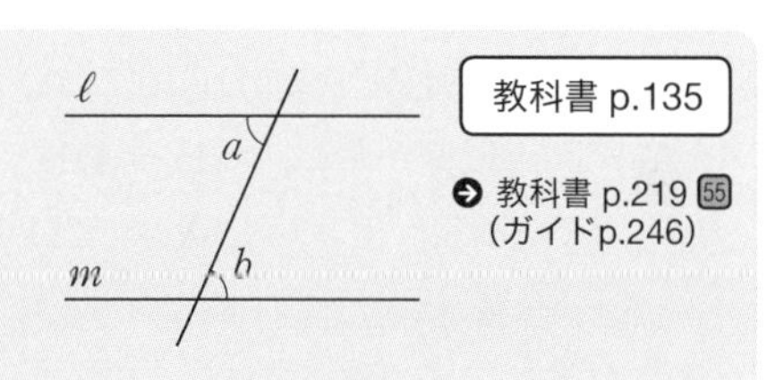

教科書 p.135
➔ 教科書 p.219 55
（ガイドp.246）

考え方　正しいことの逆はいつでも正しいとはかぎりません。

解答

(1)　$\angle a = \angle b$　ならば　$\ell /\!/ m$　逆は正しい。

(2)　2つの三角形の面積が等しい　ならば　その2つの三角形は合同である。
逆は正しくない。

(3)　$x > 3$　ならば　$x \geqq 5$
逆は正しくない。

レベルアップ　正しくない場合は，成り立たない例を考えてみよう。

(2)　右のような2つの三角形は，面積は等しいが合同ではないから，逆は正しくない。

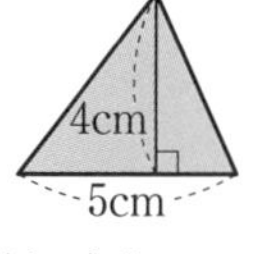

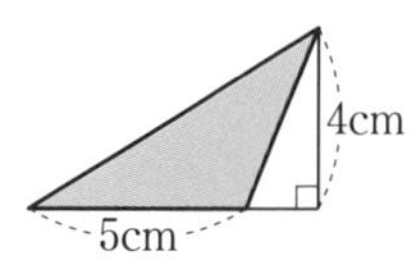

(3)　$x = 4$は$x > 3$だが$x \geqq 5$ではないから，逆は正しくない。

ことばの意味

●**反例**

あることがらが成り立たない例を**反例**という。あることがらが正しくないことを示すには，反例を1つあげればよい。

3 直角三角形の合同

Q △ABCと△DEFにおいて

$$\begin{cases}\angle C = \angle F = 90^\circ \\ AB = DE \\ \angle A = \angle D\end{cases}$$

ならば，△ABC ≡ △DEFであるといえるでしょうか。

教科書 p.136

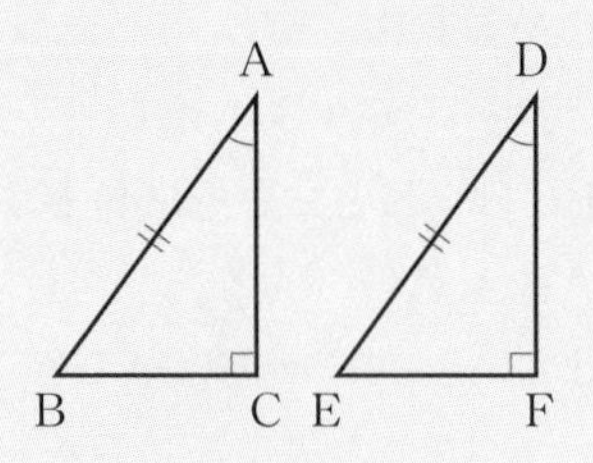

考え方 ∠B = ∠Eを示せば，△ABC ≡ △DEFとなります。どんな三角形でも，三角形の内角の和は180°だから，2つの角がそれぞれ等しければ，残りのもう1つの角も等しくなります。

解答 △ABC ≡ △DEFであるといえる。

このことは，次のようにして証明することができる。

△ABCと△DEFにおいて

仮定から　　AB = DE　…①

∠A = ∠D　…②

また

∠B = 180° −(∠A + ∠C)

∠E = 180° −(∠D + ∠F)

∠A = ∠D，∠C = ∠Fであるから

∠B = ∠E　…③

①，②，③より，1組の辺とその両端の角がそれぞれ等しいから

△ABC ≡ △DEF

ことばの意味

● **斜辺**

直角三角形の直角に対する辺

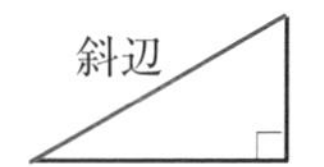

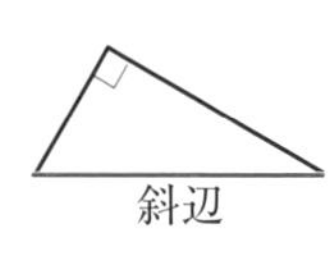

図で，斜めになっている辺が斜辺とはかぎらないね。

問 1

右の図の△ABEで，∠B＝∠Eとなるわけをいいなさい。
また，このことを使って，△ABC≡△DEFを証明しなさい。

教科書 p.136

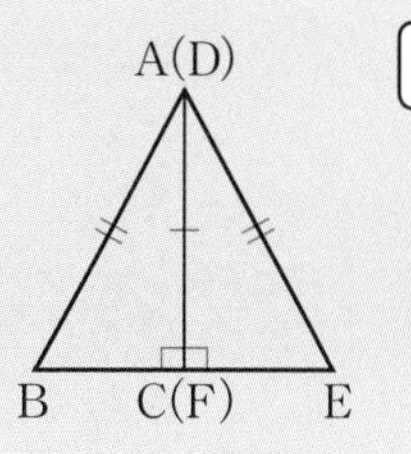

考え方 合同を証明をするとき，直角三角形で，斜辺と1つの鋭角がそれぞれ等しいとき合同であることを使います。

証明 **∠B＝∠Eとなるわけ**

△ABEはAB＝AEの二等辺三角形で，二等辺三角形の底角は等しいから
∠B＝∠E

証明

△ABEにおいて，AB＝AEであるから，△ABEは二等辺三角形である。
二等辺三角形の底角は等しいから
∠B＝∠E …①
△ABCと△DEFにおいて
仮定から ∠ACB＝∠DFE＝90° …②
AB＝DE …③
①，②，③より，直角三角形で，斜辺と1つの鋭角がそれぞれ等しいから
△ABC≡△DEF

ポイント

直角三角形の合同条件

定理 2つの直角三角形は，次のどちらかが成り立つとき合同である。
1 斜辺と1つの鋭角がそれぞれ等しい。
2 斜辺と他の1辺がそれぞれ等しい。

問 2

下の図で，合同な三角形はどれとどれですか。記号≡を使って表しなさい。
また，そのときに使った合同条件をいいなさい。

教科書 p.137

➔ 教科書 p.219 56
(ガイドp.246)

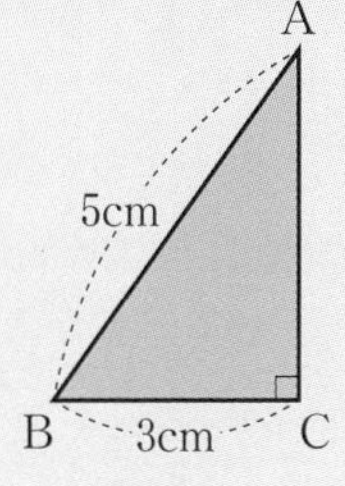

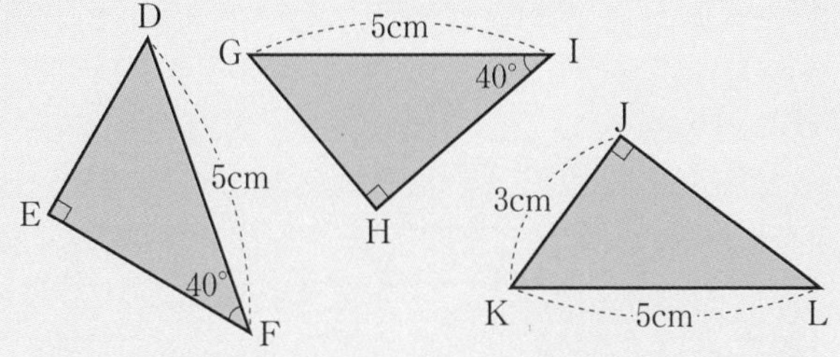

解答 △ABC≡△LKJ 合同条件…直角三角形で，斜辺と他の1辺がそれぞれ等しい。
△DEF≡△GHI 合同条件…直角三角形で，斜辺と1つの鋭角がそれぞれ等しい。

問 3

右の図のように，△ABCの∠Bと∠Cの二等分線の交点をIとし，Iから3つの辺に垂線をひいて，AB，BC，CAとの交点をそれぞれD，E，Fとします。

教科書 p.138

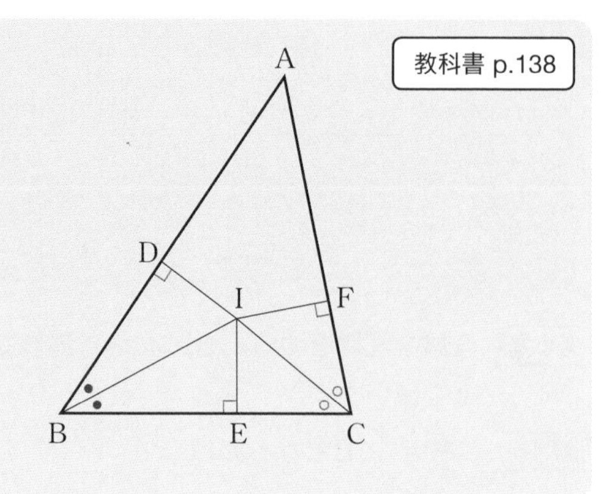

(1) ID＝IE＝IFであることを証明しなさい。

(2) 半直線AIは∠BACを2等分することを証明しなさい。

(3) 右の図に，Iを中心として，IEを半径とする円をかき入れなさい。

考え方 (1) △IBD≡△IBE, △ICE≡△ICFを示せば, ID＝IE＝IFであることが証明できます。

(2) ∠BACを2等分することは, ∠DAI＝∠FAIを示せばよい。△ADI≡△AFIを示せば, ∠DAI＝∠FAIを証明することができます。

(3) ID＝IE＝IFだから，D，FはIを中心に，IEを半径とする円の周上にあり，AB，BC，CAは円の接線となります。

解答 (1) △IBDと△IBEにおいて

仮定から　∠IDB＝∠IEB＝90°　…①

∠IBD＝∠IBE　…②

また　IBは共通　…③

①，②，③より，直角三角形で，斜辺と1つの鋭角がそれぞれ等しいから

△IBD≡△IBE

合同な図形で対応する辺は等しいから

ID＝IE　…④

△IECと△IFCにおいて

仮定から　∠IEC＝∠IFC＝90°　…⑤

∠ICE＝∠ICF　…⑥

また　ICは共通　…⑦

⑤，⑥，⑦より，直角三角形で，斜辺と1つの鋭角がそれぞれ等しいから

△IEC≡△IFC

合同な図形の対応する辺は等しいから

IE＝IF　…⑧

④，⑧より

ID＝IE＝IF

(2) 点Aと点Iを結ぶ。

△ADIと△AFIにおいて

仮定から　$\angle ADI = \angle AFI = 90°$　…①

(1)の結果より　$ID = IF$　…②

また　AIは共通　…③

①，②，③より，直角三角形で，斜辺と他の1辺がそれぞれ等しいから

　$\triangle ADI \equiv \triangle AFI$

合同な図形で対応する角は等しいから

　$\angle DAI = \angle FAI$

したがって，半直線AIは∠BACを2等分する。

(3) 右の図

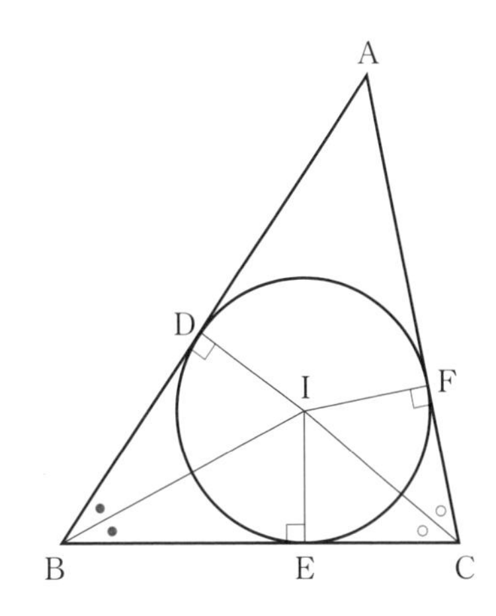

レベルアップ (3)でかいた円は，半径と三角形の辺がそれぞれ垂直だから，三角形の3つの辺に接している。このような円を三角形の内接円という。三角形の3つの内角の二等分線は1点で交わり，交点は内接円の中心となる。
(高校でくわしく勉強します。)

基本の問題

教科書 ➔ p.138

1 下のそれぞれの図で，同じ印をつけた辺は等しいとして，∠xの大きさを求めなさい。

(1)

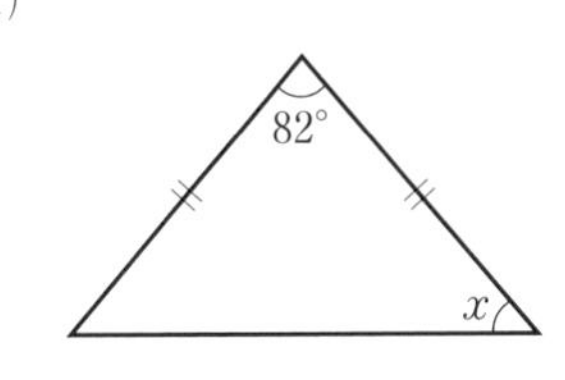

(2)

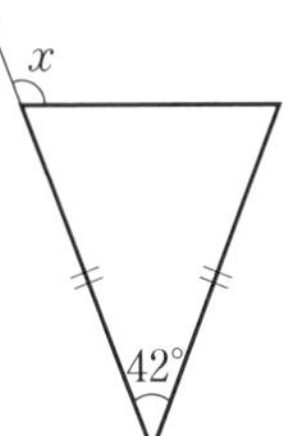

(3)

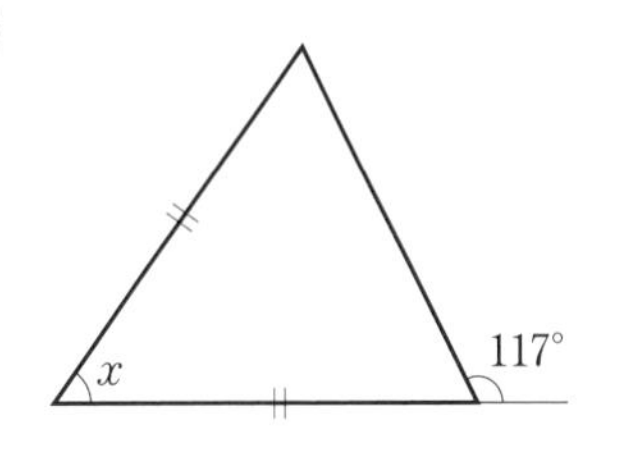

考え方 二等辺三角形の底角は等しいことを使います。

解答 (1) $\angle x = (180° - 82°) \div 2 = 49°$　　答 $\angle x = 49°$

(2) 二等辺三角形の底角は　$(180° - 42°) \div 2 = 69°$

したがって　$\angle x = 180° - 69° = 111°$　　答 $\angle x = 111°$

(3) 二等辺三角形の底角は　$180° - 117° = 63°$

したがって　$\angle x = 180° - 63° \times 2 = 54°$　　答 $\angle x = 54°$

2　次のことがらの逆をいいなさい。
「△ABCと△DEFで，△ABC ≡ △DEF　ならば　AB = DE」
また，それが正しいかどうかもいいなさい。

解答　逆は，「△ABCと△DEFで，AB = DE　ならば　△ABC ≡ △DEF」で，これは正しくない。

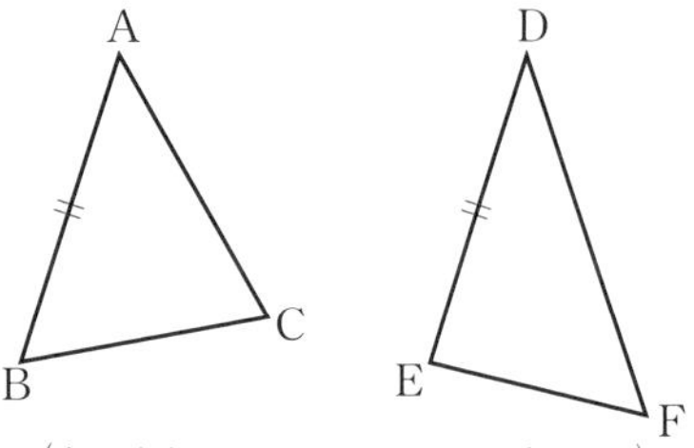

（上の図で，AB = DEであるが △ABC ≡ △DEFではない。）

レベルアップ　正しくないことをいうには，反例を1つあげればよい。この場合では，右の図のような反例がある。

3　右の図で
BE = CD，∠BEC = ∠CDB = 90°
のとき，次の問に答えなさい。
(1)　△BCE ≡ △CBDを証明するときに使う合同条件をいいなさい。
(2)　AB = ACを証明するには，△BCE ≡ △CBDから何を示せばよいですか。

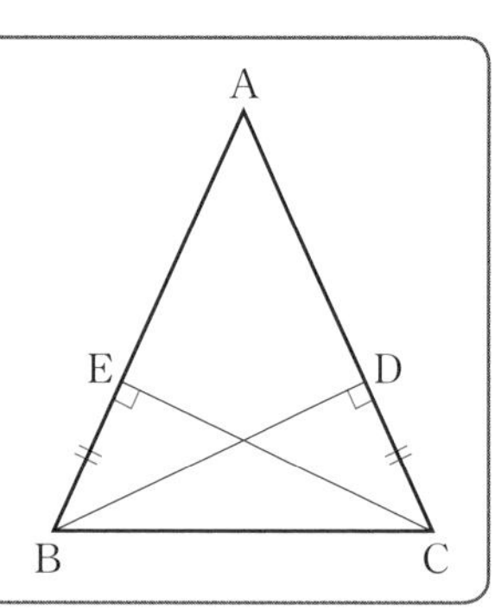

考え方
(1)　△BCE ≡ △CBDをいうには，仮定のほかに，BCが共通であることを使います。
(2)　AB = ACをいうには，△ABCが二等辺三角形であることを示せばよい。そのためには，何を示せばよいか考えよう。

解答
(1)　直角三角形で，斜辺と他の1辺がそれぞれ等しい。
(2)　∠EBC = ∠DCB
（合同な図形で対応する角は等しい。）

2節 平行四辺形

下の図（省略）のように，テープが重なった部分は，どんな図形になるでしょうか。

教科書 p.139

考え方 テープの幅(はば)を一定とみなすと，テープの上下の線は平行になっています。

解答 向かい合った2組の辺が平行だから，テープが重なった部分は平行四辺形となる。
ゆうなさん…同じ幅のテープを重ねたときは，ひし形になる。

1 平行四辺形の性質

ことばの意味

- **対辺，対角**　四角形の向かい合う辺を**対辺**(たいへん)，向かい合う角を**対角**(たいかく)という。
- **平行四辺形の定義**　平行四辺形とは，2組の対辺がそれぞれ平行な四角形のことである。
- **平行四辺形の表記**　平行四辺形ABCDを▱ABCDと書くことがある。

右の▱ABCDで，対角線の交点をOとして，等しい線分や角の組をいってみましょう。

教科書 p.140

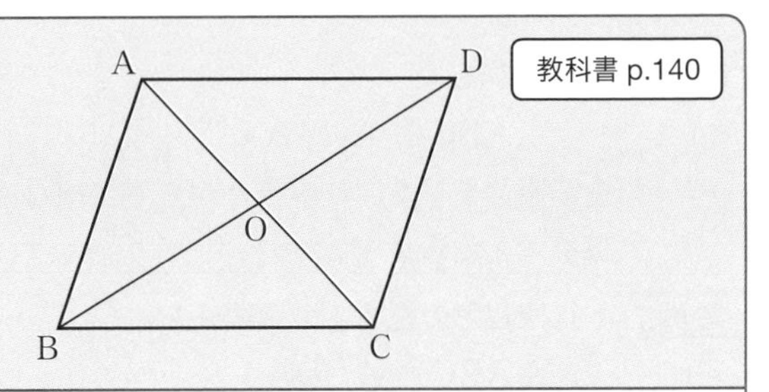

考え方 平行四辺形は，対角線の交点を回転の中心として180°だけ回転移動させると，もとの平行四辺形に重なり合う，点対称な図形であるといえます。このことから，等しい線分や角の組を見つけよう。

解答 等しい線分　…　ABとCD，ADとCB，OAとOC，OBとOD
等しい角　…　∠DABと∠BCD，∠ABCと∠CDA，
∠DACと∠BCA，∠CABと∠ACD，
∠ABDと∠CDB，∠DBCと∠BDA，（平行線の錯角は等しい。）
∠AOBと∠COD，∠AODと∠COB　← 対頂角は等しい。

ポイント

平行四辺形の性質

定理　1　平行四辺形では，2組の対辺はそれぞれ等しい。
　　　2　平行四辺形では，2組の対角はそれぞれ等しい。
　　　3　平行四辺形では，対角線はそれぞれの中点で交わる。

問1

教科書 p.140

四角形ABCDが平行四辺形であるという仮定は

　　AB∥DC，AD∥BC

と表されます。上の1，2の結論を，それぞれ式で表しなさい。

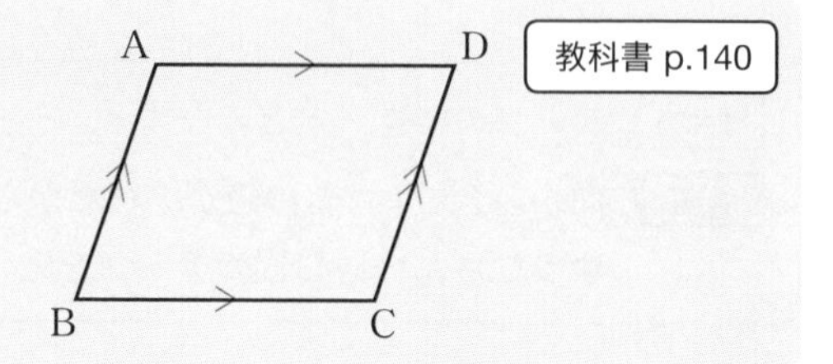

考え方 1の結論は　2組の対辺はそれぞれ等しい。
2の結論は　2組の対角はそれぞれ等しい。
です。このことがらを式で表そう。

解答 1　**AB＝DC，AD＝BC**
2　**∠A＝∠C**（∠DAB＝∠BCD），
　∠B＝∠D（∠ABC＝∠CDA）

問2

教科書 p.141

平行四辺形の性質2
　「平行四辺形では，2組の対角はそれぞれ等しい。」
を証明しなさい。

考え方 教科書141ページで
　△ABC≡△CDA
を証明しました。このことから，合同な図形の対応する角の関係を考えてみよう。

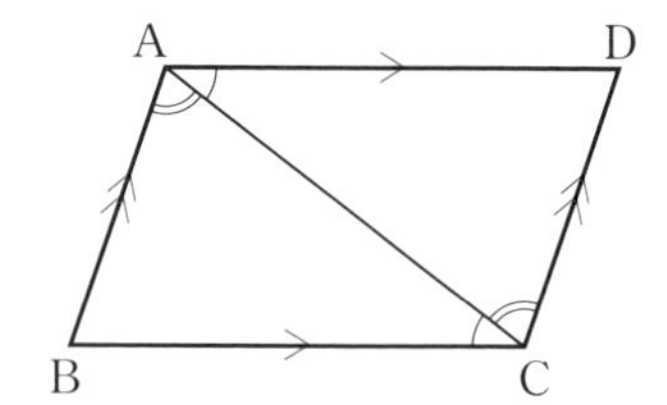

証明 平行四辺形の性質1の証明から
　△ABC≡△CDA
合同な図形の対応する角は等しいから
　∠ABC＝∠CDA　…①
　∠BAC＝∠DCA　…②
　∠ACB＝∠CAD　…③
∠BAD＝∠BAC＋∠CAD，∠DCB＝∠DCA＋∠ACBであるから
②，③より
　∠BAD＝∠DCB　…④
①，④より，平行四辺形では，2組の対角はそれぞれ等しい。

問 3

▱ABCDで，対角線の交点をOとして，
平行四辺形の性質[3]
「平行四辺形では，対角線はそれぞれの中点で交わる。」
を証明しなさい。

教科書 p.141

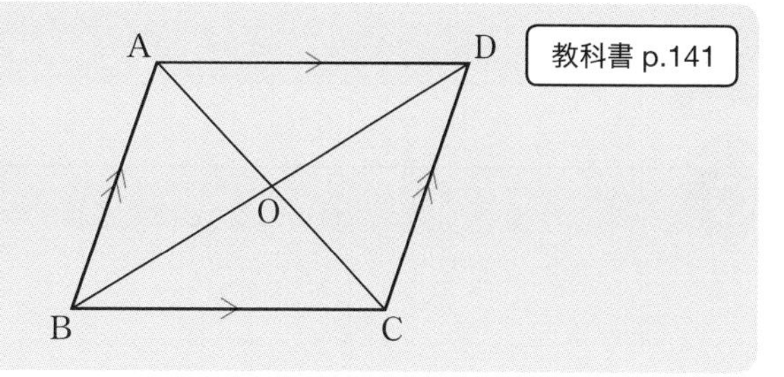

考え方　仮定　AB∥DC，AD∥BC　から　結論　OA＝OC，OB＝OD
を導けばよい。このとき，平行四辺形の性質[1]を用いることができます。

証明　△ABOと△CDOにおいて
平行四辺形の対辺はそれぞれ等しいから
AB＝CD　…①
AB∥DCより，平行線の錯角は等しいから
∠ABO＝∠CDO　…②
∠BAO＝∠DCO　…③

①，②，③より，1組の辺とその両端の角がそれぞれ等しいから
△ABO≡△CDO
合同な図形の対応する辺は等しいから
OA＝OC，OB＝OD
したがって，平行四辺形では，対角線はそれぞれの中点で交わる。

問 4

▱ABCDの対角線BD上に，BE＝DFとなるように2点E，Fをとると，AE＝CFとなります。

(1) 図をかきなさい。

(2) このことを証明しなさい。

教科書 p.142

考え方　(2)　AEとCFをそれぞれ辺にもつ△ABEと△CDFの合同を示せばよい。

解答　(1)　右の図

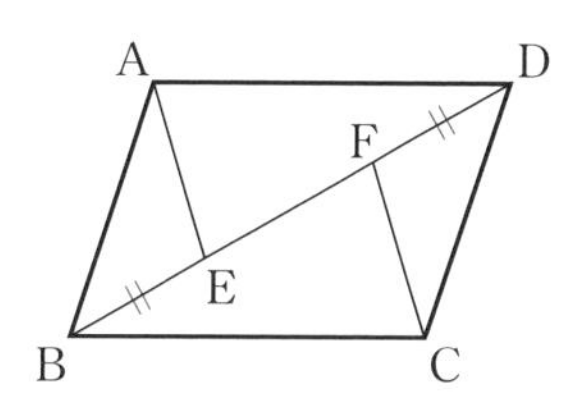

(2)　△ABEと△CDFにおいて
仮定から
BE＝DF　…①
平行四辺形の対辺はそれぞれ等しいから
AB＝CD　…②
AB∥DCより，平行線の錯角は等しいから
∠ABE＝∠CDF　…③
①，②，③より，2組の辺とその間の角がそれぞれ等しいから
△ABE≡△CDF
合同な図形の対応する辺は等しいから
AE＝CF

5章　三角形と四角形

2　平行四辺形になるための条件

下のような乗り物(省略)では，人が乗る面はいつも水平になるように動きます。そのわけを考えてみましょう。

教科書 p.143～144

❶ 写真の乗り物の動きを，図に表してみましょう。

❷ ❶でかいた図に記号をつけ，乗り物の特徴(とくちょう)から，等しいと考えられる辺の組を見つけ，式で表してみましょう。

❸ 人の乗る面がいつも水平になるためには，何がいえればよいでしょうか。式で表してみましょう。

❹ 次の1，2の順序で，教科書144ページのことがらを証明してみましょう。

1　点BとDを結び，△ABD ≡ △CDBを証明する。

2　1の結果から∠ADB = ∠CBDを示し，AD∥BCを証明する。

❺ ❹の証明で示したことがらを使って，AB∥DCとなることを証明してみましょう。

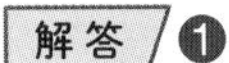
❶

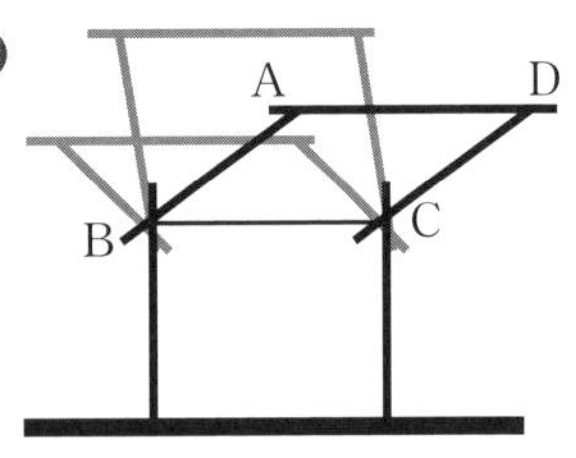

❷ AB = DC，AD = BC

❸ AD∥BC

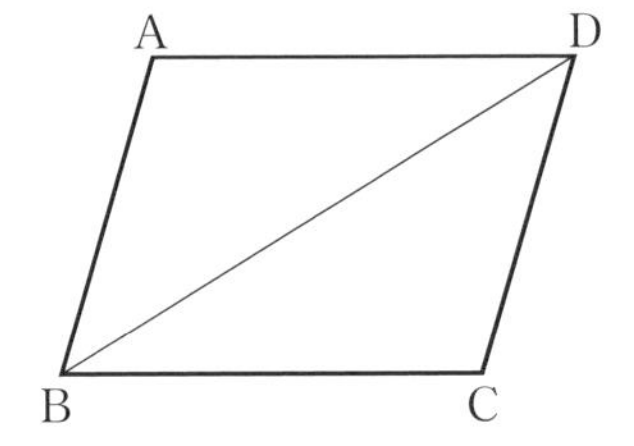

❹ 1　△ABDと△CDBにおいて

仮定から

AB = CD　…①

AD = CB　…②

BDは共通　…③

①，②，③より，3組の辺がそれぞれ等しいから

△ABD ≡ △CDB

2　1より，合同な図形の対応する角は等しいから

∠ADB = ∠CBD

錯角が等しいから

AD∥BC

❺ ❹の証明より，△ABD ≡ △CDBであるから

∠ABD = ∠CDB

錯角が等しいから

AB∥DC

問 1

平行四辺形の性質③の逆
「対角線がそれぞれの中点で交わる四角形は，平行四辺形である。」
を証明しなさい。

教科書 p.145

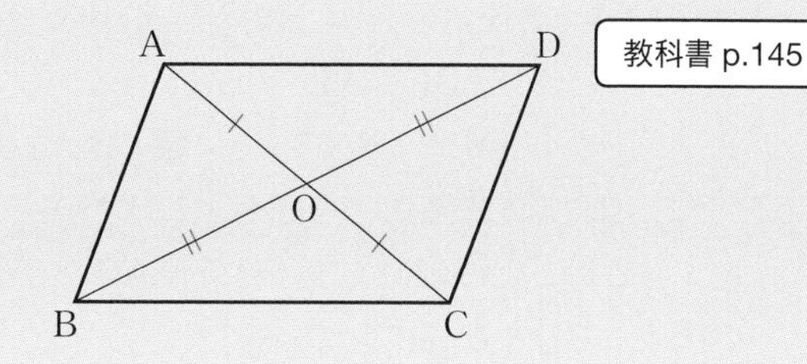

考え方　仮定…OA＝OC，OB＝OD
から
結論…AB∥DC，AD∥BC
を導きます。

証明　△OABと△OCDにおいて
仮定から
OA＝OC　…①
OB＝OD　…②
対頂角は等しいから
∠AOB＝∠COD　…③
①，②，③より，2組の辺とその間の角がそれぞれ等しいから
△OAB≡△OCD
合同な図形の対応する角は等しいから
∠OAB＝∠OCD
錯角が等しいから
AB∥DC　…④
△OADと△OCBにおいて，同様にして
AD∥BC　…⑤
④，⑤より，2組の対辺がそれぞれ平行であるから，四角形ABCDは平行四辺形である。

次の手順で四角形ABCDをかいてみましょう。その四角形は平行四辺形になるといえるでしょうか。

教科書 p.146

1　ノートの罫線(けいせん)上に，3cmの線分ADをひく。
2　1とは異なる罫線上に，3cmの線分BCをひく。
3　線分AB，DCをひく。

❶ 上の手順でかいた四角形ABCDは，平行四辺形になります。
このことを証明してみましょう。

5章

考え方 ❶ Ⓠでの四角形ABCDのかき方から，仮定は

AD∥BC，AD＝BC

となります。したがって，❶では，1組の対辺が平行でその長さが等しい四角形は平行四辺形となることを証明すればよい。

このことの証明では，対角線ACをひき，△ABC≡△CDAをいえばよい。（ACでなくBDをひいてもよい。）

解答 右の図

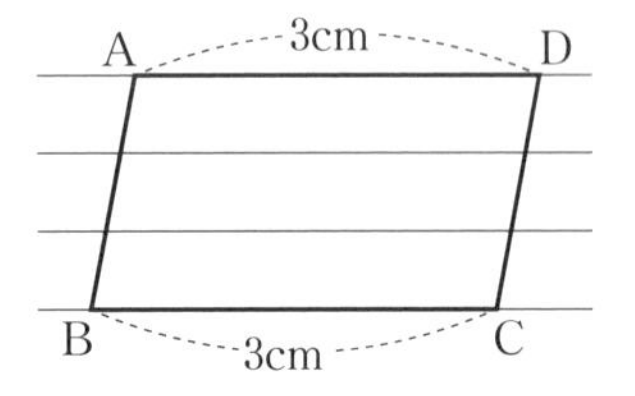

平行四辺形になることが予想される。

❶ 対角線ACをひく。

△ABCと△CDAにおいて

仮定から　BC＝DA　…①

平行線の錯角は等しいから

∠ACB＝∠CAD　…②

また　ACは共通　…③

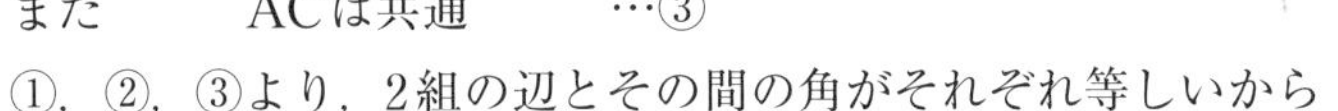

①，②，③より，2組の辺とその間の角がそれぞれ等しいから

△ABC≡△CDA

合同な図形の対応する角は等しいから

∠BAC＝∠DCA

錯角が等しいから

AB∥DC　…④

仮定から

AD∥BC　…⑤

④，⑤より，2組の対辺がそれぞれ平行であるから，四角形ABCDは平行四辺形である。

ポイント

平行四辺形になるための条件

定理　四角形は，次のどれかが成り立てば，平行四辺形である。

1　2組の対辺がそれぞれ平行である。　……定義

2　2組の対辺がそれぞれ等しい。

3　2組の対角がそれぞれ等しい。

4　対角線がそれぞれの中点で交わる。

5　1組の対辺が平行でその長さが等しい。

問2 次の四角形ABCDで，いつでも平行四辺形になるものはどれですか。

教科書 p.146

㋐　BA＝AD，BC＝CD　　　㋑　AB＝DC，AD∥BC

㋒　∠A＝∠C，∠B＝∠D

➔ 教科書 p.219 57
（ガイドp.246）

考え方 それぞれ，平行四辺形になるための条件にあてはまるかどうか調べよう。

解答 ㋒（2組の対角がそれぞれ等しい。）

レベルアップ ㋐と㋑は，下の図のように，平行四辺形とならない例がある。

㋐BA＝AD，BC＝CD　　　㋑AB＝DC，AD∥BC

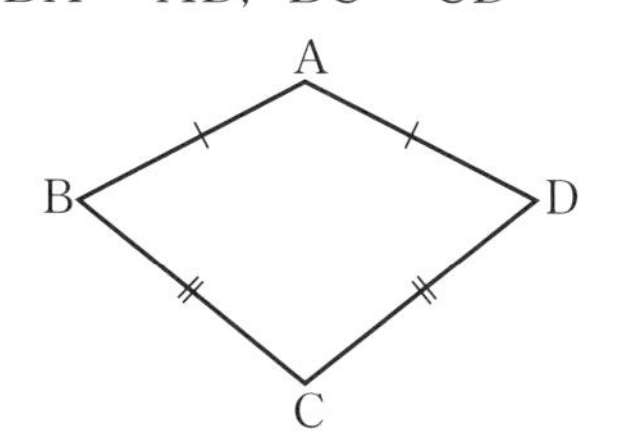

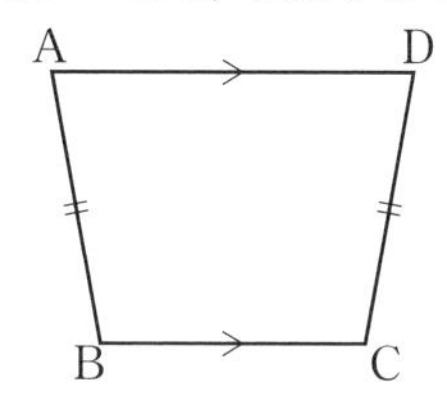

問3 ▱ABCDの対角線BDを延長した直線上にBE＝DFとなるように2点E，Fをとると，四角形AECFは平行四辺形になります。
このことを証明しなさい。

教科書 p.147

考え方 対角線ACをひいて，例2と同じように考えてみよう。

証明 ▱ABCDの対角線の交点をOとする。
平行四辺形の対角線は，それぞれの中点で交わるから

OA＝OC　…①

OB＝OD　…②

仮定から

BE＝DF　…③

②，③から

OB＋BE＝OD＋DF

OE＝OF　…④

①，④より，対角線がそれぞれの中点で交わるから，四角形AECFは平行四辺形である。

・対角線BDやその延長上に，同じ長さだけ短くしたり，長くしたりして点E，Fをとっている。

・対角線の交点Oを点対称の中心として，対角線上（またはその延長上）の点対称な位置に2点をとっている。

はるかさん…対角線ACやそれを延長した直線上に2点をとっても，できる四角形はどちらも平行四辺形になる。
また，どちらも同じようにして証明することができる。

問4

▱ABCDの辺BC，AD上にBE＝DFとなるように2点E，Fをとると，四角形AECFは平行四辺形になります。このことを証明しなさい。

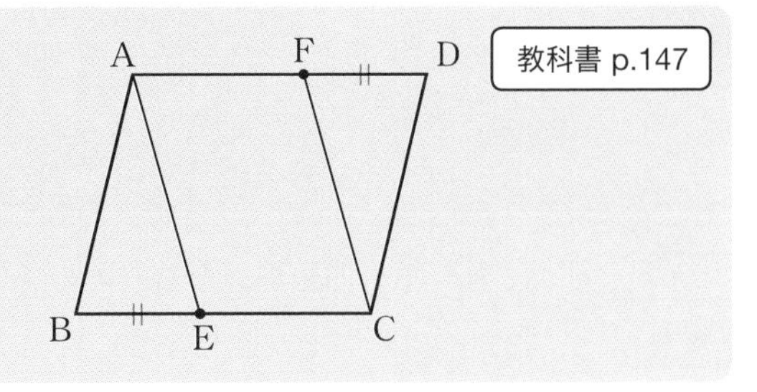

教科書 p.147

考え方　平行四辺形になるための条件のうち，どれを用いて証明するのが簡単か，仮定から考えよう。

証明　平行四辺形の対辺はそれぞれ等しいから

AD＝BC　…①

仮定から

DF＝BE　…②

①，②から

AD－DF＝BC－BE

AF＝EC　…③

AD∥BCであるから

AF∥EC　…④

③，④より，1組の対辺が平行でその長さが等しいから，四角形AECFは平行四辺形である。

別解　△ABE≡△CDFであることから，AE＝CFを示し，2組の対辺がそれぞれ等しいことから証明することもできる。

3　特別な平行四辺形

2つのテープを重ねるとき，重なった部分が長方形やひし形，正方形になるのはどんなときでしょうか。
また，テープの重なった部分は，いつも平行四辺形であるといってよいでしょうか。

教科書 p.148

考え方　次ページの「ことばの意味」に示した定義に合うように2つのテープを重ねます。

解答　長方形…2つのテープを，交わる角が90°になるように重ねる。
ひし形…幅が等しい2つのテープを重ねる。
正方形…幅が等しい2つのテープを，交わる角が90°になるように重ねる。

テープの幅が一定ならば，教科書139ページのQで調べたように，重なった部分はいつも平行四辺形である。

ことばの意味

- **長方形の定義**　長方形とは，4つの角がすべて等しい四角形のことである。
- **ひし形の定義**　ひし形とは，4つの辺がすべて等しい四角形のことである。
- **正方形の定義**　正方形とは，4つの角がすべて等しく，4つの辺がすべて等しい四角形のことである。

問1 ひし形，正方形が平行四辺形であることを証明しなさい。

教科書 p.149

考え方 それぞれの定義から，平行四辺形になるための条件にあてはまるかどうかを考えよう。

証明 ひし形…ひし形の定義から，ひし形の4つの辺はすべて等しい。
したがって，2組の対辺がそれぞれ等しいから，ひし形は平行四辺形である。

正方形…（例1）正方形の定義から，正方形の4つの辺はすべて等しい。
したがって，2組の対辺がそれぞれ等しいから，正方形は平行四辺形である。

（例2）正方形の定義から，正方形の4つの角はすべて等しい。
したがって，2組の対角がそれぞれ等しいから，正方形は平行四辺形である。

問2 長方形ABCDの対角線AC，BDをひき，△ABC ≡ △DCBを導き，1が成り立つことを証明しなさい。

教科書 p.149

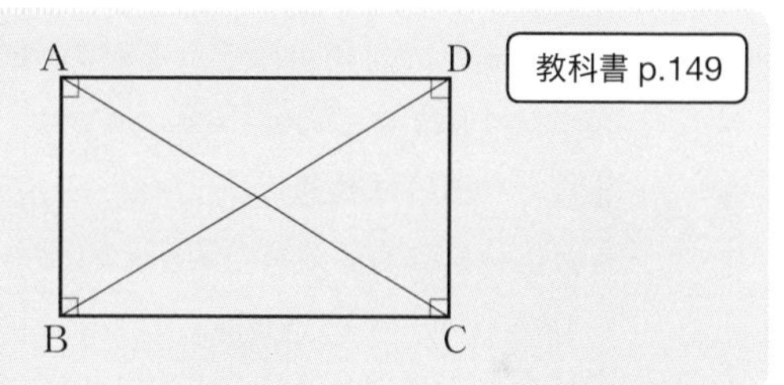

考え方 四角形ABCDは長方形だから，定義から∠B = ∠Cとなります。
また，四角形ABCDは平行四辺形とも考えられるから，AB = DCが成り立ちます。

証明 △ABCと△DCBにおいて
長方形の4つの角はすべて等しいから
∠ABC = ∠DCB　…①
平行四辺形の対辺はそれぞれ等しいから
AB = DC　…②
また　BCは共通　…③
①，②，③より，2組の辺とその間の角がそれぞれ等しいから
△ABC ≡ △DCB
合同な図形の対応する辺は等しいから
AC = DB
したがって，長方形の対角線は等しい。

5章 三角形と四角形

ポイント

長方形やひし形の対角線の性質

1　長方形の対角線は等しい。

2　ひし形の対角線は垂直に交わる。

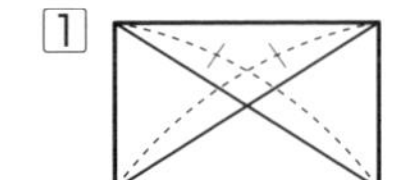

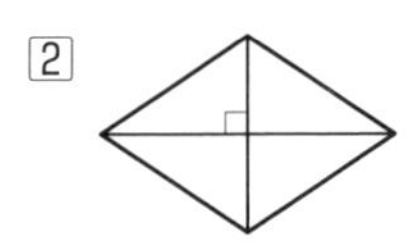

問3

ひし形ABCDの対角線AC，BDの交点をOとして，△ABO≡△ADOを導き，2が成り立つことを証明しなさい。

教科書 p.149

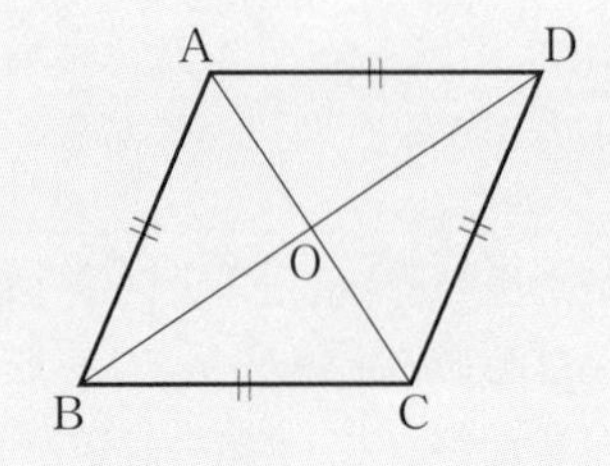

考え方　ひし形ABCDは平行四辺形とも考えられるから，BO＝DOが成り立ちます。
垂直に交わることを示すには，対角線ACとBDのつくる角が90°になることをいえばよい。

証明　△ABOと△ADOにおいて
ひし形の4つの辺はすべて等しいから
AB＝AD　…①
平行四辺形の対角線はそれぞれの中点で交わるから
BO＝DO　…②
また　AOは共通　…③
①，②，③より，3組の辺がそれぞれ等しいから
△ABO≡△ADO
合同な図形の対応する角は等しいから
∠AOB＝∠AOD
∠AOB＋∠AOD＝180°であるから
∠AOB＝∠AOD＝90°
すなわち，BD⊥ACとなる。
したがって，ひし形の対角線は垂直に交わる。

ポイント

直角三角形の斜辺の中点

直角三角形の斜辺の中点は，この三角形の3つの頂点から等しい距離にある。

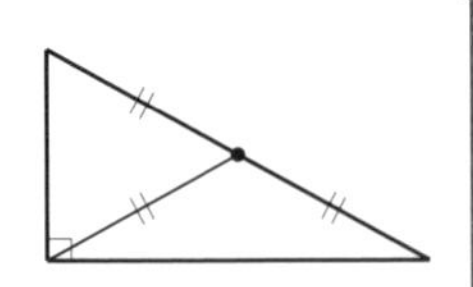

問 4 直角三角形ABCで，斜辺ACの中点をMとすれば，MA = MB = MCとなることを証明しなさい。 教科書 p.150

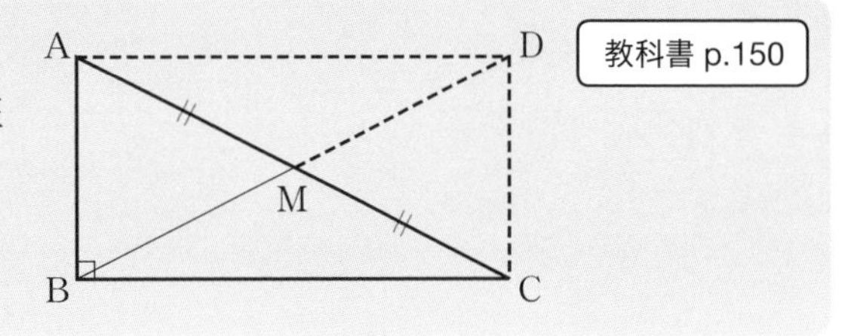

考え方 AB，BCを2辺とする長方形を考えてみよう。このとき，ACが長方形の対角線になります。

証明 右の図のように，AB，BCを2辺とする長方形ABCDをつくる。

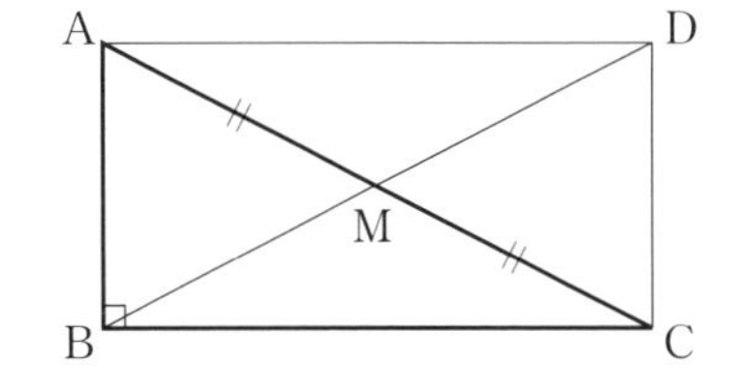

長方形の対角線は等しいから

AC = BD …①

また，長方形ABCDは，平行四辺形でもあり，平行四辺形の対角線はそれぞれの中点で交わるから

$$MA = MC = \frac{1}{2}AC \quad \cdots ②$$

$$MB = MD = \frac{1}{2}BD \quad \cdots ③$$

①，②，③より

MA = MB = MC

問 5 次のことがらは正しいですか。正しくないときはそのことを示す反例をあげなさい。 教科書 p.150

(1) 対角線が等しい四角形は，長方形である。

(2) 対角線が垂直に交わる四角形は，ひし形である。

解答 (1) 正しくない。

反例は，右の図のような台形。(対角線は等しいが，長方形ではなく，台形である。)

(2) 正しくない。

反例は，右の図のような四角形。(対角線が垂直に交わるが，ひし形ではない。)

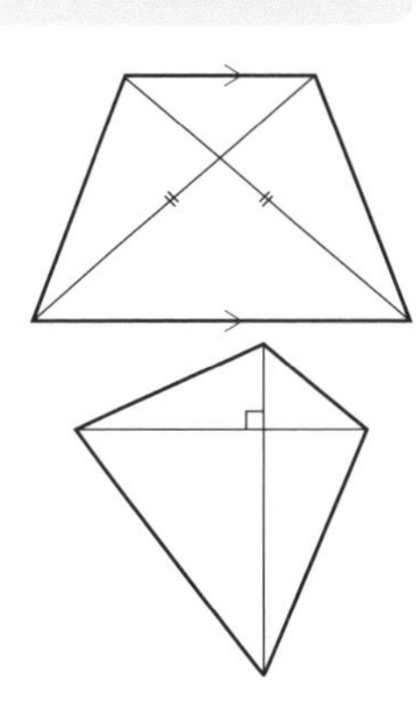

5章 三角形と四角形

問 6

平行四辺形が長方形，ひし形，正方形になるためには，それぞれどんな条件を加えればよいですか。□にあてはまる条件を，㋐～㋓のなかからすべて選びなさい。

教科書 p.150

㋐　$\angle A = 90^\circ$　　㋑　$AB = BC$　　㋒　$AC = BD$　　㋓　$AC \perp BD$

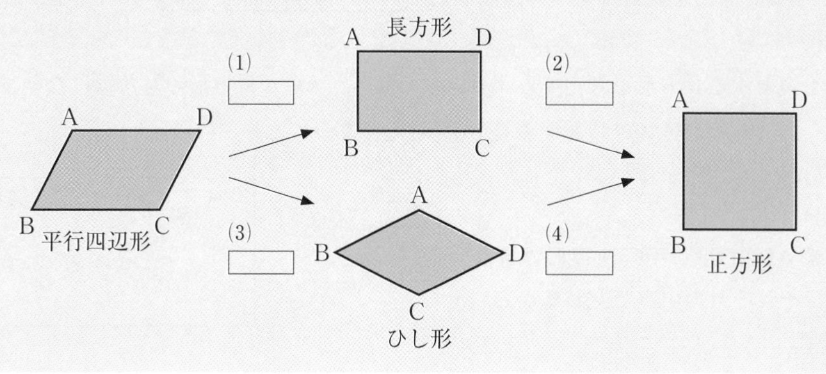

考え方　㋐は1つの角度の条件，㋑はとなり合う辺の条件，㋒㋓は対角線の条件を表しています。

解答　(1)　㋐，㋒　　(2)　㋑，㋓　　(3)　㋑，㋓　　(4)　㋐，㋒

下の図のように，点Cを共有する正三角形ACDと正三角形CBEを，点A，C，Bが一直線上にあるようにかきます。点AとE，点DとBを結ぶとき，どのような性質が成り立つでしょうか。

教科書 p.151～152

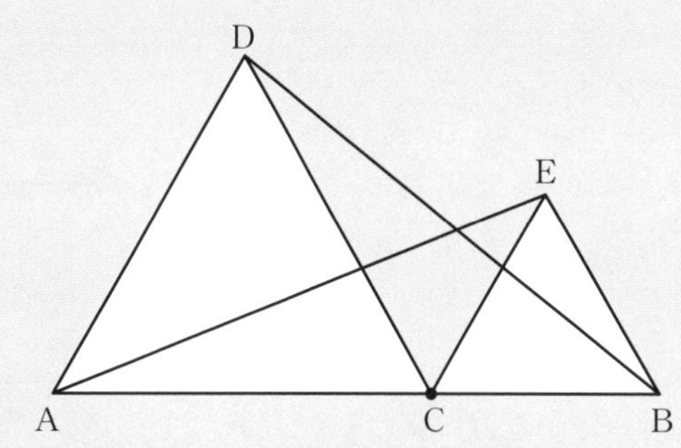

❶ 上の図を見て，どのようなことがわかりますか。
わかることを書き出してみましょう。

❷ はるかさんは，$AE = DB$が成り立つと予想しました。
このことを証明してみましょう。

❸ 図1や図2のように，△CBEを点Cを中心として回転させても，$AE = DB$が成り立ちます。このことを証明してみましょう。

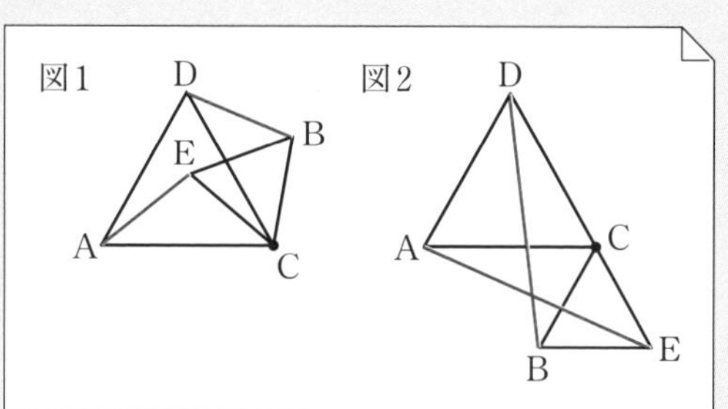

❹ ❷の証明と❸の証明を比べて，同じところやちがうところを話し合ってみましょう。

❺ 図3のように，正三角形を正方形に変えたとき，AG = DBが成り立つかどうかを調べてみましょう。

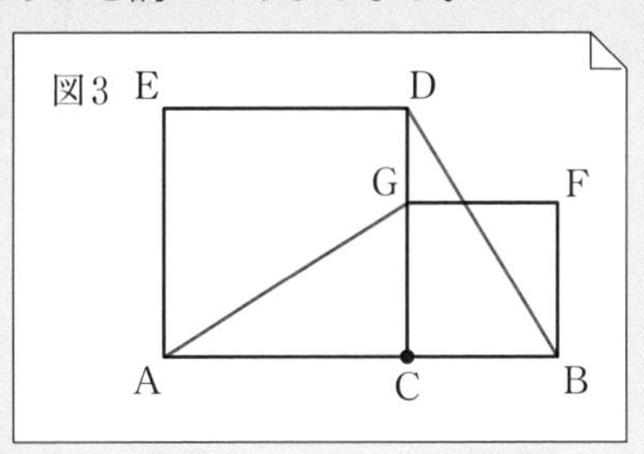

解答 ❶ △ACE ≡ △DCB

AE = DB

❷ △ACEと△DCBにおいて

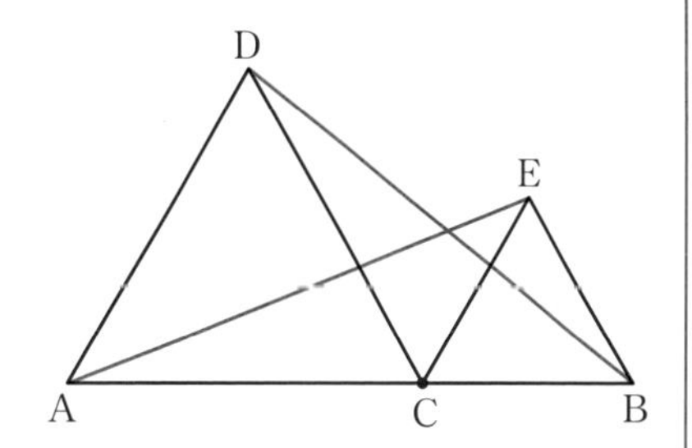

△ACDは正三角形であるから

AC = DC …①

△CBEは正三角形であるから

CE = CB …②

正三角形の1つの内角は60°であるから

∠ACD = ∠ECB

また　∠ACE = ∠ACD + ∠DCE（ア）

∠DCB = ∠ECB + ∠DCE（イ）

よって　∠ACE = ∠DCB …③

①，②，③より，2組の辺とその間の角がそれぞれ等しいから

△ACE ≡ △DCB

合同な図形の対応する辺は等しいから

AE = DB

❸ 図1の場合…点A，C，Bが一直線上にないとき，❷の証明で

アを　∠ACE = ∠ACD − ∠DCE

イを　∠DCB = ∠ECB − ∠DCE

と変えれば，ほかの部分は同じになる。

図2の場合…点D，C，Eが一直線上にあるとき，❷の証明で

アを　∠ACE = 180° − ∠ACD

∠DCEは一直線の角だから

∠ACE = ∠DCE − ∠ACD

= −∠ACD + ∠DCE

イも同じように考えて

∠DCB = −∠ECB + ∠DCE

と変えれば，ほかの部分は同じになる。

5章 三角形と四角形

❹・着目する三角形と証明のときに使う合同条件が同じ。
・証明の記述がほとんど同じ。
・ちがうところは，∠ACE，∠DCBをつくる角の組み合わせがちがっている。

❺△ACGと△DCBにおいて
四角形ACDEは正方形であるから
AC＝DC　…①
四角形CBFGは正方形であるから
CG＝CB　…②
正方形の1つの内角は90°であるから
∠ACG＝∠DCB　…③
①，②，③より，2組の辺とその間の角がそれぞれ等しいから
△ACG≡△DCB
合同な図形の対応する辺は等しいから
AG＝DB

4　平行線と面積

Q

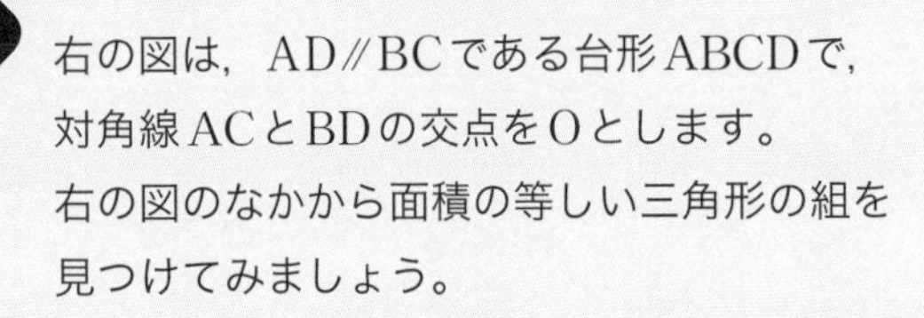
右の図は，AD∥BCである台形ABCDで，
対角線ACとBDの交点をOとします。
右の図のなかから面積の等しい三角形の組を
見つけてみましょう。

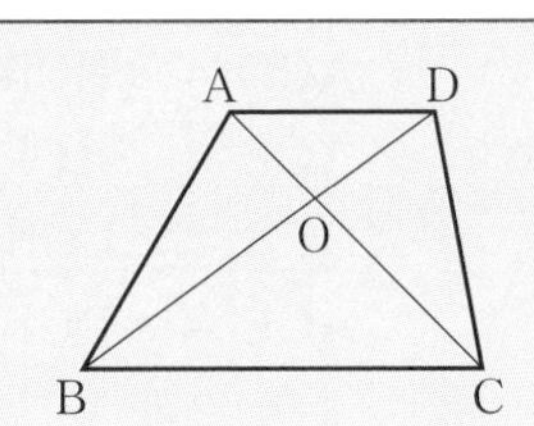

教科書 p.153

考え方　2つの三角形は，高さと底辺がそれぞれ等しいとき，その面積が等しくなります。
△AOB，△DOCは，△ABC，△DBCからそれぞれ△OBCを取り除いた三角形と考えます。

解答　・△ABCと△DBCは，AD∥BCだから，高さが等しく，底辺はBCで共通である。
したがって　△ABC＝△DBC
・△AOB＝△ABC−△OBC，△DOC＝△DBC−△OBC
したがって　△AOB＝△DOC
・△ABDと△ACDは，AD∥BCだから，高さが等しく，底辺はADで共通である。
したがって　△ABD＝△ACD

答　△ABCと△DBC，△AOBと△DOC，△ABDと△ACD

問1

右の図の▱ABCDで，Mは辺BCの中点です。
このとき，面積の等しい三角形の組を見つけ，
そのことを式で表しなさい。

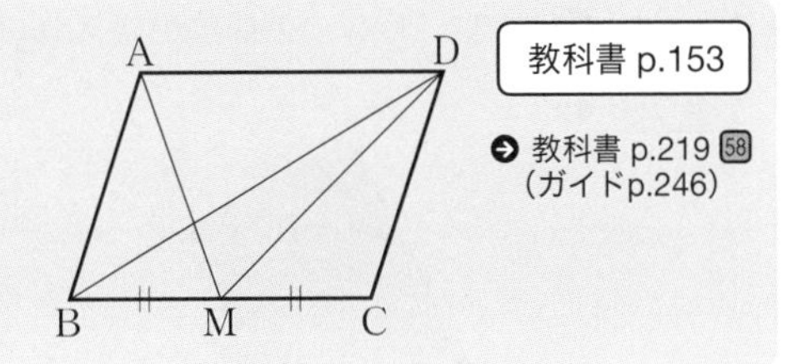

教科書 p.153

➔ 教科書 p.219 58
（ガイドp.246）

考え方 三角形は，次のとき面積が等しくなります。

・高さが同じで，底辺が等しいとき
・底辺が同じで，高さが等しいとき

解答 △ABMと△DBM

AD∥BMだから，高さが等しい。また，底辺はBMで共通。
したがって　　△ABM＝△DBM

△DBMと△DMC

高さが同じで，BM＝MCだから底辺が等しい。
したがって　　△DBM＝△DMC

したがって

△ABM＝△DBM＝△DMC

△ABDと△AMD

AD∥BCだから，高さが等しい。また，底辺はADで共通。
したがって　　△ABD＝△AMD

△ABDと△DBC

AD∥BCだから，高さが等しい。AD＝BCだから底辺は等しい。
したがって　　△ABD＝△DBC

したがって

△ABD＝△AMD＝△DBC

右の四角形ABCDを，面積を変えずに三角形にするには，どうしたらよいでしょうか。

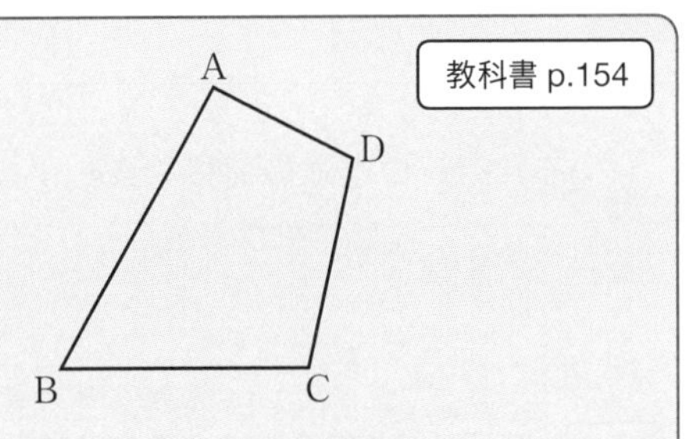

教科書 p.154

❶ そうたさんは，次の手順（省略）で△ABEをかけばよいと考えています。
この手順で，右の図に△ABEをかき入れてみましょう。

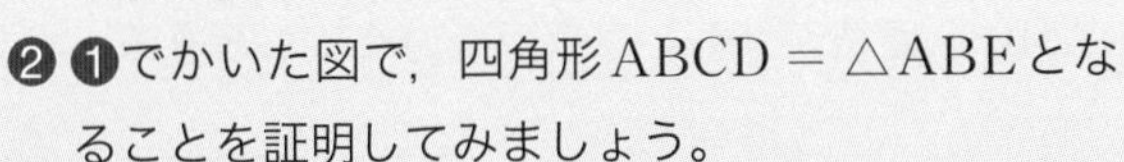
❷ ❶でかいた図で，四角形ABCD＝△ABEとなることを証明してみましょう。

❸ 辺ABをAのほうに延長した半直線上に点Fをとって，四角形ABCDと面積の等しい△BCFをかいてみましょう。

考え方 ❷ △ACD ＝ △ACEがいえれば，四角形ABCD ＝ △ABEがいえます。

解答 ❶

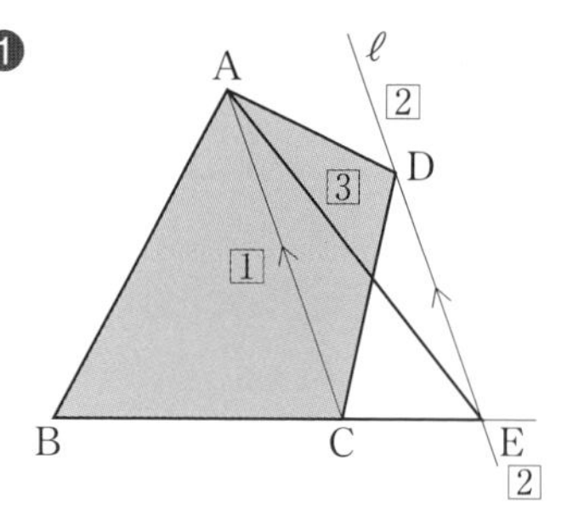

❷ △ACDと△ACEで，ACが共通で，AC∥ℓである。
すなわち，底辺が共通で高さが等しいから
　△ACD ＝ △ACE
したがって
　四角形ABCD ＝ △ABC＋△ACD
　　　　△ABE ＝ △ABC＋△ACE
となるから
　四角形ABCD ＝ △ABE

❸

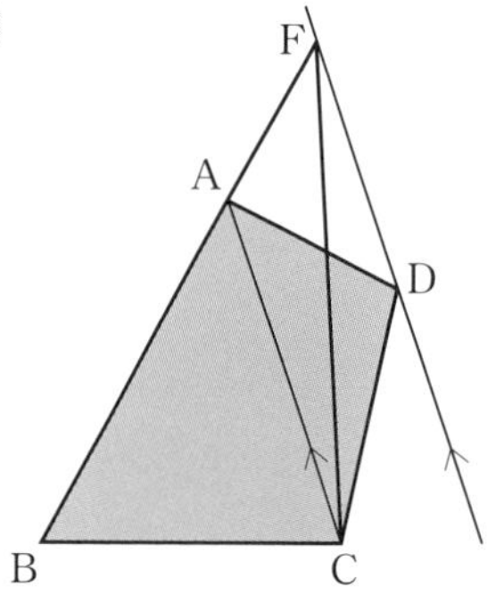

△ACD ＝ △ACFとなるから
　四角形ABCD ＝ △BCF
となる。

問2 右の図のように，土地が折れ線ABCを境界線として，2つの部分①，②に分かれています。それぞれの土地の面積を変えずに，点Aを通る直線で境界線をひきなおそうと思います。その直線をひく手順を説明しなさい。

教科書 p.154

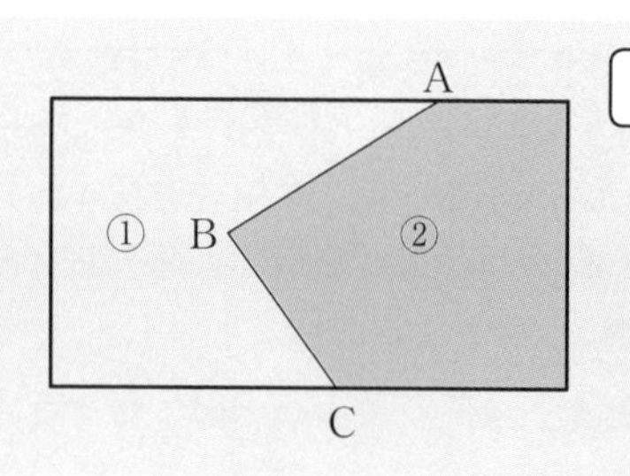

考え方 線分ACをひき，ACを1辺とし，△ABCと面積が等しい三角形をつくることを考えよう。

解答 次の手順でかく。

1 点AとCを結ぶ。
2 点Bを通り，ACに平行な直線をひき，四角形の下の辺との交点をDとする。
3 点AとDを結ぶ。

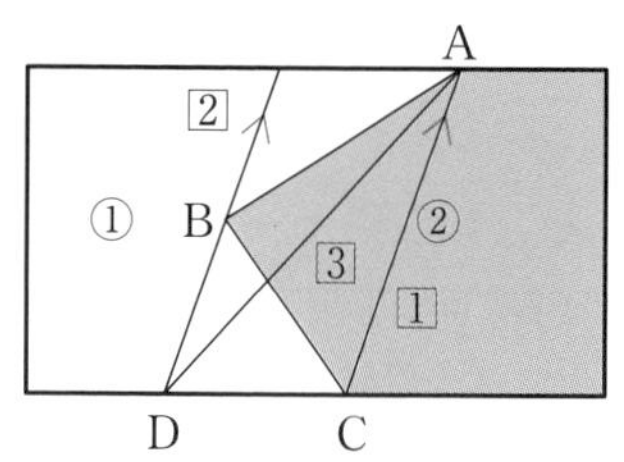

基本の問題

教科書 ➔ p.155

1 ▱ABCDの辺CDの中点をMとし，辺ADの延長と直線BMとの交点をNとします。AB = 3cm，AD = 4cmのとき，線分DMとDNの長さを求めなさい。

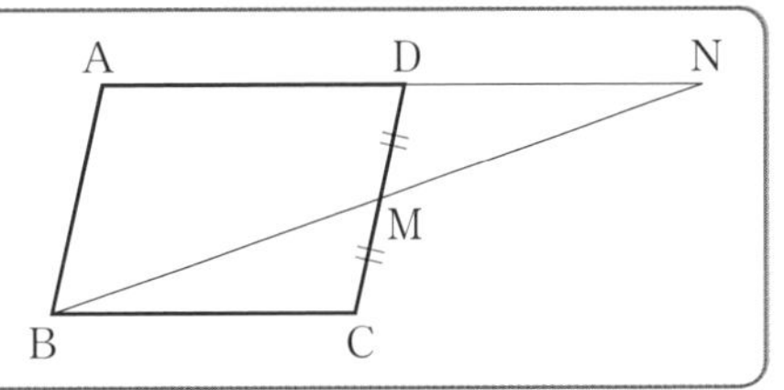

考え方 DM…平行四辺形の対辺は等しいこと，点MはCDの中点であることから考えよう。
DN…△MBC ≡ △MNDとなることから考えよう。

解答 DM…AB = DC = 3cmで

$$DM = \frac{1}{2}DC = \frac{1}{2}AB$$

したがって

$$DM = \frac{1}{2} \times 3 = 1.5\,(\text{cm})$$

DN…△MBCと△MNDにおいて
AN∥BCより，平行線の錯角は等しいから
∠MCB = ∠MDN …①
対頂角は等しいから
∠BMC = ∠NMD …②
仮定から
MC = MD …③
①，②，③より，1組の辺とその両端の角がそれぞれ等しいから
△MBC ≡ △MND
合同な図形の対応する辺は等しいから
BC = ND
BC = AD = 4cmだから
DN = 4cm

答 DM = 1.5cm，DN = 4cm

2 右の図で，2つの四角形ABCD，EBCFはともに平行四辺形です。
(1) AD = EFとなります。このことを証明しなさい。
(2) 四角形AEFDは平行四辺形になります。このことを証明しなさい。

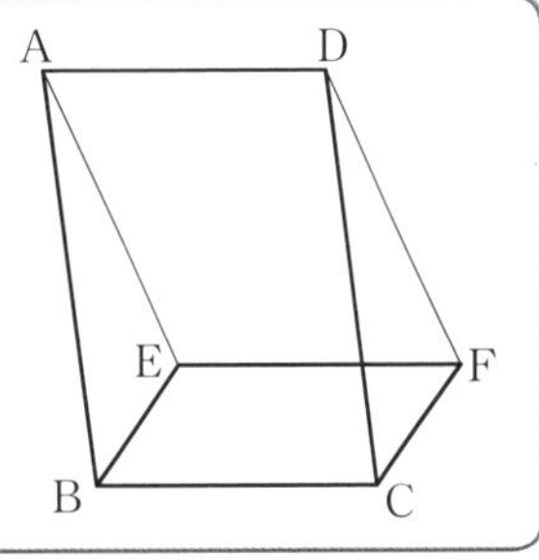

5章 三角形と四角形

考え方　▱ABCDと▱EBCFは辺BCが共通な辺になっていることを利用しよう。

証明　(1)　平行四辺形の対辺はそれぞれ等しいから

▱ABCDより　　AD＝BC

▱EBCFより　　EF＝BC

したがって　　AD＝EF

(2)　平行四辺形の対辺はそれぞれ平行であるから

▱ABCDより　　AD∥BC

▱EBCFより　　EF∥BC

したがって　　AD∥EF　…①

(1)で証明したことから

AD＝EF　…②

①，②より，1組の対辺が平行でその長さが等しいから，

四角形AEFDは平行四辺形である。

3　▱ABCDの対角線の交点をOとするとき，次の(1)，(2)の条件を加えると，それぞれどんな四角形になりますか。

(1)　∠BOC＝90°　　(2)　AO＝BO

考え方　(1)　対角線が垂直に交わる平行四辺形になります。

(2)　対角線の長さが等しい平行四辺形になります。

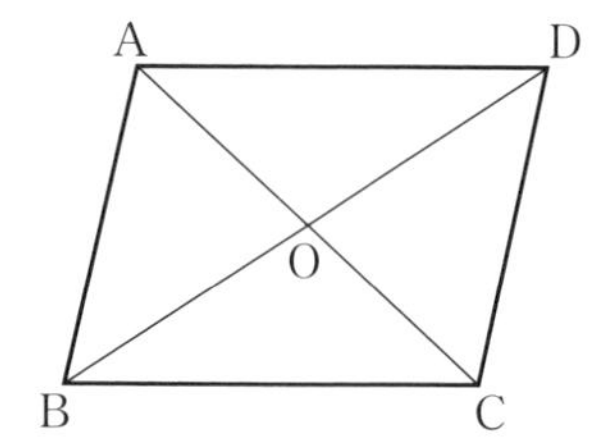

解答　(1)　ひし形

(2)　長方形

4　右の図で，AB∥DCであるとき，次の問に答えなさい。

(1)　△ABCと面積が等しい三角形はどれですか。

(2)　(1)のほかに，面積が等しい三角形の組があればいいなさい。

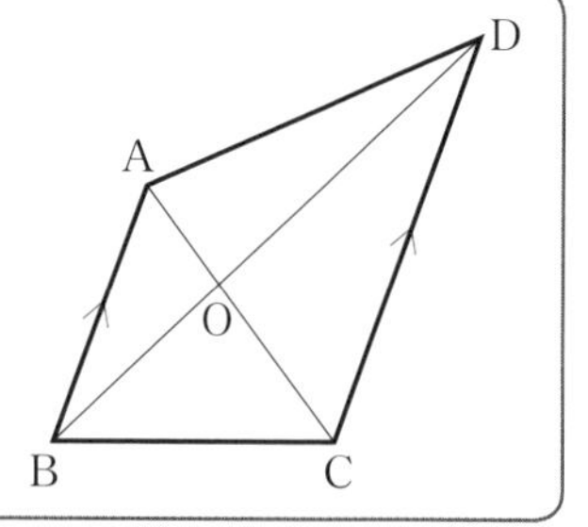

考え方　(1)　△ABCの底辺をABとみて，底辺がABで高さが等しい三角形を見つけよう。

(2)　底辺がCDの三角形について調べてみよう。また，等しい面積の三角形から，共通な部分を除いてできた三角形も，面積が等しくなります。

解答　(1)　**△ABD**

(2)　底辺がCDで，高さが等しいから　　**△BCDと△ACD**

△BOC＝△BCD－△OCD，△AOD＝△ACD－△OCD

だから　　**△BOCと△AOD**

要点チェック

□二等辺三角形	二等辺三角形で，長さの等しい2つの辺の間の角を**頂角**，頂角に対する辺を**底辺**，底辺の両端の角を**底角**という。
□二等辺三角形の頂角の二等分線	定理 二等辺三角形の頂角の二等分線は，底辺を垂直に2等分する。
□二等辺三角形になるための条件	定理 三角形の2つの角が等しければ，その三角形は，等しい2つの角を底角とする二等辺三角形である。
□逆	あることがらの仮定と結論を入れかえたものを，そのことがらの**逆**という。
□反例	あることがらが成り立たない例を**反例**という。 あることがらが正しくないことを示すには，反例を1つあげればよい。
□直角三角形の合同条件	定理 2つの直角三角形は，次のどちらかが成り立つとき合同である。 [1] 斜辺と1つの鋭角がそれぞれ等しい。 [2] 斜辺と他の1辺がそれぞれ等しい。
□平行四辺形の性質	定理 [1] 平行四辺形では，2組の対辺はそれぞれ等しい。 [2] 平行四辺形では，2組の対角はそれぞれ等しい。 [3] 平行四辺形では，対角線はそれぞれの中点で交わる。
□平行四辺形になるための条件	定理 四角形は，次のどれかが成り立てば，平行四辺形である。 [1] 2組の対辺がそれぞれ平行である。 ……定義 [2] 2組の対辺がそれぞれ等しい。 [3] 2組の対角がそれぞれ等しい。 [4] 対角線がそれぞれの中点で交わる。 [5] 1組の対辺が平行でその長さが等しい。
□対角線の性質	長方形の対角線は等しい。 ひし形の対角線は垂直に交わる。
□直角三角形の斜辺の中点	直角三角形の斜辺の中点は，この三角形の3つの頂点から等しい距離にある。

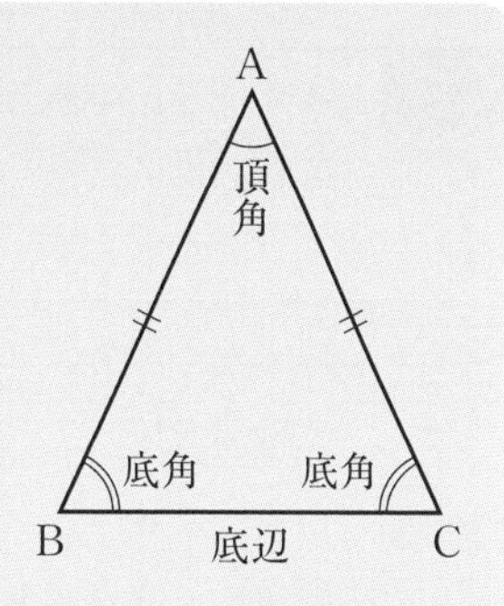

章の問題A

教科書 ➔ p.156

1　AB＝BCである二等辺三角形ABCについて，頂角，底角，底辺を，それぞれA，B，Cの記号を使っていいなさい。

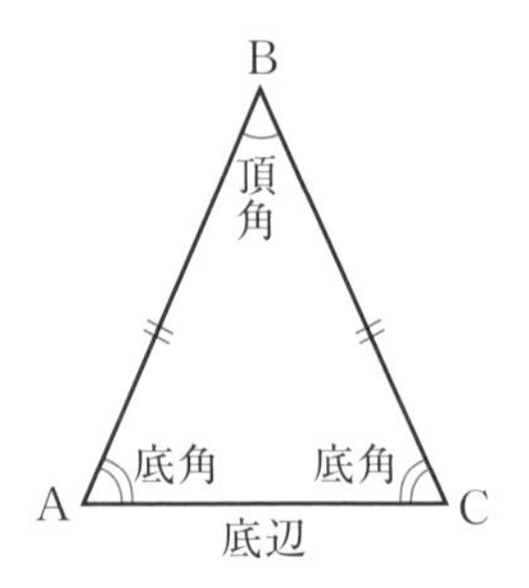

考え方　図をかいて考えよう。右の図のように，AB＝BCだから，頂角は長さの等しい2つの辺の間の角なので，∠Aではなく∠Bとなります。

解答　頂角…∠B
底角…∠Aと∠C
底辺…AC

注意　右の図のようなときでも，
頂角，底角，底辺を
まちがわないようにしよう。

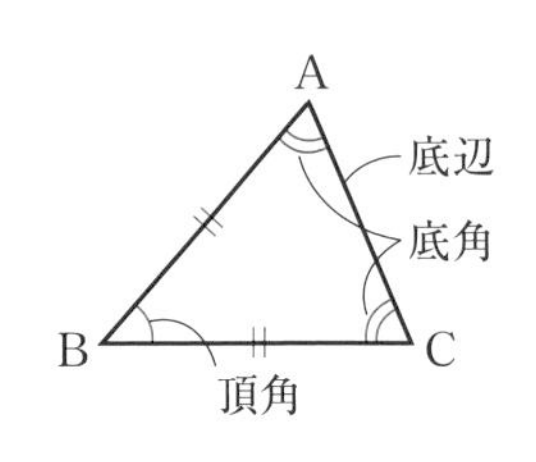

2　右の図で，△EBC≡△DCBが成り立っています。
このとき，△FBCが二等辺三角形になります。
その理由をいいなさい。

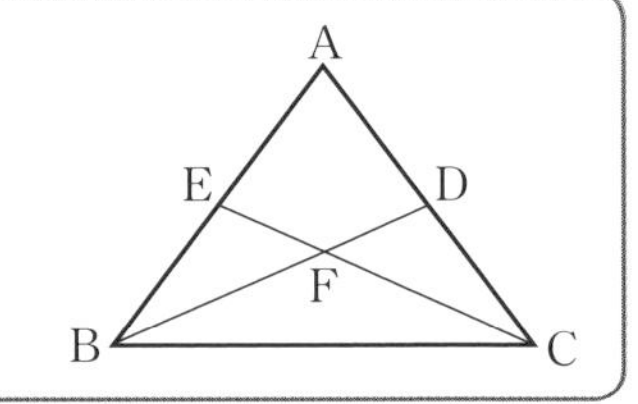

考え方　△EBC≡△DCBより，対応する角を考えます。

解答　△EBC≡△DCBより
合同な図形の対応する角は等しいから
　　∠ECB＝∠DBC
したがって，2つの角が等しいから，△FBCは二等辺三角形である。

3　次の四角形ABCDで，いつでも平行四辺形になるものはどれですか。
㋐　∠A＝∠B，∠C＝∠D　㋑　AB＝BC，AD＝DC　㋒　AD∥BC，AD＝BC

考え方　それぞれについて，平行四辺形になるための条件にあてはまるかどうか調べよう。
平行四辺形にならないものは反例をあげてみよう。

解答　㋒

レベルアップ　㋐と㋑の反例には，右の図のような四角形がある。

㋐
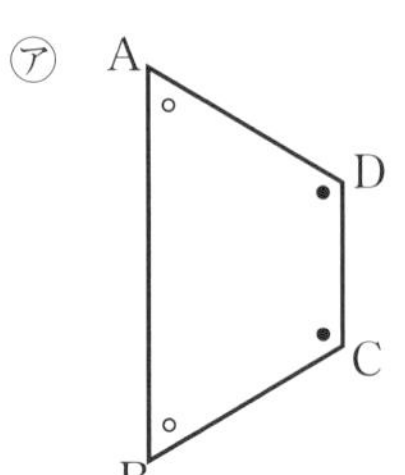

㋑
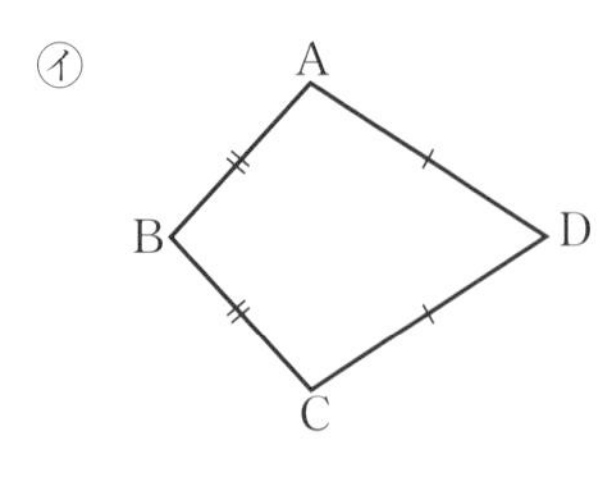

4 AB ＝ ACである二等辺三角形ABCの頂角∠Aの二等分線上の1点をPとすると，PB ＝ PCとなります。このことを証明しなさい。

考え方 まず，図をかいて考えよう。PB，PCをそれぞれ辺にもつ△ABP，△ACPが合同であることを導き，合同な三角形では対応する辺が等しいことから，PB ＝ PCを示します。

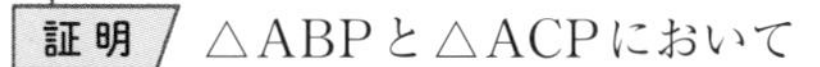

証明 △ABPと△ACPにおいて

仮定から

AB ＝ AC　　…①

∠BAP ＝ ∠CAP　…②

また　AP は共通　…③

①，②，③より，2組の辺とその間の角がそれぞれ等しいから

△ABP ≡ △ACP

合同な図形の対応する辺は等しいから

PB ＝ PC

レベルアップ APは頂角の二等分線で，底辺を垂直に2等分する。したがって，APはBCの垂直二等分線になっている。この問題では，1年生のときに学習した垂直二等分線の性質「線分AB上の垂直二等分線ℓ上に点Pをとると，PA ＝ PBとなる」ことを証明している。

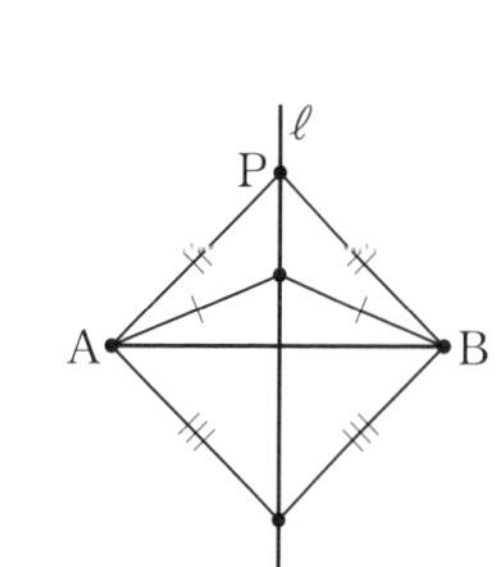

5 線分BDを対角線とする2つの平行四辺形ABCD，A′BC′Dでは，それぞれの対角線AC，A′C′，BDは同じ点で交わります。このことを証明しなさい。

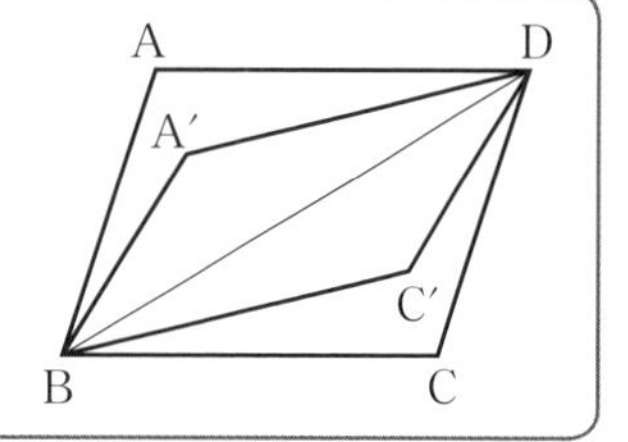

考え方 ACとBDの交点をOとします。AC，A′C′，BDが同じ点で交わることを証明するには，平行四辺形A′BC′Dの対角線の交点もOとなることを示せばよい。

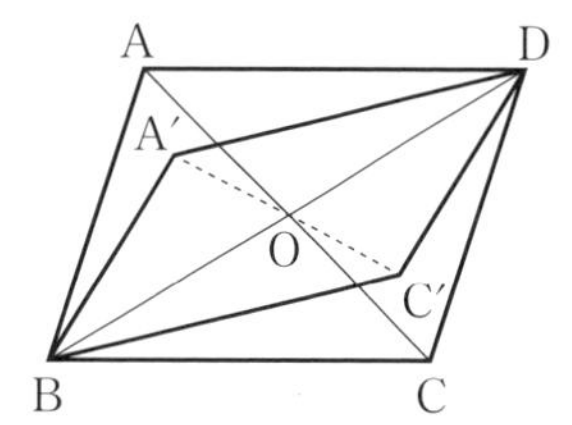

証明 平行四辺形の対角線はそれぞれの中点で交わるから，▱ABCDより，対角線ACと対角線BDは，BDの中点で交わる。

また，▱A′BC′Dより，対角線A′C′と対角線BDもBDの中点で交わる。

したがって，対角線AC，A′C′，BDは同じ点で交わる。

6 右の図で，四角形ABCDは平行四辺形で，AC∥EFとなるように点E，Fを辺AB，BC上にとります。
このとき，△AFCと面積の等しい三角形をすべて答えなさい。

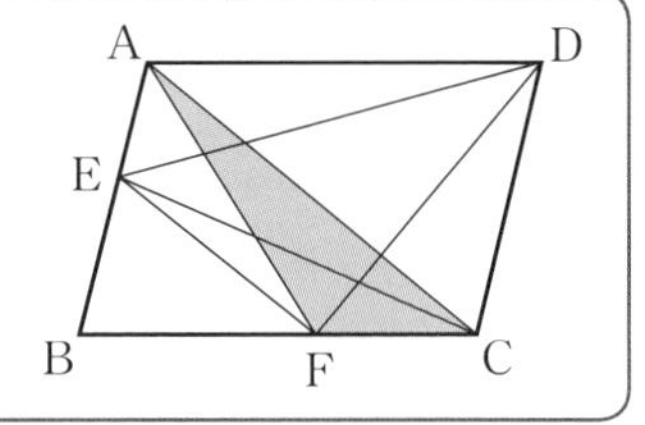

考え方 △AFCの底辺をCF，ACとして，面積の等しい三角形を見つけてみよう。
また，見つけた三角形と面積が等しい三角形も，△AFCと面積が等しくなります。

解答 △AFCの底辺をCFと考えると，AD∥BCだから
　　△AFC＝△DFC
△AFCの底辺をACと考えると，AC∥EFだから
　　△AFC＝△AEC
△AECで底辺をAEと考えると，AB∥DCだから
　　△AEC＝△AED
したがって
　　△AFC＝△AED
これより，△AFCと面積の等しい三角形は
　　△DFC，△AEC，△AED

7 次のことがらの逆は正しいですか。正しくないときは，そのことを示す反例をあげなさい。
「△ABCと△DEFで，
　△ABC≡△DEF　ならば　∠A＝∠D，∠B＝∠E，∠C＝∠F」

考え方 逆は△ABCと△DEFで
　　∠A＝∠D，∠B＝∠E，∠C＝∠F　ならば　△ABC≡△DEF
となります。
三角形の合同条件を確認してみよう。

解答 逆は正しくない。
（反例）
下のような△ABCと△DEFの場合，∠A＝∠D，∠B＝∠E，∠C＝∠Fであるが，
△ABC≡△DEFではない。

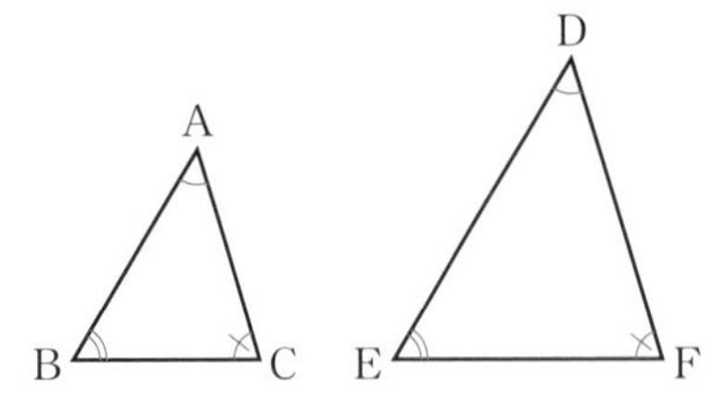

章の問題B

教科書 ➔ p.157〜158

1 右の図で，点D，Eは，それぞれ△ABCの辺AB，BC上の点で

$BD = DE = EA = AC$

となっています。∠ABCの大きさを∠aとするとき，△ABCの頂点Aの外角∠xの大きさを，∠aを使って表しなさい。

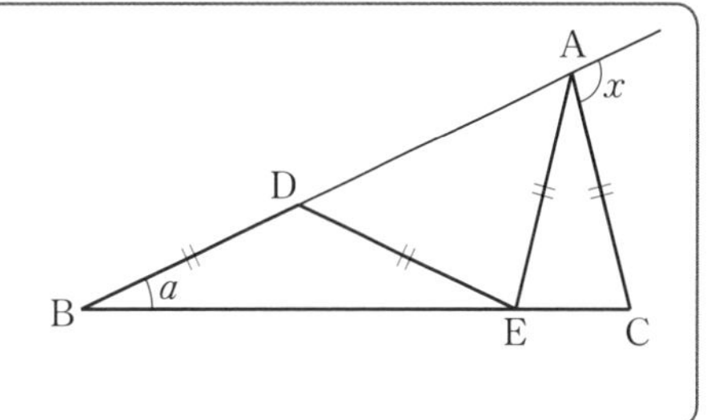

考え方 △DBE，△EDA，△AECはどれも二等辺三角形となります。∠xの大きさは，二等辺三角形の底角が等しいことと，三角形の外角は，それととなり合わない2つの内角の和に等しいことを利用して考えよう。

解答 △DBEは二等辺三角形だから

$\angle DBE = \angle DEB = \angle a$

△DBEで，三角形の外角は，それととなり合わない2つの内角の和に等しいから

$\angle ADE = \angle DBE + \angle DEB = 2\angle a$

△EADは二等辺三角形だから

$\angle EAD = \angle EDA = 2\angle a$

△ABEで，三角形の外角は，それととなり合わない2つの内角の和に等しいから

$\angle AEC = \angle ABE + \angle BAE = 3\angle a$

△AECは二等辺三角形だから

$\angle AEC = \angle ACE = 3\angle a$

△ABCで，三角形の外角は，それととなり合わない2つの内角の和に等しいから

$\angle x = \angle ABC + \angle ACB = 4\angle a$

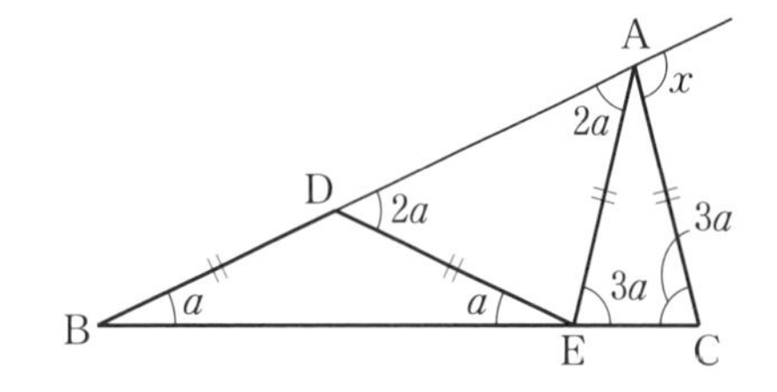

答 $\angle x = 4\angle a$

2　右の図で，直線ℓは直角二等辺三角形ABCの直角の頂点Aを通る直線で，BD，CEは，それぞれB，Cから直線ℓにひいた垂線です。
このとき
　　BD＋CE＝DE
となります。このことを証明しなさい。

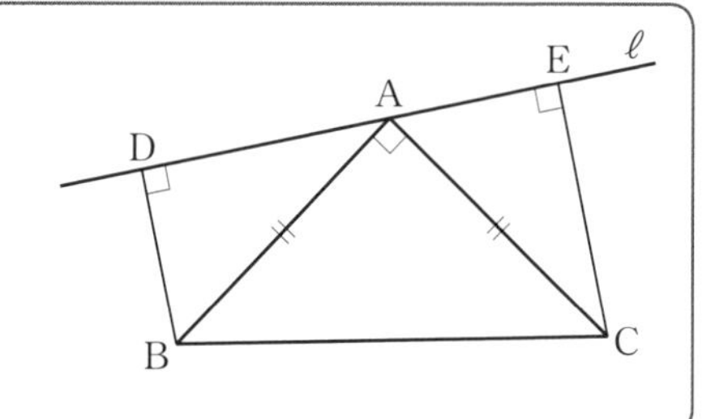

考え方　△DBA≡△EACを示すことができれば
　　BD＝AE，AD＝CE
だから
　　BD＋CE＝AE＋AD＝DE
を証明することができます。

証明　△DBAと△EACにおいて
　　∠ADB＝∠CEA＝90°　…①
△ABCは直角二等辺三角形であるから
　　　BA＝AC　…②
∠DAB＋∠BAC＋∠CAE＝180°で，∠BAC＝90°であるから
　　∠DAB＝90°－∠CAE　…③
△EACで，三角形の内角の和は180°であるから
　　∠ECA＋∠CAE＋∠AEC＝180°
∠AEC＝90°であるから
　　∠ECA＝90°－∠CAE　…④
③，④から
　　∠DAB＝∠ECA　…⑤
①，②，⑤より，直角三角形で，斜辺と1つの鋭角がそれぞれ等しいから
　　△DBA≡△EAC
合同な図形の対応する辺は等しいから
　　BD＝AE，AD＝CE
したがって
　　BD＋CE＝AE＋AD
AE＋AD＝DEであるから
　　BD＋CE＝DE

3 右の図のような▱ABCDで，∠BADの二等分線と辺BCとの交点をEとします。このとき

EC＋CD＝AD

となります。このことを証明しなさい。

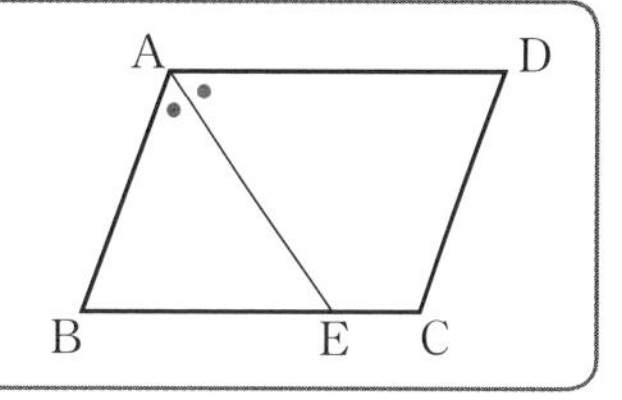

考え方 △BAEが二等辺三角形であることをいえば，AB＝BEより

EC＋CD＝EC＋BA＝EC＋BE＝BC＝AD

と，順に等しいことを示すことができます。

証明 仮定から

∠BAE＝∠DAE　…①

AD∥BCより，平行線の錯角は等しいから

∠DAE＝∠BEA　…②

①，②から

∠BAE＝∠BEA

2つの角が等しいから，△BAEは二等辺三角形である。

したがって

AB＝BE　…③

平行四辺形の対辺はそれぞれ等しいから

AB＝DC　…④

AD＝BC　…⑤

③，④から

BE＝DC

したがって

EC＋CD＝EC＋BE＝BC　…⑥

⑤，⑥から

EC＋CD＝AD

4 △ABCの辺AB，ACの中点をそれぞれD，Eとすると

DE∥BC，DE＝$\frac{1}{2}$BC

となります。このことを，次の順序で証明しなさい。

1 DEの延長上にEF＝DEとなる点Fをとると，四角形ADCFが平行四辺形となることを証明する。

2 四角形DBCFが平行四辺形となることを証明し，DE∥BC，DE＝$\frac{1}{2}$BCを導く。

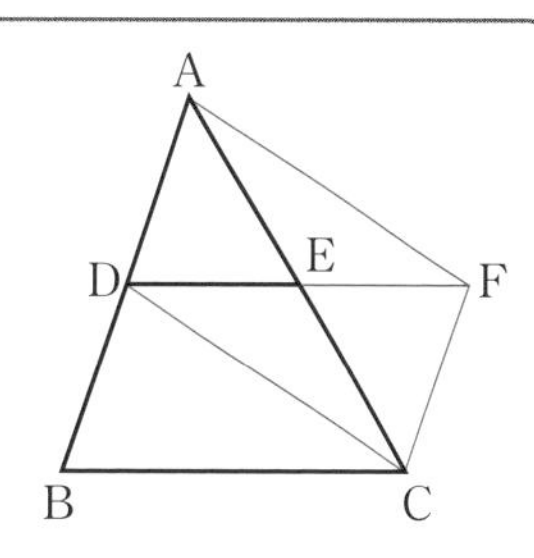

証明

1　仮定から　AE＝CE，DE＝FE

対角線AC，DFがそれぞれの中点Eで交わるから，四角形ADCFは平行四辺形である。

2　1から　AD∥FC

よって　DB∥FC　…①

また，1より，平行四辺形の対辺はそれぞれ等しいから

AD＝FC

仮定から　AD＝DB

したがって　DB＝FC　…②

①，②より，1組の対辺が平行でその長さが等しいから，四角形DBCFは平行四辺形である。

したがって

DF∥BC，DF＝BC

EはDFの中点であるから

DE∥BC，DE＝$\frac{1}{2}$BC

5 活用の問題

上下2つの箱にアームを取りつけ，下の箱に対して上の箱がいつも平行になるように動く道具箱を作ろうと思います。

このような道具箱では，2本の同じアームを次のように取りつけます。

1　上になる箱に点A，下になる箱に点Bをとり，そこに1本のアームを取りつける。

2　BCが底面と平行になるように，下になる箱に点Cをとり，そこにもう1本のアームの端(はし)を取りつける。

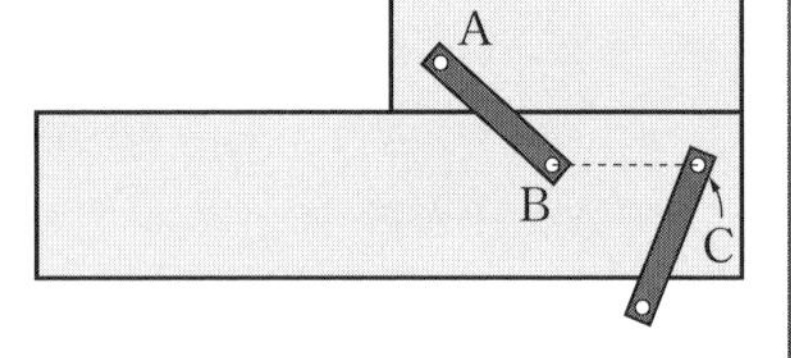

3　四角形ABCDが平行四辺形になるように，上になる箱に点Dをとり，アームのもう一方の端を取りつける。

(1)　3の点Dの位置を求める作図の手順を説明しなさい。

(2)　(1)の作図で，四角形ABCDが平行四辺形になる理由を説明しなさい。

考え方　AB，BCは平行四辺形の辺となります。

これらの辺をもとに，平行四辺形になるための条件のうち，どれを使って点Dの位置を作図すればよいか考えよう。

解答

(1)　(作図の手順の例)

1　Aを中心として半径BCの円をかく。

2　Cを中心として半径ABの円をかく。

3　1と2でかいた円の交点のうち，上の箱にあるほうの点がDである。

(2)　上の作図では，四角形ABCDの2組の対辺がそれぞれ等しいから，四角形ABCDは平行四辺形になる。

6 活用の問題

右の図のような△ABCについて，直線BCに対して点Aと同じ側に点Dをとり，正三角形BCDをかきます。
また，△ABCの外側にそれぞれAB，ACを1辺とする正三角形ABE，正三角形ACFをかきます。

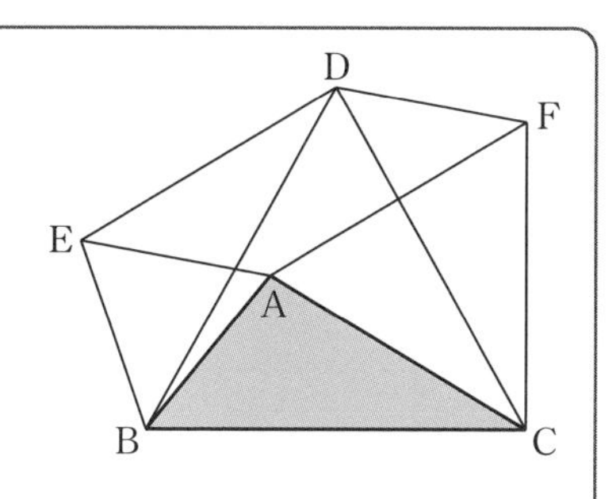

(1) 四角形DEAFは平行四辺形になります。
このことを証明しなさい。

(2) 四角形DEAFが次のような四角形になるのは，
点Aをどのような位置にとったときですか。
① ひし形　　② 長方形

考え方 (1) 合同な三角形の組を見つけて，平行四辺形になるための条件のうち，どれを使って証明すればよいか考えよう。

(2) 平行四辺形がひし形や長方形になるためには，辺や角にどのような条件が加わればよいか考えよう。
① ひし形は，4つの辺がすべて等しい平行四辺形だから，平行四辺形で4つの辺が等しくなるためには，となり合う辺が等しくなればよい。
② 長方形は，4つの角がすべて等しい平行四辺形だから，1つの角が90°になればよい。

解答 (1) △ABCと△EBDにおいて
△EBA，△DBCは正三角形であるから
AB = EB　…①
BC = BD　…②
∠EBA = ∠DBC = 60°であるから
∠ABC = ∠DBC − ∠DBA = 60° − ∠DBA　…③
∠EBD = ∠EBA − ∠DBA = 60° − ∠DBA　…④
③，④から
∠ABC = ∠EBD　…⑤
①，②，⑤より，2組の辺とその間の角がそれぞれ等しいから
△ABC ≡ △EBD
同様にして
△ABC ≡ △FDC
合同な図形の対応する辺は等しいことと，△EBAと△FACが正三角形であることから
BA = DF，BA = EAより
DF = EA　…⑥
CA = DE，CA = FAより
DE = FA　…⑦
⑥，⑦より，2組の対辺がそれぞれ等しいから，四角形DEAFは平行四辺形である。

(2) ① **AB = ACとなるような位置に点Aをとると，**AE = AFとなる。
このとき，平行四辺形DEAFは4つの辺がすべて等しいから，ひし形になる。

② **∠BAC = 150°となるような位置に点Aをとると，**∠EAF = 90°となる。
このとき，平行四辺形DEAFは4つの角がすべて直角だから，長方形になる。

6章 [確率] 起こりやすさをとらえて説明しよう

1節 確率

3枚のうち1枚のあたりが入っているくじがあります。
このくじを3人が順番にひき，あたりかはずれかを同時に確認します。
何番目にひくとあたりやすいでしょうか。

教科書 p.160〜161

❶ 予想してみましょう。
❷ 何番目にひくとあたりやすいかを調べるには，どうしたらよいでしょうか。
❸ くじをひく人3人と記録係1人でグループをつくり，教科書241ページのカードを使って，実験してみましょう。
❹ 1番目，2番目，3番目にひく人があたる確率は，それぞれどれくらいと考えられるでしょうか。また，何番目にひくとあたりやすいでしょうか。

考え方 ❹ あたる確率は，あたった回数の相対度数を求めて比べればよい。

解答 ❶ 省略

❷ あたりのカード1枚，はずれのカード2枚をつくって，実際に実験する。

そうたさん…1年では，ペットボトルキャップを投げたとき，表向きになる場合とそれ以外になる場合で，どちらが起こりやすいかを調べるときなど，多数回の実験をして，その結果を表にまとめて，相対度数を求めて考えた。

❸ 省略

❹ 省略

1 同様に確からしいこと

Q 1つのさいころを投げるとき，1の目が出る確率は，どのようにして求めることができるでしょうか。

教科書 p.162～163

❶ 右の表は，1つのさいころを投げて，1の目が出た回数を調べたものです。この表から，さいころを投げたとき，1の目が出る確率はどの程度であると考えられますか。

投げた回数	1の目が出た回数	1の目が出る相対度数
50	7	0.140
100	13	0.130
200	32	0.160
400	70	0.175
600	89	0.148
800	125	0.156
1000	165	0.165
1200	202	0.168
1400	239	0.171
1600	269	0.168
1800	299	0.166
2000	334	0.167

❷ 実験によらずに，1の目が出る確率を考えることができるでしょうか。

❸ 右のような形のさいころでは，1の目が出る確率は $\frac{1}{6}$ といえるでしょうか。また，そう考えた理由も説明してみましょう。

解答 ❶ 相対度数が0.167に近づいているから，1の目が出る確率は**0.167**程度であると考えられる。

❷ さいころの目の出方は全部で6通りあり，どの目が出ることも同じ程度と考えられる。このうち，1の目が出る場合は1通りだから，このようなときは，確率を「6通りのうちの1通り」と考えて求めることができる。

❸ 面の大きさや形が同じではないから，どの目が出ることも同様に確からしいといえない。したがって，1の目が出る確率は $\frac{1}{6}$ とはいえない。

ことばの意味

● **同様に確からしい**

起こりうる結果のどれもが同じ程度に期待できるとき，どの結果が起こることも**同様に確からしい**という。

6章 確率

ポイント

確率の求め方

起こりうる場合が全部でn通りあり，どの場合が起こることも同様に確からしいとする。そのうち，ことがらAの起こる場合がa通りあるとき，Aの起こる確率pは

$$p=\frac{a}{n}$$

である。

問1　ジョーカーを除く52枚のトランプから1枚ひくとき，次の確率を求めなさい。

教科書 p.164

(1)　ひいたカードが，エースである確率

(2)　ひいたカードが，ジョーカーである確率

(3)　ひいたカードが，ハートかダイヤかクラブかスペードのどれかである確率

➔ 教科書 p.220 59
(ガイドp.247)

考え方　(1)　「エース」とは「A」と書かれたカードのことで，それぞれのマークに1枚ずつあります。

(2)　はじめにジョーカーは除かれているので，52枚のカードからジョーカーをひくことはありません。

(3)　ひいたカードのマークは，かならず「ハートかダイヤかクラブかスペード」のどれかになっています。

解答　起こりうる場合は全部で52通りあり，どの場合が起こることも同様に確からしい。

(1)　エースである場合は4通りあるから，求める確率は

$$\frac{4}{52}=\frac{1}{13}$$

(2)　ジョーカーである場合はないから0通りである。したがって，求める確率は　$\frac{0}{52}=0$

(3)　ハートかダイヤかクラブかスペードのどれかである場合は，すべての場合だから52通りある。したがって，求める確率は　$\frac{52}{52}=1$

ポイント

確率の範囲

あることがらの起こる確率をpとすると，pのとりうる値(あたい)は，つねに$0 \leqq p \leqq 1$の範囲(はんい)にある。

かならず起こることがらの確率は1

決して起こらないことがらの確率は0

である。

問2

1つのさいころを投げるとき，Aさんは1の目が出る確率について，次のように考えました。この考えは正しいといえますか。

教科書 p.164

> 1の目が出る確率は$\frac{1}{6}$だから，さいころを6回投げればそのうちかならず1回は1の目が出る。

考え方 確率は，同じ実験を多数回くり返すとき，そのことがらの起こる相対度数が確率の値にかぎりなく近づくという意味です。

解答 1の目が出る確率が$\frac{1}{6}$であるということは，1つのさいころを多数回投げるとき，1の目が出る相対度数が$\frac{1}{6}$にかぎりなく近づくという意味である。

したがって，さいころを6回投げたとき，1の目が出る相対度数が$\frac{1}{6}$になるとはかぎらない。

すなわち，さいころを6回投げれば，そのうちかならず1回は1の目が出るとはいえない。

答　正しくない。

Q

Aさんの考えと実験結果が異なったのは，なぜでしょうか。

教科書 p.165〜166

❶ 2枚の10円硬貨を，硬貨ア，硬貨イと区別して，起こりうる場合をあげてみましょう。

❷ 教科書165ページで，Aさんの考えと実験結果が異なった理由を説明してみましょう。

考え方 実験結果では「1枚が表で1枚が裏」になる場合が「2枚とも表」，「2枚とも裏」の場合のおよそ2倍あり，3人が勝つ確率は同じであるとはいえません。

解答 ❶ **ひろとさんの考え（表）**

硬貨ア	硬貨イ
表	表
表	裏
裏	表
裏	裏

はるかさんの考え（図）

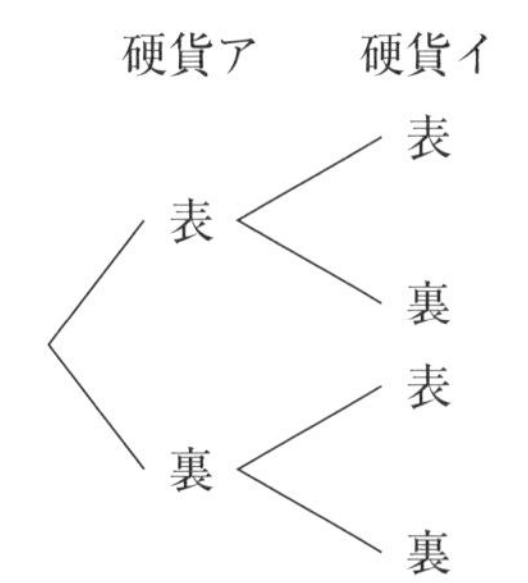

❷ Aさんは2枚の10円硬貨を区別せずに考えたから。

ことばの意味

● **樹形図**　起こりうるすべての場合を，枝分かれした樹木のようにかいたものを，**樹形図**(じゅけいず)という。

問3　教科書160ページの**Q**で，1番目，2番目，3番目にひく人があたる確率をそれぞれ求めなさい。

教科書 p.166

➔ 教科書 p.220 60
（ガイドp.247）

考え方　2枚のはずれのカードを区別して，起こりうる場合をあげてみよう。

解答　あたりのカードを○，2枚のはずれのカードを$\times_1$，$\times_2$として，起こりうる場合を考えると，下のようになる。

1番目	2番目	3番目
○	$\times_1$	$\times_2$
○	$\times_2$	$\times_1$
$\times_1$	○	$\times_2$
$\times_1$	$\times_2$	○
$\times_2$	○	$\times_1$
$\times_2$	$\times_1$	○

1番目　2番目　3番目

- ○ ─ $\times_1$ ─ $\times_2$
- ○ ─ $\times_2$ ─ $\times_1$
- $\times_1$ ─ ○ ─ $\times_2$
- $\times_1$ ─ $\times_2$ ─ ○
- $\times_2$ ─ ○ ─ $\times_1$
- $\times_2$ ─ $\times_1$ ─ ○

起こりうる場合は全部で6通りあり，どの場合が起こることも同様に確からしい。
このうち，1番目，2番目，3番目にひく人があたる場合は，それぞれ2通りある。
したがって，あたる確率は3人とも

$$\frac{2}{6}=\frac{1}{3}$$

答　あたる確率は3人とも$\frac{1}{3}$

2　いろいろな確率

Q　A，B，C，Dの4人のなかから，くじびきで2人を選ぶとき，CとDが選ばれる確率について考えてみましょう。

教科書 p.167

❶ 班長1人と副班長1人を選ぶとき，Cが班長で，Dが副班長に選ばれる確率を，樹形図を完成させて求めてみましょう。

❷ 役割は関係なく，代表を2人選ぶとき，CとDが選ばれる確率はどうなるでしょうか。

考え方　❷ CとDが代表に選ばれても，DとCが代表に選ばれても，代表の構成としては同じです。このことに注意して，代表になる人の組み合わせを考えよう。

解答　❶ **はるかさんの考え**…樹形図は下のようになる。

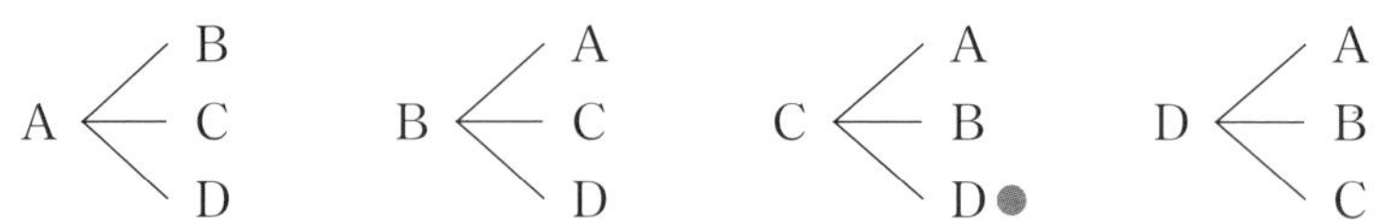

起こりうる場合は全部で12通りあり，どの場合が起こることも同様に確からしい。

このうち，Cが班長でDが副班長になるのは，上の樹形図で●をつけた1通りある。

したがって，求める確率は　$\frac{1}{12}$

❷ 起こりうる場合を全部あげると

{A，B}，{A，C}，{A，D}，
{B，C}，{B，D}，
{C，D}

の6通りあり，どの場合が起こることも同様に確からしい。

このうち，代表にCとDが選ばれるのは1通りある。

したがって，求める確率は　$\frac{1}{6}$

大小2つのさいころを投げるとき，出た目の数についていろいろな確率を求めてみましょう。　教科書 p.168

❶ 出た目の数の和が5になる確率を求めてみましょう。

❷ 出た目の数の和がいくつになる確率が，もっとも大きいでしょうか。
また，その確率を求めてみましょう。

❸ 出た目の数の和が5にならない確率を求めてみましょう。

❹ 出た目の数について確率を求める問題をつくり，その確率を求めてみましょう。

考え方 教科書168ページの表を見て考えよう。

❸ 表から，出た目の数の和が

2になるのは1通り，3になるのは2通り
4になるのは3通り，5になるのは4通り
6になるのは5通り，7になるのは6通り
8になるのは5通り，9になるのは4通り
10になるのは3通り，11になるのは2通り
12になるのは1通り

だから，出た目の数の和が5にならない場合は，全部で

$1+2+3+5+6+5+4+3+2+1=32$（通り）

解答 ❶ 省略（教科書168ページの解答参照）

❷ 教科書168ページの表から，和が7になる場合が6通りあり，もっとも多い。したがって，確率がもっとも大きいのは，出た目の数の和が7になるときで，その確率は　$\frac{6}{36}=\frac{1}{6}$

❸ 出た目の数の和が5にならない場合は32通りあるから，求める確率は

$\frac{32}{36}=\frac{8}{9}$

6章 確率

別解 出た目の数の和が5にならない場合の数は，起こりうるすべての場合の数（36通り）から，出た目の数の和が5になる場合の数（4通り）をひいたもの（36－4＝32）になっているから，求める確率は

$$\frac{36-4}{36}=\frac{36}{36}-\frac{4}{36}=1-\frac{1}{9}=\frac{8}{9}$$

と考えて求めることもできる。　（$\frac{1}{9}$…出た目の数の和が5になる確率）

❹ **はるかさん**…出た目の数の和が偶数になる確率を求めなさい。

考え方 偶数は2の倍数で，目の数の和が，2，4，6，8，10，12になる場合の数を表から求めよう。

解答
2になる場合は…〔1，1〕の1通り
4になる場合は…〔1，3〕，〔2，2〕，〔3，1〕の3通り
6になる場合は…〔1，5〕，〔2，4〕，〔3，3〕，〔4，2〕，〔5，1〕の5通り
8になる場合は…〔2，6〕，〔3，5〕，〔4，4〕，〔5，3〕，〔6，2〕の5通り
10になる場合は…〔4，6〕，〔5，5〕，〔6，4〕の3通り
12になる場合は…〔6，6〕の1通り

あるから，偶数になる場合は全部で

$1+3+5+5+3+1=18$

より，18通りあるから，求める確率は

$$\frac{18}{36}=\frac{1}{2}$$

レベルアップ この問題を，次のように考えてはいけない。

目の数の和は2から12まで11通りあり，そのうち，偶数は2，4，6，8，10，12の6通りだから，求める確率は

$$\frac{6}{11}$$

※2から12までの11通りが起こることは同様に確からしくない。

ひろとさん…（例）出た目の数の積が12になる確率を求めなさい。

解答 出た目の数の積が12となるのは

〔2，6〕，〔3，4〕，〔4，3〕，〔6，2〕

の4通りあるから，求める確率は

$$\frac{4}{36}=\frac{1}{9}$$

ポイント

Aの起こらない確率

ことがらAの起こらない確率は

（Aの起こらない確率）＝1－（Aの起こる確率）

問 1 大小2つのさいころを投げるとき，出た目の数の積が偶数になる確率を求めなさい。

教科書 p.169

➔ 教科書 p.220 61
（ガイドp.247）

考え方 さいころの目の出方は，次の場合があります。

〔偶数，奇数〕，〔奇数，偶数〕，〔偶数，偶数〕，〔奇数，奇数〕

このうち，出た目の数の積が偶数になるのは，少なくとも一方が偶数となる場合で

（偶数）×（奇数），（奇数）×（偶数），（偶数）×（偶数）

の場合です。すなわち，（奇数）×（奇数）にならない場合です。

解答 起こりうる場合は全部で36通りあり，どの場合が起こることも同様に確からしい。

このうち，出た目の数の積が偶数になるのは，少なくともどちらか一方が偶数である

〔偶数，奇数〕，〔奇数，偶数〕，〔偶数，偶数〕

の場合で，それ以外の

〔奇数，奇数〕

の場合は，出た目の数の積が奇数になる。

〔奇数，奇数〕となるのは

〔1，1〕，〔1，3〕，〔1，5〕，〔3，1〕，〔3，3〕，〔3，5〕，〔5，1〕，〔5，3〕，〔5，5〕

の9通りあるから

$$\left(\begin{array}{l}\text{出た目の数の積が}\\ \text{偶数になる確率}\end{array}\right) = 1-\left(\begin{array}{l}\text{出た目の数の積が}\\ \text{奇数になる確率}\end{array}\right)$$

$$= 1-\frac{9}{36}$$

$$= \frac{3}{4}$$

基本の問題

教科書 ➔ p.170

1 袋（ふくろ）の中に，赤球3個，青球2個，白球4個が入っています。この袋の中から球を1個取り出すとき，それが青球である確率を，次の順序で求めなさい。

(1) 起こりうる場合は全部で何通りありますか。

(2) 青球を取り出す場合は何通りありますか。

(3) 青球を取り出す確率を求めなさい。

考え方 確率を求めるときは，同じ色の球を区別して考えます。

解答 (1) 袋の中には球は全部で，$3+2+4=9$（個）入っているから，起こりうる場合は全部で

9通り

9通りのどの場合が起こることも同様に確からしい。

(2) 青球は2個入っているから，取り出す場合は　2通り

(3) (1)，(2)より，求める確率は　$\frac{2}{9}$

6章 確率

2　1，2，3，4の数を1つずつ記入した4枚のカードがあります。このカードをよくきってから1枚ずつ2回続けてひき，ひいた順にカードを並べて，2けたの整数をつくります。

(1)　樹形図をかき，できる2けたの整数をすべてあげなさい。

(2)　できる整数が32以上になる確率を求めなさい。

解答　(1)　樹形図は右のようになる。

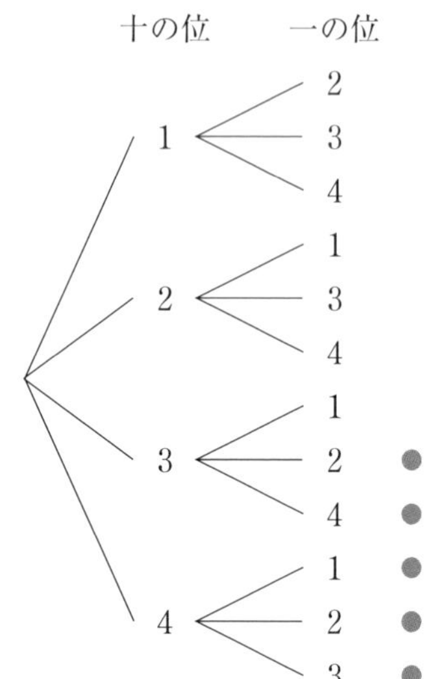

樹形図より，できる整数は

12，13，14，

21，23，24，

31，32，34，

41，42，43

(2)　2けたの整数は(1)より，全部で12通りでき，どの整数ができることも同様に確からしい。

このうち，32以上になるのは，樹形図の右に●印をつけた

32，34，41，42，43

の5通りある。

したがって，求める確率は　$\dfrac{5}{12}$

3　バドミントン部員A，B，Cの3人のなかから，くじびきで2人を選んでダブルスのチームをつくります。

このとき，チームのなかにAがふくまれる確率を求めなさい。

考え方　AとCが選ばれても，CとAが選ばれても，ダブルスのチームの構成としては同じであることに注意して，すべての組み合わせを考えよう。

解答　A，Bが選ばれることを {A，B} と表す。

ダブルスの組み合わせの起こりうる場合は全部で

{A，B}，{A，C}，{B，C}

の3通りあり，どの場合が起こることも同様に確からしい。

このうち，チームのなかにAがふくまれるのは

{A，B}，{A，C}

の2通りある。

したがって，求める確率は　$\dfrac{2}{3}$

2節 確率による説明

深い学び　あたりやすいのは？

教科書 ➔ p.171～172

A，Bの2人が1枚ずつカードをけずるとき，どれとどれがもっとも出やすいでしょうか。

❶ 次のどの場合がもっとも出やすいか予想してみましょう。

(ア)　2人とも「ジュース」が出る

(イ)　2人とも「はずれ」が出る

(ウ)　1人は「はずれ」が出て，1人は「ジュース」が出る

❷ 予想が正しいかどうかを調べて，説明してみましょう。

❸ ゆうなさんとそうたさんの数え方のどこにちがいがあるでしょうか。
また，まちがっている場合は正しく書きなおしましょう。

❹ ❶の(ア)，(イ)，(ウ)のうち，もっとも出やすいのはどれですか。
その理由を，樹形図や表を使って説明してみましょう。

❺ 学習をふり返ってまとめをしましょう。

❻ 問題の条件を変えて，考えてみましょう。

解答 ❶，❷ 省略

❸ ゆうなさんは，2つのジュースや3つのはずれを区別せずに考えている。
ゆうなさんの数え方はまちがっている。
2つのジュースを$ジ_1$，$ジ_2$，3つのはずれを$は_1$，$は_2$，$は_3$と区別して樹形図をかくと

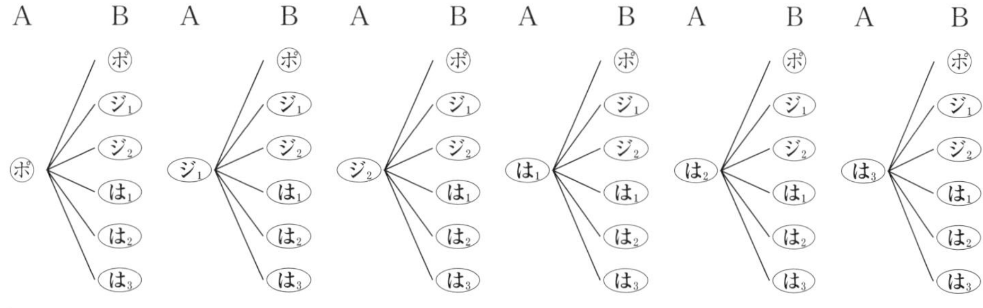

となる。

❹ (ア)，(イ)，(ウ)が起こる場合を表に書き入れると，右のようになる。
起こりうる場合は全部で36通りあり，どの場合が起こることも同様に確からしい。このうち

(ア)が起こる場合は，表より　4通り
(イ)が起こる場合は，表より　9通り
(ウ)が起こる場合は，表より　12通り

A＼B	ポ	ジ	ジ	は	は	は
ポ						
ジ		(ア)	(ア)	(ウ)	(ウ)	(ウ)
ジ		(ア)	(ア)	(ウ)	(ウ)	(ウ)
は		(ウ)	(ウ)	(イ)	(イ)	(イ)
は		(ウ)	(ウ)	(イ)	(イ)	(イ)
は		(ウ)	(ウ)	(イ)	(イ)	(イ)

したがって，(ア)，(イ)，(ウ)が起こる確率はそれぞれ

(ア)…$\frac{4}{36}=\frac{1}{9}$

(イ)…$\frac{9}{36}=\frac{1}{4}$

(ウ)…$\frac{12}{36}=\frac{1}{3}$

となり，(ウ)の確率がもっとも大きいから，(ウ)がもっとも出やすいといえる。

❺，❻ 省略

レベルアップ Aのけずり方は6通りあって，その6通りのそれぞれについてBのけずり方が6通りあるから，けずり方の起こりうる場合は全部で

$6\times6=36$(通り)

と求めることもできる。

問 1

教科書 p.173

5本のうち3本のあたりくじが入っているくじがあります。A，Bの2人がこの順に1本ずつくじをひくとき，どちらのほうがあたる確率が大きいですか。

上の問題で，あたりくじに❶，❷，❸，はずれくじに④，⑤の番号をつけ，A，Bの2人のくじのひき方を樹形図をかいて調べると，右のようになります。

このことから，A，Bのあたる確率をそれぞれ求め，くじを先にひくのと，あとにひくのとで，あたりやすさにちがいがあるかを説明しなさい。

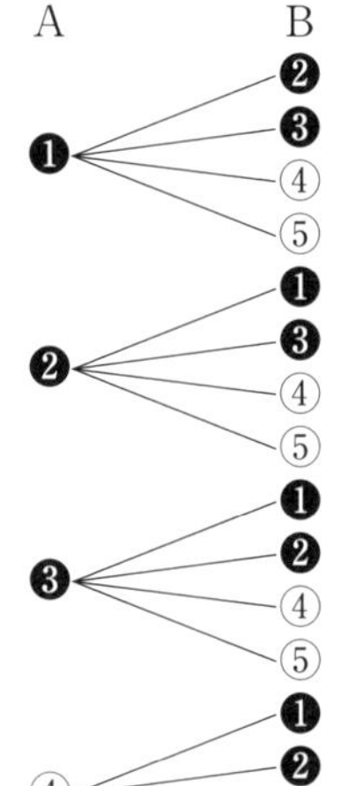

考え方 右の樹形図から，AとBがあたりくじをひく場合はそれぞれ何通りあるかを求め，確率にちがいがあるかどうかを調べよう。

解答 起こりうる場合は全部で20通りあり，どの場合が起こることも同様に確からしい。

Aのあたる確率は

$\frac{12}{20}=\frac{3}{5}$

Bのあたる確率は

$\frac{12}{20}=\frac{3}{5}$

2人のあたる確率は同じだから，くじを先にひくのと，あとにひくのとで，あたりやすさにちがいはない。

そうたさん…くじの本数やあたりの本数を変えても，くじを先にひくのと，あとにひくのとで，あたりやすさにちがいはない。

要点チェック

□確率の求め方

起こりうる場合が全部でn通りあり，どの場合が起こることも同様に確からしいとする。そのうち，ことがらAの起こる場合がa通りあるとき，Aの起こる確率pは

$$p=\frac{a}{n}$$

である。

✓を入れて，
理解を確認しよう。

章の問題A

教科書 ➔ p.174

1 次の文章は，さいころの目の出方について説明したものです。㋐～㋒のうち，正しいものをいいなさい。

㋐ さいころを60回投げると，1の目はかならず10回出る。

㋑ さいころを1回投げるとき，3の目が出る確率と6の目が出る確率は同じである。

㋒ さいころを1回投げて1の目が出たから，次にこのさいころを投げるときは，1の目が出る確率は$\frac{1}{6}$より小さくなる。

考え方 ㋐ 1の目が出る確率は，起こると期待される程度を数で表したもので，かならずその割合で起こるという意味ではありません。

㋑ 3の目が出る確率は$\frac{1}{6}$，6の目が出る確率も$\frac{1}{6}$です。

㋒ 次にさいころを投げて何の目が出るかは，その前に1回投げたときに出た目とは関係がありません。

解答 正しいものは…㋑

2 1から5までの整数が1つずつ書かれた5枚のカードから1枚ひくとき，㋐，㋑のことがらの起こりやすさは同じであるといえますか。

㋐ 偶数の書かれたカードをひく

㋑ 奇数の書かれたカードをひく

考え方 確率が等しいとき，起こりやすさは同じであるといえます。

解答 カードのひき方は5通りあり，どの場合が起こることも同様に確からしい。

㋐ 偶数2，4の書かれたカードをひく確率…$\frac{2}{5}$

㋑ 奇数1，3，5の書かれたカードをひく確率…$\frac{3}{5}$

したがって，㋐，㋑のことがらの起こりやすさは同じであるとはいえない。

3　5本のあたりくじが入っている100本のくじから1本ひくとき，あたりくじをひく確率を求めなさい。

解答　起こりうる場合は全部で100通りあり，どの場合が起こることも同様に確からしい。
このうち，あたりくじをひく場合は5通りあるから，求める確率は

$$\frac{5}{100}=\frac{1}{20}$$

4　A，B，Cの3人の女子と，D，Eの2人の男子がいます。
女子のなかから1人，男子のなかから1人をそれぞれくじびきで選んで，テニスのダブルスのペアをつくります。
このとき，AとEがペアになる確率を求めなさい。

考え方　樹形図をかいて考えよう。

解答　ペアのつくり方は右の図のように，全部で6通りあり，どの場合が起こることも同様に確からしい。このうち，AとEがペアになるのは，●をつけた1通りある。

したがって，求める確率は　$\frac{1}{6}$

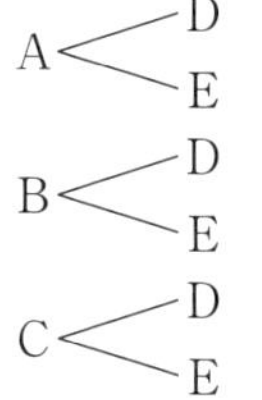

5　袋の中に，赤球，白球，青球が1個ずつ入っています。この袋の中から球を1個ずつ3回続けて取り出し，取り出した順に1列に並べます。
このとき，赤球と白球がとなり合って並ぶ確率を求めなさい。

考え方　樹形図をかいて考えよう。

解答　1回目　2回目　3回目　赤—白—青●，赤—青—白

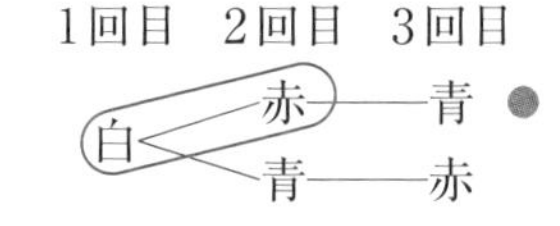

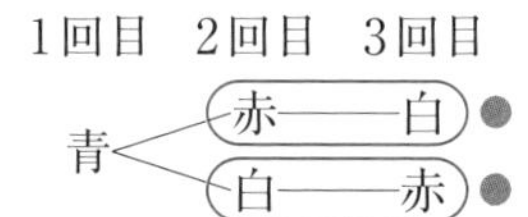

球の並び方は上の図のように，全部で6通りあり，どの場合が起こることも同様に確からしい。
このうち，赤球と白球がとなり合って並ぶのは，●印をつけた4通りある。

したがって，求める確率は　$\frac{4}{6}=\frac{2}{3}$

6　下の□にあてはまることばを入れ，求める確率が$\frac{1}{2}$になるような問題をつくりなさい。

1つのさいころを投げるとき，出た目の数が□となる確率を求めなさい。

考え方　1つのさいころを投げるとき，出る目は6通りあります。求める確率が$\frac{1}{2}$だから，起こりうる場合が3通りあることがらを考えればよい。

解答　奇数（1，3，5），偶数（2，4，6），4の約数（1，2，4），素数（2，3，5），
3以下の整数（1，2，3），4以上の整数（4，5，6）など。

章の問題B

教科書 ➔ p.175〜176

1 大小2つのさいころを投げて，大きいさいころの出た目の数をx，小さいさいころの出た目の数をyとします。
このとき，次の確率を求めなさい。
(1) $x+y$の値が素数になる確率
(2) $2x+y=8$が成り立つ確率

考え方 (1) 2つのさいころの目の数の和は2から12までの整数となります。このうち素数は2，3，5，7，11です。
(2) x, yの値が1から6までの自然数であるという条件から，あてはまるx, yの値を求めます。このとき，$2x+y=8$をyについて解いて　$y=-2x+8$と変形しておくと，値が求めやすくなります。

解答 x，yの値の組は全部で36通りあり，どの場合が起こることも同様に確からしい。
(1) $x+y$の値の範囲は2以上12以下の整数で，この範囲にふくまれる素数は
　2，3，5，7，11
である。
　$x+y=2$のとき　〔1，1〕の1通り
　$x+y=3$のとき　〔1，2〕，〔2，1〕の2通り
　$x+y=5$のとき　〔1，4〕，〔2，3〕，〔3，2〕，〔4，1〕の4通り
　$x+y=7$のとき　〔1，6〕，〔2，5〕，〔3，4〕，〔4，3〕，〔5，2〕，〔6，1〕の6通り
　$x+y=11$のとき　〔5，6〕，〔6，5〕の2通り
より，$x+y$の値が素数になるのは
　$1+2+4+6+2=15$(通り)
ある。したがって，求める確率は
$$\frac{15}{36}=\frac{5}{12}$$
(2) $2x+y=8$を変形すると，$y=-2x+8$となる。この式のxに1から6までの値を代入し，yが1から6までの自然数になるようなx，yの値の組を求める。
$y=-2x+8$で
　$x=1$のとき　$y=-2\times1+8=6$　○　〔1，6〕
　$x=2$のとき　$y=-2\times2+8=4$　○　〔2，4〕
　$x=3$のとき　$y=-2\times3+8=2$　○　〔3，2〕
　$x=4$のとき　$y=-2\times4+8=0$　×
　$x=5$，$x=6$のときは，yが負の数になるから，あてはまるyの値はない。
したがって，$2x+y=8$が成り立つx，yの値の組は3通りある。
したがって，求める確率は　$\frac{3}{36}=\frac{1}{12}$

2　右の図のように，1辺が1cmの正三角形ABCがあります。点Pは頂点Aの位置にあり，1枚の硬貨を1回投げるごとに，表が出れば2cm，裏が出れば1cmだけ，正三角形の辺上をA，B，C，A，B，C，…の順に動きます。

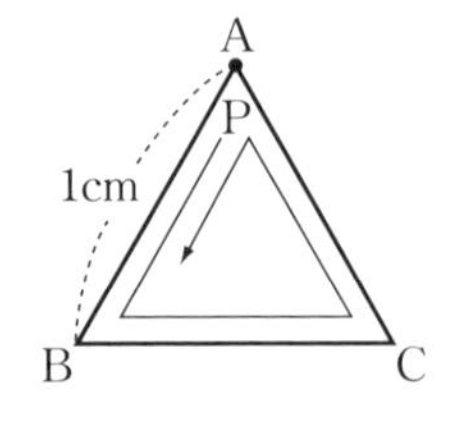

(1)　1枚の硬貨を1回投げたとき，表が出ました。このとき，点Pはどの頂点にありますか。

(2)　1枚の硬貨を2回投げるとき，点Pが頂点Aの位置にもどる確率を求めなさい。

(3)　1枚の硬貨を3回投げるとき，点Pが頂点Bにある確率を求めなさい。

考え方　(1)　表が出たから，点Pは2cmだけ動きます。

(2)，(3)　表裏の出方を樹形図をかいて調べ，そのときの点Pの位置を求めよう。

解答　(1)　2cmだけ動くから，点Pは頂点Cにある。

(2)　表裏の出方の樹形図をかくと

1回目　2回目　動いた長さ（cm）

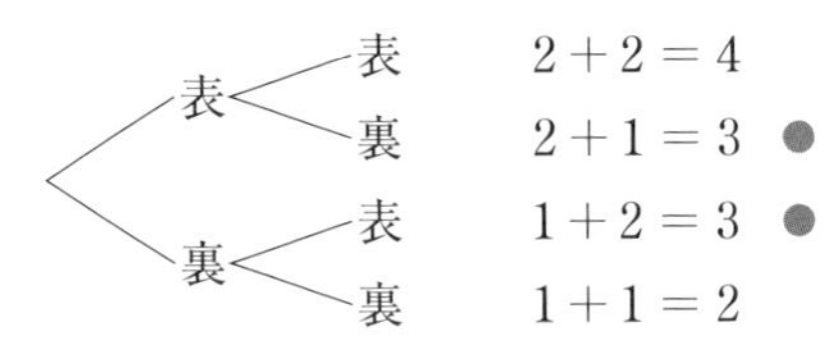

となり，表裏の出方は全部で4通りあり，どの場合が起こることも同様に確からしい。

このうち，点Pが頂点Aにもどるのは，点Pが3cmだけ動いたときで，2通りある。

したがって，求める確率は　$\dfrac{2}{4}=\dfrac{1}{2}$

(3)　表裏の出方の樹形図をかくと

1回目　2回目　3回目　動いた長さ（cm）

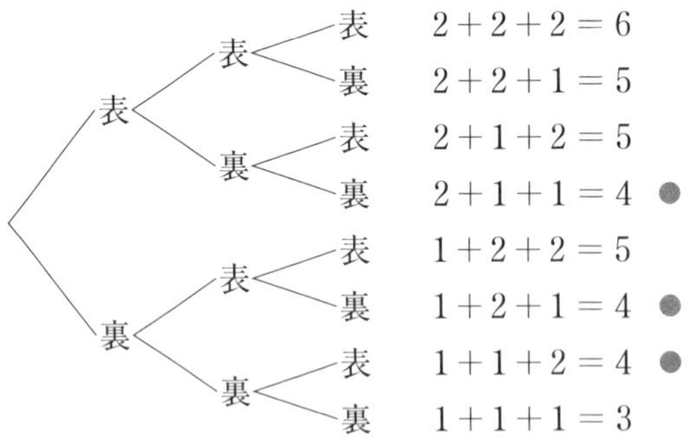

となり，表裏の出方は全部で8通りあり，どの場合が起こることも同様に確からしい。

このうち，点Pの最後の位置が点Bとなるのは，点Pが4cmだけ移動したときで，3通りある。したがって，求める確率は　$\dfrac{3}{8}$

3 右の図のような正六角形ABCDEFがあります。また，袋の中には，B，C，D，E，Fと書かれた5枚のカードが入っています。
袋の中から2枚のカードを取り出し，それらのカードと同じ文字の頂点と頂点Aの3点をそれぞれ結んで，三角形をつくります。

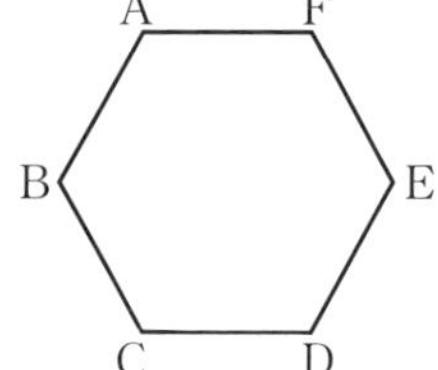

(1) C，Eのカードを取り出したとき，どんな三角形ができますか。
(2) C，Eのカードを取り出す場合を｛C，E｝と表すとき，カードの取り出し方をすべて書きなさい。
(3) できる三角形が二等辺三角形になる確率を求めなさい。

考え方 (2) 樹形図をかいて考えよう。このとき，CとEのカードを選んでも，EとCのカードを選んでも，できる三角形は同じであることに注意して組み合わせを考えよう。
(3) 二等辺三角形になる場合は
1 1つの頂点とその両どなりにある頂点を結ぶとき
2 1つおきに頂点を結んで，正三角形になるとき
です。正三角形になる場合もふくめて考えることに注意しよう。

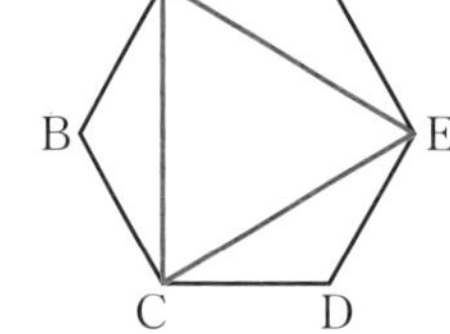

解答 (1) 右の図のようになり，△ACEは正三角形となる。
(2) 樹形図は右のようになるから，カードの取り出し方は

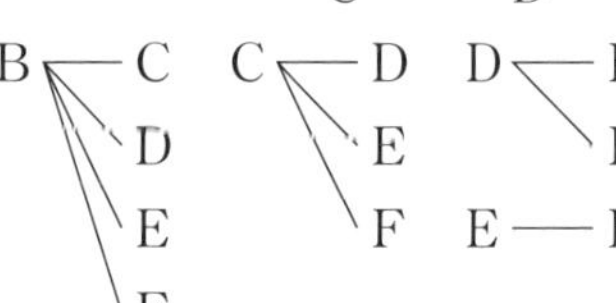

｛B，C｝，｛B，D｝，｛B，E｝，｛B，F｝，
｛C，D｝，｛C，E｝，｛C，F｝，
｛D，E｝，｛D，F｝，
｛E，F｝

となる。
(3) カードの取り出し方は(2)で求めたように10通りあり，どの場合が起こることも同様に確からしい。このうち，できる三角形が二等辺三角形になる場合は
｛B，C｝，｛B，F｝，｛C，E｝，｛E，F｝
の4通りあるから，求める確率は

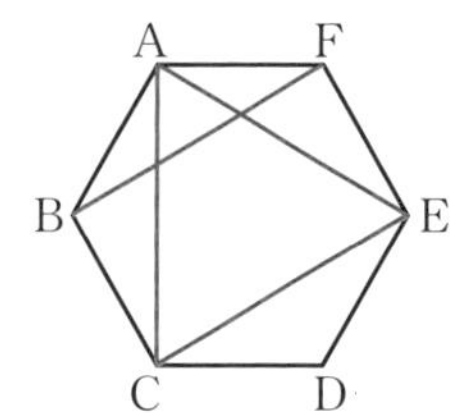

$$\frac{4}{10}=\frac{2}{5}$$

4 
活用の問題

じゃんけんをするとき，人数が多くなると，あいこの回数が増えて，なかなか勝敗が決まらないことがあります。
そこで，ひろとさんは，じゃんけんをするときの人数と，あいこになる確率の関係を調べてみることにしました。
ただし，どの人についても，グー，チョキ，パーのどれを出すことも同様に確からしいとします。
(1) A，Bの2人が1回じゃんけんをするとき，あいこになる確率を求めなさい。
(2) A，B，Cの3人が1回じゃんけんをするとき，あいこになる確率を求めなさい。
(3) A，B，C，Dの4人が1回じゃんけんをするとき，あいこになる確率を求めなさい。

考え方 ⑵，⑶　樹形図をかき，そのときの手の出方があいこになるかどうかを考えよう。
3人以上でじゃんけんをするとき，あいこになるのは
1　全員が同じ手のとき
2　グー，チョキ，パーのすべての手が出るとき
のどちらかの場合です。

解答 ⑴　起こりうる場合は全部で9通りあり，どの場合が起こることも同様に確からしい。このうち，あいこになる場合は，2人が同じ手を出したときで，右の樹形図で●印をつけた場合の3通りある。

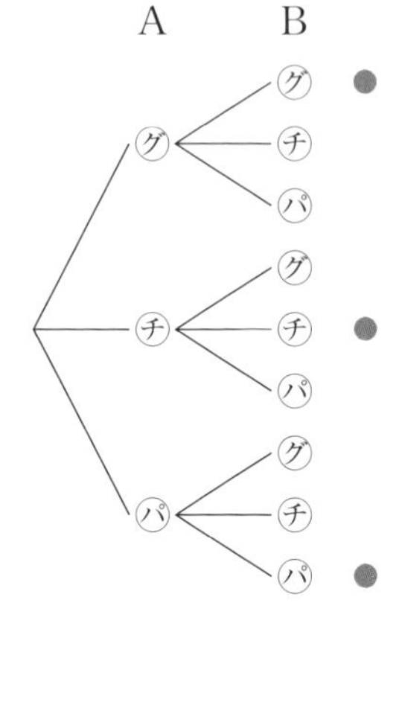

したがって，求める確率は

$$\frac{3}{9}=\frac{1}{3}$$

⑵　Aが㋖のときのA，B，C 3人の出し方の樹形図をかくと

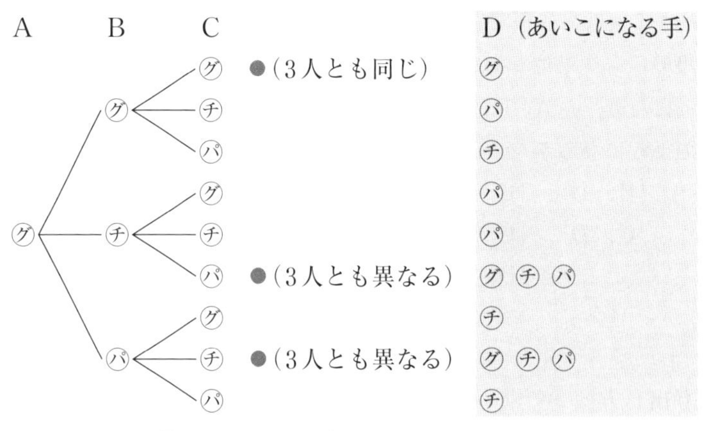

となり，Aが㋖のときの出し方は全部で9通りで，あいこになる場合は●をつけた3通りある。Aが㋠，㋩のときも同じだから，3人でじゃんけんをするときの起こりうる場合は全部で$9\times3=27$(通り）あり，どの場合が起こることも同様に確からしい。このうち，あいこになるのは$3\times3=9$(通り）ある。
したがって，求める確率は

$$\frac{9}{27}=\frac{1}{3}$$

⑶　4人のときについて，⑵でかいた樹形図をもとに考える。
それぞれの場合について，Dの出し方は3通りずつあるから，Aが㋖のときの出し方は

$9\times3=27$(通り）

ある。次に，A，B，Cが樹形図にある手を出したときに，Dが何を出すとあいこになるかを考えると，⑵の樹形図で影をつけた部分で，13通りある。
Aが㋠，㋩のときも同じだから，4人でじゃんけんをするときあいこになる確率は

$$\frac{13\times3}{27\times3}=\frac{13}{27}$$

人数を増やすとあいこになる確率は大きくなる。

7章 [データの比較] データを比較して判断しよう

1節 四分位範囲と箱ひげ図

A店では，花見の時期にどの商品がよく売れていたでしょうか。

教科書 p.178～179

❶ 図（省略）は,スナック菓子のデータを「花見期間」と「直前期間」に分けて，ヒストグラムに表したものです。どんなことが読みとれるでしょうか。

❷ 平日と休日のちがいを調べるために,「花見期間」と「直前期間」のデータを，さらに平日と休日に分けて，比較してみましょう。

解答 ❶（例）・花見期間のほうが全体的に右に寄っているから，花見期間のほうが販売数は多くなっている。

・直前期間では，柱が1つだけはなれたところにある。何かのできごとがあり，その日だけ販売数が多くなったのかもしれない。

・重なっていて見づらい。

・度数折れ線をかけばもう少し見やすくなるかもしれない。

❷（例）・平日は，花見期間も直前期間も山型になっているが，花見期間のほうが山が右に寄っている。このことから，平日は，花見期間のほうが，販売数が多くなる傾向にあるが，散らばり具合は似ているといえる。

・休日は，花見期間のほうが，すそのの広い山型になっている。このことから，花見期間のほうが，販売数が多くなる傾向にあるが，販売数にはばらつきがあるといえる。

・4つのヒストグラムを重ねてかけば比較しやすいかもしれない。

・4つも重ねたら見づらいので，度数折れ線を重ねてみればよい。

・休日のほうがデータの数が少なく平日との比較がしづらいので，相対度数を求めて比較したほうがよい。

1 四分位範囲と箱ひげ図

ことばの意味

● **箱ひげ図**

複数のデータの分布を比較するとき，下の図のような**箱ひげ図**を用いることがある。

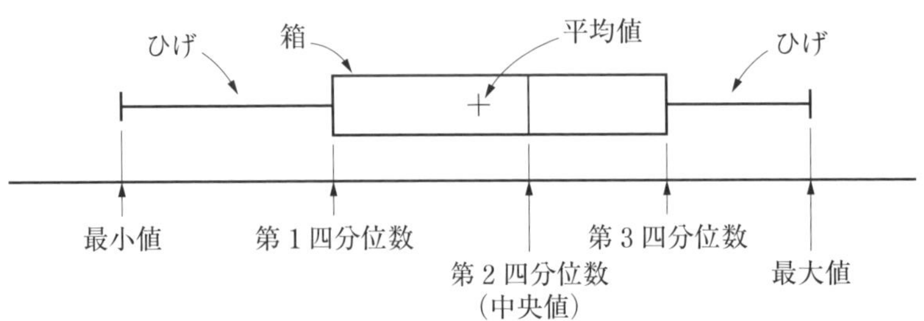

● **四分位数**

データを小さい順に並べて4等分したときの，3つの区切りの値を**四分位数**といい，小さいほうから順に，**第1四分位数**，**第2四分位数**，**第3四分位数**という。

● **四分位範囲**

箱の横の長さは，第3四分位数から第1四分位数をひいた差で求められる。
この値を**四分位範囲**という。

（四分位範囲）＝（第3四分位数）－（第1四分位数）

Q スナック菓子の「花見期間」の平日と休日，「直前期間」の平日と休日の販売数の傾向を比較してみましょう。

教科書 p.180～182

➔ 教科書 p.221 62
（ガイドp.249）

❶ データをもとにして，表を完成させましょう。
また，四分位範囲を求めてみましょう。

❷ ❶の表をもとに，箱ひげ図を図にかき入れてみましょう。
この図から，どんなことが読みとれるでしょうか。

考え方 ❶ 四分位数を求めるとき，中央値は，データの個数が偶数のときと奇数のときでは求め方がちがうことに注意しよう。次ページの解答の表で

ア…最小値をふくむほうのデータの個数が23個で奇数だから，第1四分位数は11番目の値になります。

イ…最小値をふくむほうのデータの個数が10個で偶数だから，第1四分位数は5番目と6番目の値の平均値になります。

❷ 四分位数や箱の長さ（四分位範囲）や位置，ひげの長さ（範囲）を比べて，販売数の傾向を読みとろう。

解答 ❶

	最小値	第1四分位数	第2四分位数	第3四分位数	最大値	四分位範囲
花見期間(平日)	41	57.5	69	78.5	96	21
直前期間(平日)	36	ア 47	55	68	110	21
花見期間(休日)	43	イ 67	82	91	105	24
直前期間(休日)	39	46	52	62	77	16

❷

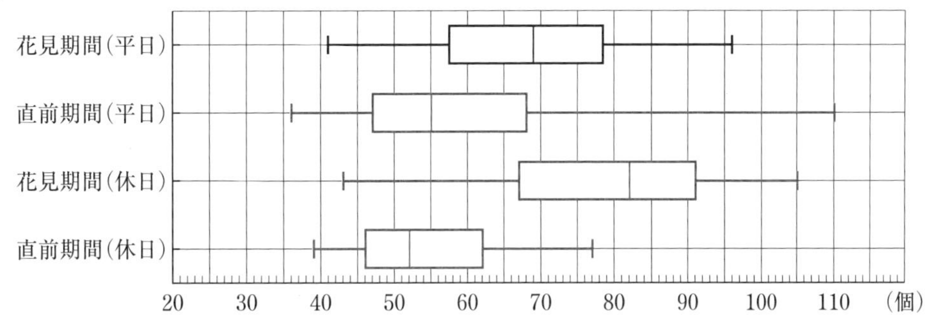

・直前期間の平日と休日を比較すると，平日のほうが箱や右のひげが大きいので，平日の販売数のばらつきが大きい。

・休日を比較すると，花見期間のほうが直前期間よりも全体的に右に寄っているので，販売数が多くなっているといえる。

・平日を比較すると，花見期間の第1四分位数が直前期間の第2四分位数をこえており，55個以上販売した日が直前期間では全体の50%であるのに対し，花見期間では全体の75%以上あり，平日は花見期間のほうがよく売れるといえる。

・花見期間を比較すると，平日の第2四分位数と休日の第1四分位数がほとんど同じだから，休日では，65個以上売れた日が全体の75%ほどあり，休日のほうが販売数が多いといえる。

・平日の直前期間は，ひげが全体に長いので，販売数のばらつきが大きいといえる。

・休日の直前期間は，ひげが全体に短いので，販売数のばらつきが小さいといえる。

レベルアップ 箱ひげ図はデータを4等分した区切りの値を図で示したものだから，下の図のように，それぞれの区間にデータの約25%ずつがふくまれている。

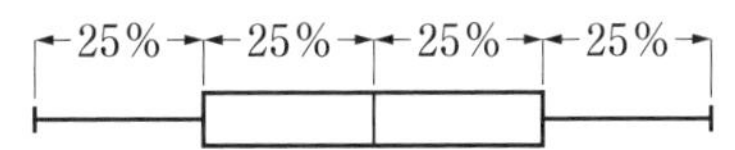

ヒストグラムと箱ひげ図を対応させて，それぞれのよさやちがいについて，話し合ってみましょう。

教科書 p.183

➡ 教科書 p.221 63
（ガイドp.249）

解答 **ヒストグラム**

・分布の形や最頻値（さいひんち）がわかりやすいが，中央値はわかりにくい。
・全体の分布のようすがわかりやすい。
・どの区間にデータが存在しているのかがわかる。
・極端な値があるかどうかがわかる。
・それぞれの階級にいくつのデータがあるのかがわかる。

箱ひげ図

・中央値を基準にした散らばりのようすがとらえやすい。
・中央値がすぐわかる。
・全体の50％のデータが集中している区間などがわかりやすい。
・ひげや箱の長さは度数の大きさには関係しないので，データ数が異なるとき，散らばりを比べやすい。
・複数のデータを比較しやすい。

箱ひげ図を用いて，各商品の販売数の傾向を調べてみましょう。

教科書 p.184

➡ 教科書 p.221 64
（ガイドp.249）

❶ スナック菓子，茶系飲料，炭酸飲料，チョコレートそれぞれについて，販売数の傾向を調べてみましょう。
❷ これまで調べたことから，花見の時期にどの商品がよく売れていたといえますか。
❸ あなたが店長だったら，花見の時期に合わせて，どの商品の仕入れを増やしますか。
また，その理由を説明してみましょう。

解答 ❶ **スナック菓子**（教科書182ページ❷，ガイド213ページ参照）

・花見期間は，平日は，箱ひげ図から対称な分布になりそうだが，休日は，左にゆがんだ分布となっていると考えられる。
・直前期間は，平日も休日も，右にゆがんだ分布になっていると考えられる。

茶系飲料

・花見期間も直前期間も，平日のほうが全体的に大きく右に寄っているので，平日のほうが休日よりも販売数は多くなっている。
・平日は，いずれの最小値も直前期間の休日の第3四分位数をこえていることから，直前期間の休日に約90本以上売れた日が全体の約25％であったのに対して，平日では，どの日も90本以上売れている。

・花見期間の休日以外は，ひげの長さにかかわらず箱の大きさはほとんど同じだから，散らばり具合が似ているといえる。
・直前期間の平日は，第2四分位数より左の部分の箱の大きさが小さく，全体の25%がここに入るので，売れる数が予想しやすい。
・平日に関しては，花見期間のほうが箱ひげ図がすこし右に寄っているので，販売数が多い傾向がありそうだが，それほど大きなちがいではない。
・花見期間の休日は4つの期間のうちで最小値がもっとも小さく，箱やひげも長いので，販売数の散らばり具合が大きいといえる。

炭酸飲料

・花見期間と直前期間を比較すると，平日，休日のどちらも，花見期間のほうが直前期間よりも箱ひげ図の箱が右に寄っているので，花見期間のほうが販売数が多い傾向にあるといえる。
・花見期間の販売数の第1四分位数が，平日も休日も直前期間の第2四分位数と比べて大きいので，花見期間のほうが販売数が多い傾向にあるといえる。

チョコレート

・花見期間，直前期間とも，平日の第1四分位数が休日の第3四分位数をこえているので，平日のほうがよく売れる傾向にあるといえる。
・直前期間の平日の箱ひげ図は，第2四分位数と第3四分位数までの幅がとてもせまく販売数が集中しているのに対し，右のひげがとても長いので，極端な値がふくまれていると考えられる。
・花見期間の平日は，中央値に対して対称的な箱ひげ図になっていて，箱の長さがせまい（四分位範囲が小さい）ので，左右対称でとがった山型の分布になっていると考えられる。
・休日は，花見期間も直前期間も箱ひげ図はほとんど同じなので，休日では，花見期間であるかどうかは販売数には影響していないと考えられる。

❷ ・休日どうし，平日どうしをそれぞれ比較したとき，スナック菓子と炭酸飲料は，どちらも花見期間のほうが販売数が多くなっている。
・スナック菓子は，花見期間の休日の第1四分位数が直前期間の休日の第3四分位数をこえており，また，直前期間の平日の第3四分位数とほぼ同じことから，スナック菓子は，花見期間になるととくに休日はよく売れるといえる。

❸ ・スナック菓子は花見期間になると販売数が多くなる傾向があるので，スナック菓子の仕入れを増やしたほうがよい。
・飲料については，炭酸飲料は花見期間になると販売数が多くなる傾向があるので，炭酸飲料の仕入れ数を増やしたほうがよい。

要点チェック

□**箱ひげ図**

ひげ　箱　平均値　ひげ

最小値　第１四分位数　第２四分位数（中央値）　第３四分位数　最大値

□**四分位数**　データを小さい順に並べて4等分したときの，3つの区切りの値を**四分位数**といい，小さいほうから順に，**第1四分位数**，**第2四分位数**，**第3四分位数**という。

□**四分位範囲**　箱の横の長さは，第3四分位数から第1四分位数をひいた差で求められる。この値を**四分位範囲**という。

(四分位範囲) = (第3四分位数) − (第1四分位数)

✓を入れて，理解を確認しよう。

章の問題A

教科書 ➔ p.188

1　次のデータは，10人の生徒の1か月の読書時間を調べ，短いほうから順に整理したものです。このデータについて，次の問に答えなさい。

4　6　9　9　10　11　13　16　18　19　(単位　時間)

(1)　四分位数を求めなさい。

(2)　四分位範囲を求めなさい。

(3)　箱ひげ図をかきなさい。

考え方　(1)　データの個数が10個で偶数だから，第2四分位数（中央値）は，5番目と6番目の平均値になります。

(2)　(四分位範囲) = (第3四分位数) − (第1四分位数)

解答　(1)　第2四分位数…データの個数は10個で偶数だから，小さいほうから5番目と6番目の平均値を求めて　$(10+11)\div 2 = 10.5$ (時間)

第1四分位数…最小値をふくむほうの5個のデータの中央値だから　9時間

第3四分位数…最大値をふくむほうの5個のデータの中央値だから　16時間

答　第1四分位数　9　時間
　　第2四分位数　10.5時間
　　第3四分位数　16　時間

(2) 16 − 9 = 7(時間)　　答　7時間

(3)

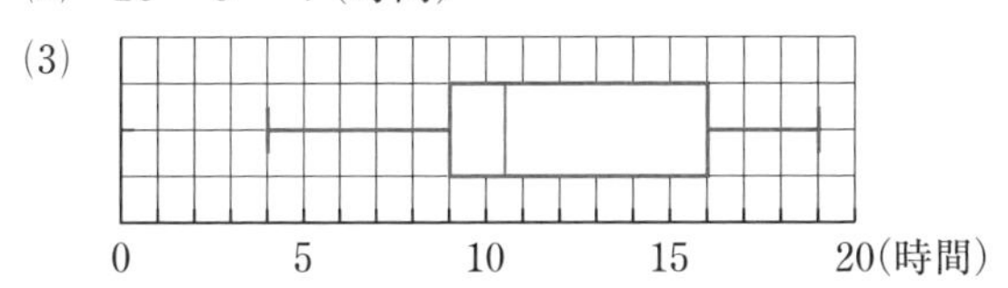

2 次のヒストグラムは，㋐〜㋒の箱ひげ図のいずれかに対応しています。
その箱ひげ図を記号で答えなさい。

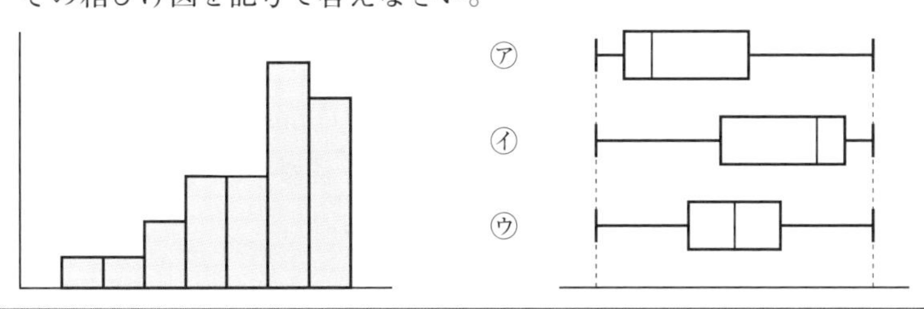

考え方 ヒストグラムで，山の形にどのような特徴があるか考えよう。

解答 ヒストグラムは，山の形が右が高くなっており，データは左にゆがんだ分布だから，対応する箱ひげ図は㋑である。

3 下の図は，あるクラスの1班と2班のそれぞれ20人が，10点満点のゲームをしたときの得点の分布のようすを箱ひげ図に表したものです。
このとき，箱ひげ図から読みとれることとして正しくないものをいいなさい。

㋐　2班の得点のデータのほうが，1班の得点のデータより四分位範囲が大きい。
㋑　どちらの班にも，得点が5点以上の生徒は10人以上いる。
㋒　どちらの班もデータの範囲は7点である。
㋓　どちらの班にも，得点が8点の生徒がかならずいる。

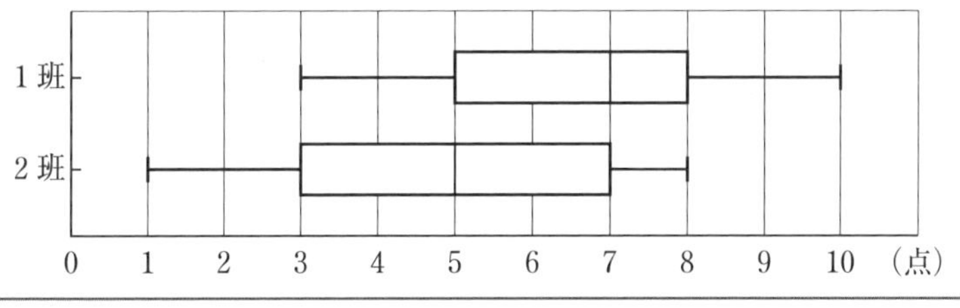

考え方 それぞれ次のことから，正しいかどうかを考えよう。

㋐　(四分位範囲) = (第3四分位数) − (第1四分位数)である。
㋑　1班では，第1四分位数が5点である。2班では，第2四分位数が5点である。
㋒　(範囲) = (最大値) − (最小値)である。
㋓　1班では，第3四分位数が8点である。2班では，最大値が8点である。

解答 ㋐　　1班の得点のデータの四分位範囲は　　8 − 5 = 3(点)
　　2班の得点のデータの四分位範囲は　　7 − 3 = 4(点)
したがって，2班の得点のデータのほうが，四分位範囲が大きいから正しい。

㋑　1班の得点のデータの第1四分位数が5点だから，得点が5点以上の生徒は10人以上いる。
2班の得点のデータの中央値は5点で，データの半数以上は中央値以上だから，得点が5点以上の生徒は10人以上いる。
したがって，どちらの班にも，得点が5点以上の生徒は半数の10人以上いるから，正しい。

㋒　1班のデータの範囲は　$10-3=7$（点）
2班のデータの範囲は　$8-1=7$（点）
したがって，どちらの班もデータの範囲は7点だから，正しい。

㋓　1班のデータの第3四分位数が8点である。1班の人数は20人で，第3四分位数は最大値をふくむほうの10個のデータの中央値だから，ある2つの値の平均値となる。
したがって，1班には得点が8点の生徒がかならずいるとはかぎらない（2つのデータが，たとえば，7点と9点の場合が考えられる。）から，正しくない。（2班のデータの最大値が8点だから，2班には得点が8点の生徒はかならずいる。）

答　㋓

章の問題B

教科書 ➔ p.189

1 活用の問題

体育大会で，クラス対抗の大縄跳（と）びが行われます。
5分間に連続して跳んだ回数がもっとも多いクラスが優勝となります。
体育大会に向けて，どのクラスも1回5分間の練習を，毎日4回から5回行い，各回の最高回数を記録しています。

(1)　箱ひげ図から，優勝するのはどのクラスかを予想し，そう考えた理由を説明しなさい。

(2)　はるかさんの考えについて，データにもどって考え，必要があれば，(1)で予想したことを修正しなさい。また，その理由を説明しなさい。

（表と箱ひげ図は省略）

考え方　(2)　各組の記録を折れ線グラフに表したり，日ごとの平均値を求めたりして，日がたつにつれて，記録がどうなっているかについて調べてみよう。
各組の記録を折れ線グラフに表すと，下のようになります。

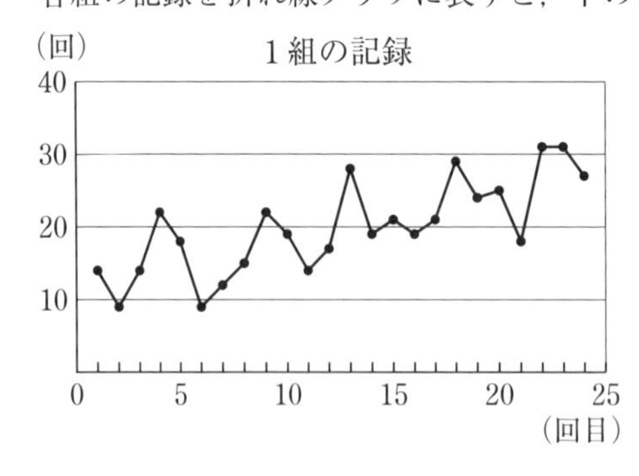

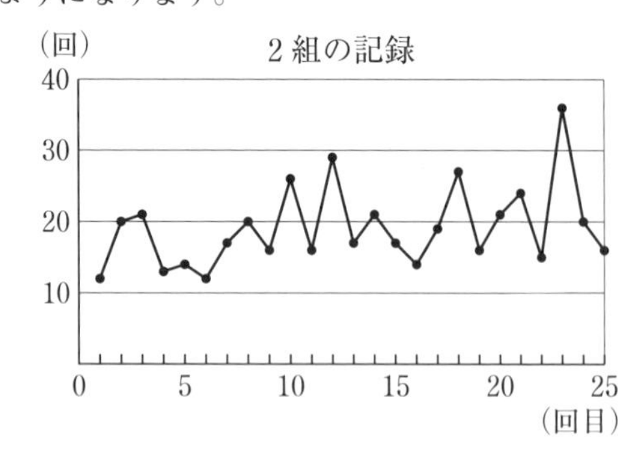

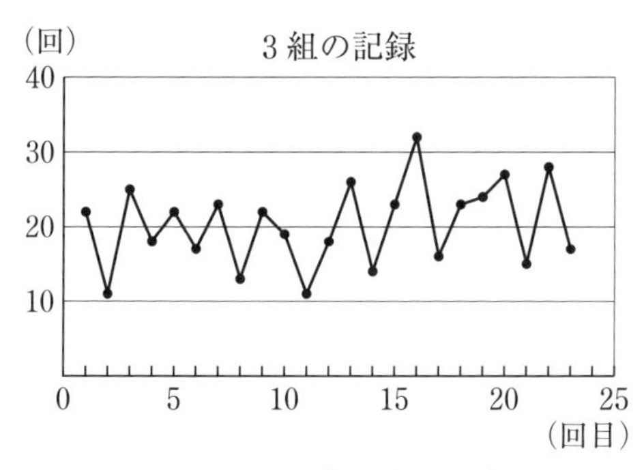

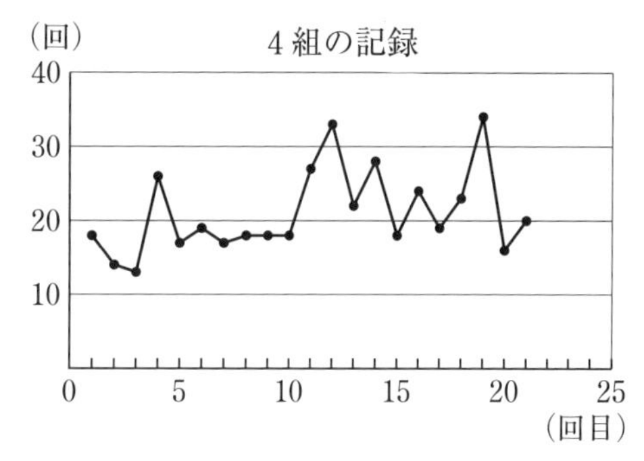

また，日ごとの平均値は次のようになります。

(単位　回)

	1組	2組	3組	4組
1日目	15.4	16.0	19.6	17.4
2日目	15.4	18.2	18.75	18.0
3日目	19.8	20.0	18.0	24.5
4日目	23.25	19.4	23.75	22.25
5日目	26.4	22.0	22.6	23.0

解答 (1) (例)

優勝候補の予想　3組

理由

4つのクラスの箱ひげ図の位置に大きな差はない。箱の部分に着目すると，2組が左に寄っているため，跳んでいる回数が少ない傾向にあることがわかる。

1組，3組，4組は箱の位置はあまり変わらないが，3組の中央値が1組，4組と比べると大きい。したがって，3組が多く跳んでいる傾向にあると考えられるから，優勝候補は3組であると予想する。

(2) (例)

優勝候補を1組に修正

理由

各クラスの最高回数の記録の折れ線グラフで，1組の折れ線グラフをみると，全体的に右上がりの傾向があることから，日がたつにつれて，記録がよくなっていることが読みとれる。いっぽう3組は日がたってもほとんど記録に変化はない。したがって，日がたつにつれて上達していると考えられる1組のほうが，優勝する可能性が大きいと予想できる。

理由

平均値を比べても，1組の平均値が日がたつにつれてよくなっている。また，5日目の各組の平均値を比較すると，1組が26.4回でもっとも大きい。したがって，最新の記録を重視すると，1組が優勝する可能性が大きいと予想できる。

【大切にしたい見方・考え方】ことがらを予想して説明する

教科書 p.194〜195

囲む数を5つに変えるとどうなるでしょうか。また，4つに変えるとどうなるでしょうか。さらに問題を発展させて考えてみましょう。

解答

囲む数が5つのとき

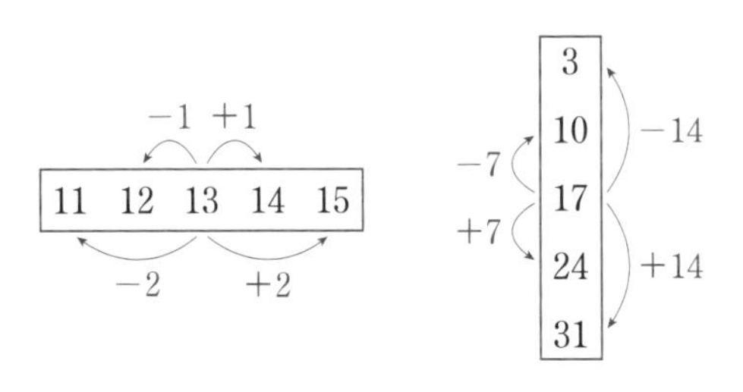

日	月	火	水	木	金	土
				1	2	3
4	5	6	7	8	9	10
11	12	(13)	14	15	16	(17)
18	19	20	21	22	23	24
25	26	27	28	29	30	31

囲む数が3つの場合と同じように，真ん中の数に対してひく数とたす数が同じになっている。したがって，囲んだ5つの数の和を求めると，ひく数とたす数で打ち消されて，その結果，真ん中の数の5倍になる。

囲む数が4つのとき

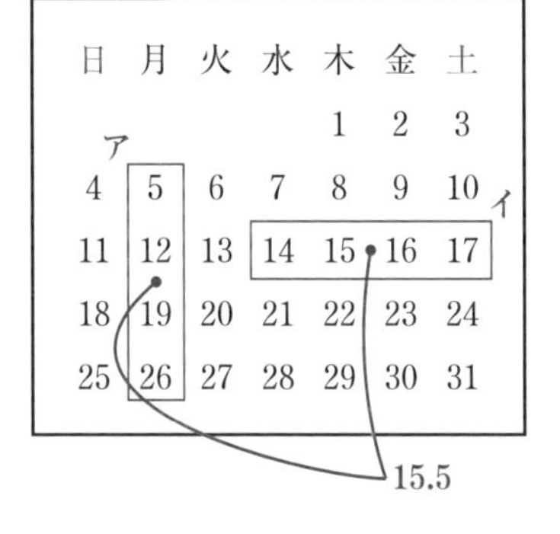

日	月	火	水	木	金	土
				1	2	3
4	5	6	7	8	9	10
11	12	13	14	15	16	17
18	19	20	21	22	23	24
25	26	27	28	29	30	31

アのとき

$5+12+19+26=62=15.5\times4$

イのとき

$14+15+16+17=62=15.5\times4$

どちらも15.5の4倍となっているが

アのとき　$15.5=\dfrac{12+19}{2}$

イのとき　$15.5=\dfrac{15+16}{2}$

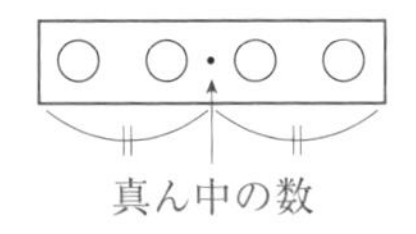

で，15.5は4つの数のうちの2番目と3番目の数の平均，すなわち，2番目と3番目の数の真ん中の数となっている。このことから，15.5を4つの数の真ん中の数とみると，囲む数が4つの場合でも，真ん中の数の4倍になっていると考えることができる。

このように

囲む数が奇数のときは　(真ん中の数)×(囲んだ数)

囲む数が偶数のときは　(中央の2つの数の平均)×(囲んだ数)

‖

(真ん中の数)

となる。

囲む数が偶数のときでも，真ん中の数を考えることによって，奇数の場合と同じように考えられるね。

【大切にしたい見方・考え方】 説明の根拠をふり返る

教科書 p.197

2つの求め方の説明の根拠を比べてみましょう。

解答

ゆうなさんの考え

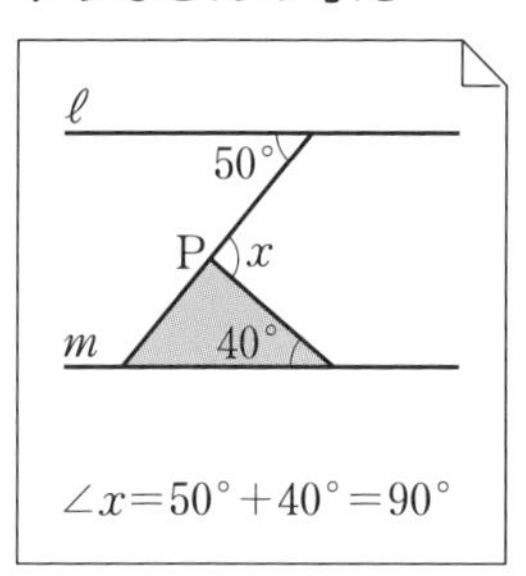

そうたさんの考え

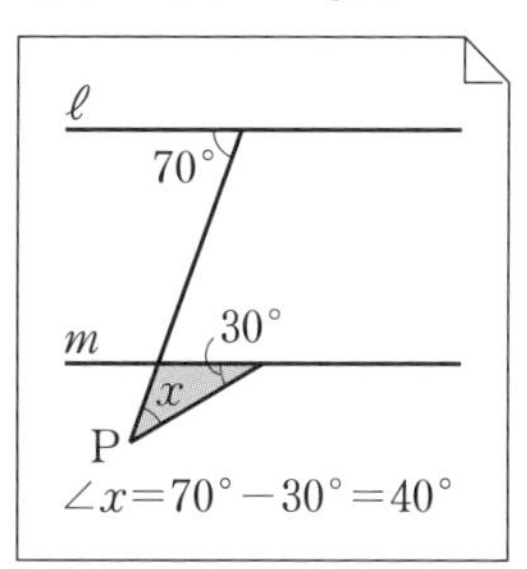

どちらの求め方でも，色をつけた三角形について，外角は，となり合わない2つの内角の和に等しいという性質を根拠にして求めている。

ゆうなさんの考え…$\angle x$が外角になっている。

そうたさんの考え…$\angle x$が内角になっている。

【数学の自由研究】 17段目のふしぎ

教科書 p.202

やってみよう

考え方 ❸ 1段目に入る数をa，2段目に入る数をbとすると

3段目に入る数は

$a+b$

の一の位の数

4段目に入る数は

$b+(a+b)=a+2b$

の一の位の数

となります。

この計算を続けて，17段目に入る数を考えよう。

それぞれの段に入る数は，和をそのまま計算したときの一の位だけを書くと考えます。

解答　❶ 右の表の①のように，1段目に入る数を1や2や7に変えても，17段目に入る数は，いつも5となる。

❷ たとえば，右の表の②のようになる。

1段目の数	3	4	5
2段目の数	2	4	9
17段目の数	4	8	3

❸ 1段目に入る数をa，2段目に入る数をbとするとき，それぞれの段に入る数は右の表の③で示した式で求めた値の一の位の数となる。
17段目に入る数は，右の表より$610a+987b$の一の位の数で

$$610a+987b$$
$$=10(61a+98b)+7b$$

となるから，2段目に入る数を7倍した値の一の位の数となる。

	①			②			③
1段目	1	2	7	3	4	5	a
2段目	5	5	5	2	4	9	b
3段目	6	7	2	5	8	4	$a+b$
4段目	1	2	7	7	2	3	$a+2b$
5段目	7	9	9	2	0	7	$2a+3b$
6段目	8	1	6	9	2	0	$3a+5b$
7段目	5	0	5	1	2	7	$5a+8b$
8段目	3	1	1	0	4	7	$8a+13b$
9段目	8	1	6	1	6	4	$13a+21b$
10段目	1	2	7	1	0	1	$21a+34b$
11段目	9	3	3	2	6	5	$34a+55b$
12段目	0	5	0	3	6	6	$55a+89b$
13段目	9	8	3	5	2	1	$89a+144b$
14段目	9	3	3	8	8	7	$144a+233b$
15段目	8	1	6	3	0	8	$233a+377b$
16段目	7	4	9	1	8	5	$377a+610b$
17段目	5	5	5	4	8	3	$610a+987b$

【数学の自由研究】テーブルマジック

教科書 p.203

やってみよう

考え方　わからない数量が2つ（左と右にある硬貨枚数），わかっている数量が2つ（硬貨の全部の枚数，移動させた回数）あるので，連立方程式を利用して考えることができる。何をx，yとすればよいか考えよう。

解答　左に移動させた回数をx回，右に移動させた回数をy回とすると

$$\begin{cases} x+2y=10 & \cdots① \text{（硬貨の枚数の関係）} \\ x+y=7 & \cdots② \text{（移動させた回数の関係）} \end{cases}$$

②×2　　$2x+2y=14$
①　　−) $x+2y=10$
　　　　$x=4$　← $7\times2-10$

①　　$x+2y=10$
②　−) $x+y=7$
　　　　$y=3$　← $10-7$

したがって，左右にある硬貨の枚数はそれぞれ

左…$4\times1=4$（枚）　　右…$3\times2=6$（枚）

となる。

ここで，求め方を考えるために，上の求め方をふり返ってみよう。

上の求め方で

xの値は　(移動させた回数)$\times 2-$(硬貨の枚数)

yの値は　(硬貨の枚数)$-$(移動させた回数)

で求めている。また，左右の枚数は

左…(xの値)$\times 1$　　右…(yの値)$\times 2$

で求めることができる。

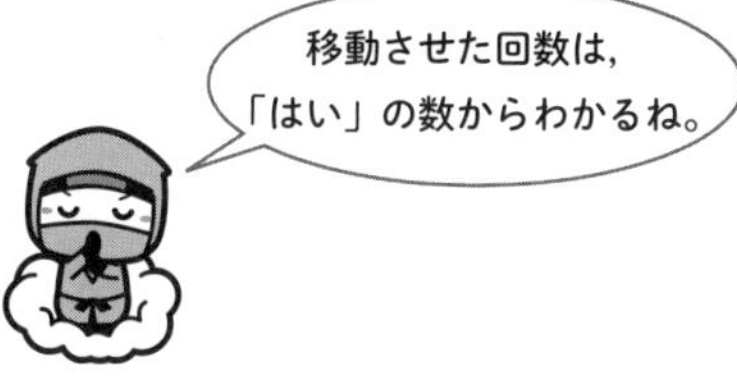

左右どちらかの枚数がわかれば，それを10からひいてもう一方の枚数を求めることができる。

【数学の自由研究】 アメリカ　ホームステイ

教科書 p.204

やってみよう

解答 ❶

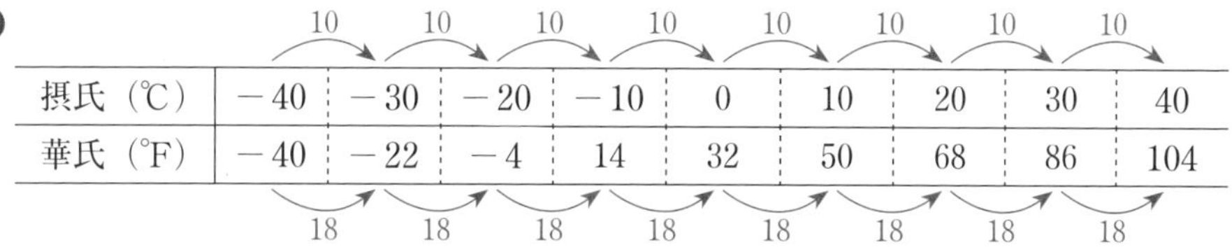

摂氏（℃）	-40	-30	-20	-10	0	10	20	30	40
華氏（°F）	-40	-22	-4	14	32	50	68	86	104

（摂氏の差：10，10，10，10，10，10，10，10　華氏の差：18，18，18，18，18，18，18，18）

・摂氏が10℃高くなると，華氏では18°F高くなる。

・変化の割合が一定なので，華氏（°F）は摂氏（℃）の1次関数であると考えられる。

❷ 求める1次関数の式を$y=ax+b$とする。

$x=0$のとき$y=32$だから　$b=32$

したがって，この1次関数の式は$y=ax+32$と書くことができる。

$x=10$のとき$y=50$だから

$$50=10a+32$$
$$10a=18$$
$$a=\frac{9}{5}$$

したがって　　$y=\frac{9}{5}x+32$

また，華氏y°Fから摂氏x℃を求める式は，上の式を変形して

$$x=\frac{5y-160}{9}$$

❸ 日本の女性用の靴のサイズが1増加するとアメリカの女性用の靴のサイズも1増加するから，日本の女性用の靴のサイズをx，アメリカの女性用の靴のサイズをyとすると，変化の割合が一定だから，yはxの1次関数である。

求める1次関数を$y=ax+b$とすると，上で調べたことから，変化の割合は1，すなわち，$a=1$だから$y=x+b$と書くことができる。$x=22$のとき$y=4\frac{1}{2}=\frac{9}{2}$だから

$$\frac{9}{2}=22+b \qquad b=-\frac{35}{2}=-17\frac{1}{2}$$

したがって　　$y=x-17\frac{1}{2}$　$\left(x=y+17\frac{1}{2}\right)$

【数学の自由研究】四角形の変身

教科書 p.205

やってみよう

考え方 ❸ 平行四辺形にどのような性質が加わると長方形になるかを考えよう。

解答 ❶❷ 対辺の中点を結ぶ線で切ればよい。

(例) 右の図

右の図のように四角形ABCDの各辺の中点をそれぞれP, Q, R, Sとし，PRとQSの交点をEとする。四角形ABCDを4つに分け，A, B, C, Dを下の図のように1点に集めてOとすると，図形FGHIの点Oのまわりの線分OK, OJ, OM, OLはぴったり重なっている。また，点Oのまわりの角は

$\angle A+\angle B+\angle C+\angle D=360^\circ$ であり，図形FGHIの内部はすき間なく詰まっている。

次に，各辺が一直線になっていることを示す。

$$\angle FKO+\angle GKO=\angle EPA+\angle EPD$$
$$=180^\circ$$

したがって，$\angle FKG=180^\circ$ であるから，FGは一直線となる。同様にGH, HI, IFも一直線となるから，図形FGHIは四角形である。

また，四角形FGHIの対角については

$\angle KFJ=\angle PEQ$

$\angle LHM=\angle SER$

対頂角は等しいから，$\angle PEQ=\angle SER$ より

$\angle KFJ=\angle LHM$

同様に，$\angle KGL=\angle MIJ$

したがって，四角形FGHIは，2組の対角がそれぞれ等しいから，平行四辺形である。

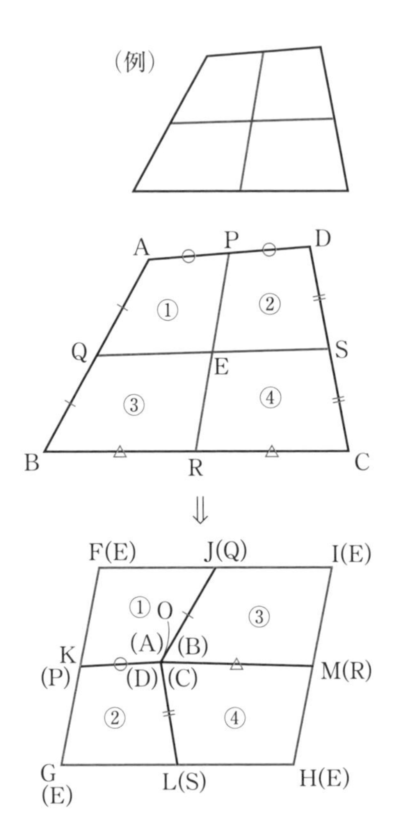

❸ 上の図の▱FGHIで，$\angle F=\angle G=\angle H=\angle I=90^\circ$ となるような切り方を考えればよい。

(例) 右の図のように，四角形ABCDの各辺の中点をP, Q, R, Sとする。1組の対辺の中点PとRを結び，それにQ, Sからそれぞれ垂線をひき，四角形を4つに分ければよい。

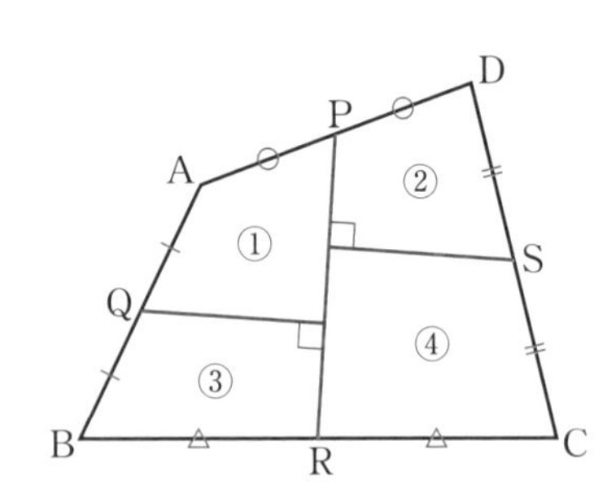

【数学の自由研究】 図形の性質を見つけよう

教科書 p.206

やってみよう

解答 ❶ いつでも長方形になる。

❷ 長方形に変える…正方形になる。

正方形に変える…対角の二等分線は一致し，対角線となり，1点で交わるから，四角形はできない。(右の図)

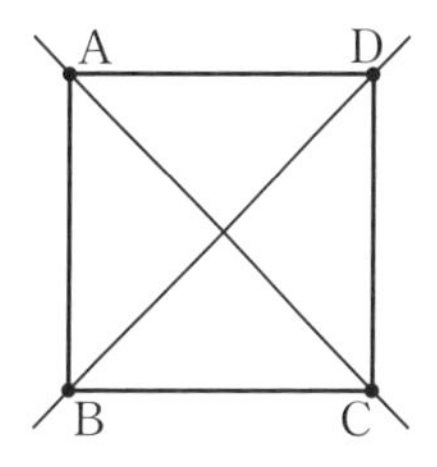

レベルアップ

❶，❷を証明してみよう。

考え方 四角形EFGHが長方形であることを示すためには，「4つの角がすべて等しい」ことを示せばよい。

証明 ❶ 頂点Aにおける外角$\angle$IADをつくる。

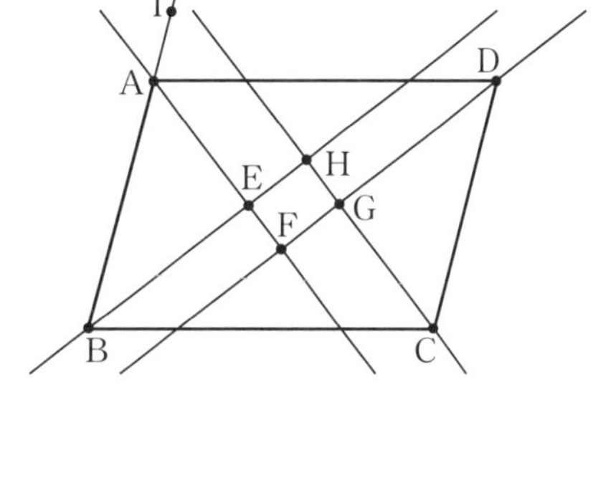

平行線の同位角は等しいから

$\angle IAD = \angle ABC$　…①

また　$\angle IAD + \angle BAD = 180°$　…②

①，②から

$\angle ABC + \angle BAD = 180°$

仮定から

$\angle ABE = \frac{1}{2}\angle ABC$，$\angle BAE = \frac{1}{2}\angle BAD$

したがって

$\angle ABE + \angle BAE = \frac{1}{2}(\angle ABC + \angle BAD) = \frac{1}{2} \times 180° = 90°$

△ABEで，内角の和は180°であるから

$\angle AEB = 180° - (\angle ABE + \angle BAE) = 180° - 90° = 90°$

対頂角は等しいから

$\angle HEF = \angle AEB = 90°$

同様にして，四角形EFGHの他の3つの角もすべて90°であることがいえる。

したがって，四角形EFGHは長方形である。

❷ △BHCにおいて

$\angle HBC = \angle HCB = \frac{1}{2} \times 90° = 45°$

であるから，△BHCは二等辺三角形である。

したがって

HB = HC　…①

△AEBと△DGCにおいて

AB = DC，$\angle EAB = \angle GDC$，$\angle EBA = \angle GCD$

1組の辺とその両端の角がそれぞれ等しいから

△AEB ≡ △DGC

合同な図形の対応する辺は等しいから

$EB = GC$　…②

ここで　$HE = HB - EB$，$HG = HC - GC$

①，②から　$HE = HG$　…③

四角形EFGHは長方形であるから，2組の対辺はそれぞれ等しい。

したがって，③より，四角形EFGHの4つの辺はすべて等しい。

四角形EFGHは，4つの角がすべて等しく，4つの辺がすべて等しいことから，正方形である。

四角形ABCDの条件を減らしていくと，どうなるでしょうか。

解答 条件を減らしても，四角形EFGHは「対角の和が180°の四角形」になっている。このことを成り立たせている条件は，「四角形の内角の和が360°」と「角の二等分線」で，この2つの条件があるかぎり，四角形EFGHはかならず「対角の和が180°の四角形」になる。

∠E，∠F，∠G，∠Hの大きさはどうなっているかな。

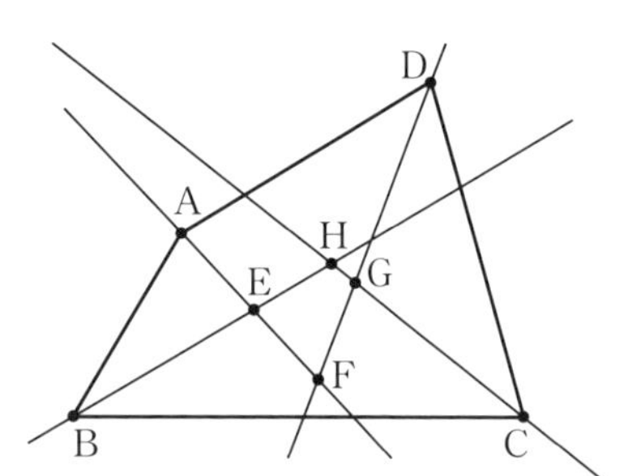

解答 $\angle E = 180^\circ - (\angle BAE + \angle ABE)$

$= 180^\circ - \frac{1}{2}(\angle BAD + \angle ABC)$　…①

$\angle G = 180^\circ - (\angle DCG + \angle CDG)$

$= 180^\circ - \frac{1}{2}(\angle DCB + \angle CDA)$　…②

①，②から

$$\angle E + \angle G = 360^\circ - \frac{1}{2}(\angle BAD + \angle ABC + \angle DCB + \angle CDA)$$

四角形の内角の和は360°であるから

$$\angle E + \angle G = 360^\circ - \frac{1}{2} \times 360^\circ = 180^\circ$$

同様にして

$$\angle H + \angle F = 180^\circ$$

【数学の自由研究】 パスカルとフェルマーの手紙

教科書 p.207

やってみよう

考え方 かけ金は，勝つ確率に応じてかけ金を分けるとして

(かけ金)×(勝つ確率)

を計算して求めよう。

❷ ❶と同様に，樹形図をかいて，A，Bが勝つ確率を考えよう。

解答 ❶ 起こりうる場合は全部で4通りあり，そのうち

Aがかけに勝つのは3通り，Bがかけに勝つのは1通り

だから

Aがかけに勝つ確率は$\frac{3}{4}$，Bがかけに勝つ確率は$\frac{1}{4}$

勝つ確率に応じてかけ金を分けると

A　$64\times\frac{3}{4}=48$(ピストル)　　B　$64\times\frac{1}{4}=16$(ピストル)

答　A　48ピストル，B　16ピストル

❷ 樹形図をかくと下のようになる。

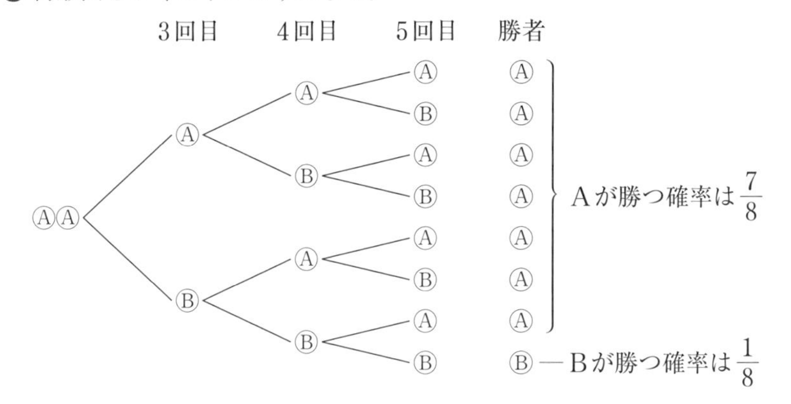

勝つ確率に応じてかけ金を分けると

A　$64\times\frac{7}{8}=56$(ピストル)　　B　$64\times\frac{1}{8}=8$(ピストル)

答　A　56ピストル，B　8ピストル

【数学の自由研究】 点字を読んでみよう

教科書 p.208

やってみよう

考え方 ❷ ❶でハ行が1つもぬられていないので，まず，ハ行をのぞいて考えます。

カ行，サ行など，子音が同じそれぞれの行で，●が共通しているところでぬられている場所を考えよう。

①　④
②　⑤
③　⑥

カ行…⑥が共通して●となっている。（●がぬられている。）

サ行…⑤，⑥が共通して●となっている。（●がぬられている。）

次に，母音がア（ア，カ，サ，…）で，●が共通しているところを見つけよう。

解答 ❶ 右の図の◯で囲んだ点字。

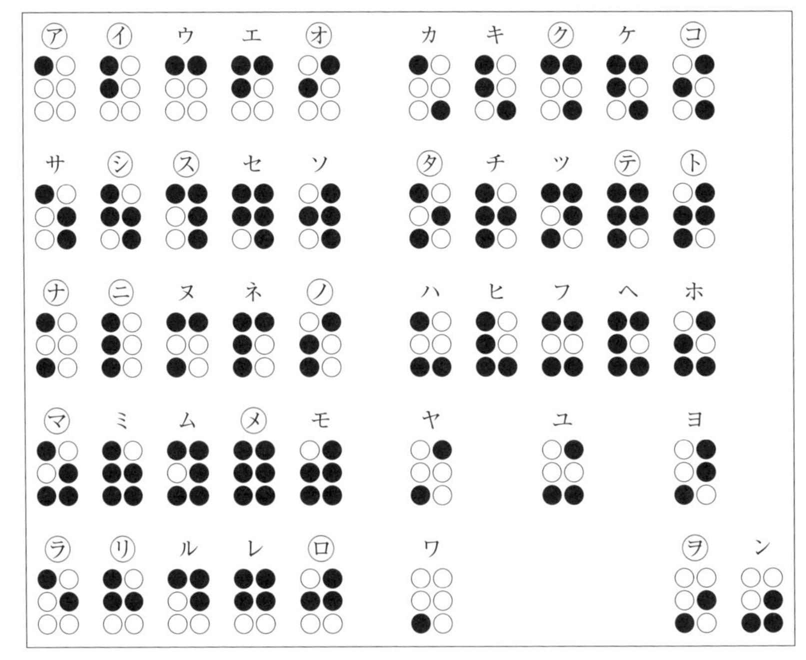

❷ 母音（ア，イ，…，オ）の●を除いて考えると，それぞれの子音では，③，⑤，⑥のうち，次の番号がぬられている。

カ行…⑥　　サ行…⑤，⑥　　タ行…③，⑤　　ナ行…③

マ行…③，⑤，⑥　　ラ行…⑤

また，母音の部分（①，②，④）はア行と同じ番号をぬればよい。

次に，ハ行について考えよう。子音は③，⑤，⑥をぬるかぬらないかで決まっていて，そのぬり方は，次の7通りある。

1つだけぬる…③をぬる（ナ行），⑤をぬる（ラ行），⑥をぬる（カ行）

2つだけぬる…③と⑤をぬる（タ行），③と⑥をぬる（？行），⑤と⑥をぬる（サ行）

3つともぬる…③と⑤と⑥をぬる（マ行）

したがって，ハ行は，③，⑤，⑥のうち③と⑥をぬればよいと考えられる。また，母音の部分はア行と同じ番号をぬればよい。

点字は，上の図のようになる。

【補充の問題】

1章　式の計算　p.210

1

(1) $6x-4y+4x+y$
$=6x+4x-4y+y$
$=10x-3y$

(2) $-ab+5a-8a+7ab$
$=-ab+7ab+5a-8a$
$=6ab-3a$

(3) $2x^2-9x-3x^2-x$
$=2x^2-3x^2-9x-x$
$=-x^2-10x$

(4) $-\frac{1}{2}a-b+\frac{1}{4}a+6b$
$=-\frac{1}{2}a+\frac{1}{4}a-b+6b$
$=-\frac{1}{4}a+5b$

2

(1) $(4a+8b)+(2a-b)$
$=4a+8b+2a-b$
$=4a+2a+8b-b$
$=6a+7b$

(2) $(5x-2y-1)+(-3x+2-y)$
$=5x-2y-1-3x+2-y$
$=5x-3x-2y-y-1+2$
$=2x-3y+1$

(3)
$$\begin{array}{rr} & 3a-9b \\ +) & -3a+8b \\ \hline & -\ b \end{array}$$

(4)
$$\begin{array}{rr} & -3x^2+4x-9 \\ +) & x^2-2x-3 \\ \hline & -2x^2+2x-12 \end{array}$$

3

(1) $(-9x+3y)-(5x-7y)$
$=-9x+3y-5x+7y$
$=-9x-5x+3y+7y$
$=-14x+10y$

(2) $(-6a^2-4a+8)-(1+a-6a^2)$
$=-6a^2-4a+8-1-a+6a^2$
$=-6a^2+6a^2-4a-a+8-1$
$=-5a+7$

(3)
$$\begin{array}{rr} & 10a-3b \\ -) & 8a-\ b \\ \hline & 2a-2b \end{array}$$

(4)
$$\begin{array}{rr} & 2x-5y+6 \\ -) & -2x\qquad -7 \\ \hline & 4x-5y+13 \end{array}$$

4

(1) $(7x-6y)+(x-4y)$
$=7x-6y+x-4y$
$=7x+x-6y-4y$
$=8x-10y$

(2) $(7x-6y)-(x-4y)$
$=7x-6y-x+4y$
$=7x-x-6y+4y$
$=6x-2y$

5

(1) $2(7x+8y)$
$=14x+16y$

(2) $-4(-a^2+3a-5)$
$=4a^2-12a+20$

(3) $12\left(\frac{x}{4}-\frac{y}{2}\right)$
$=12\times\frac{x}{4}-12\times\frac{y}{2}$
$=3x-6y$

(4) $(18a-9b-3)\times\left(-\frac{1}{6}\right)$
$=18a\times\left(-\frac{1}{6}\right)-9b\times\left(-\frac{1}{6}\right)$
$-3\times\left(-\frac{1}{6}\right)$
$=-3a+\frac{3}{2}b+\frac{1}{2}$

6

(1) $(-5a+10b)\div 5$

$=(-5a+10b)\times\frac{1}{5}$

$=-5a\times\frac{1}{5}+10b\times\frac{1}{5}$

$=\boldsymbol{-a+2b}$

(2) $(6x^2-15x-9)\div(-3)$

$=(6x^2-15x-9)\times\left(-\frac{1}{3}\right)$

$=6x^2\times\left(-\frac{1}{3}\right)-15x\times\left(-\frac{1}{3}\right)-9\times\left(-\frac{1}{3}\right)$

$=\boldsymbol{-2x^2+5x+3}$

7

(1) $5(4a-3b)+3(6a-2b)$

$=20a-15b+18a-6b$

$=20a+18a-15b-6b$

$=\boldsymbol{38a-21b}$

(2) $2(x^2+5x)+4(2x-3)$

$=2x^2+10x+8x-12$

$=\boldsymbol{2x^2+18x-12}$

(3) $3(2x-6y)-2(x+7y)$

$=6x-18y-2x-14y$

$=6x-2x-18y-14y$

$=\boldsymbol{4x-32y}$

(4) $6(-2a^2+3)-4(-3a^2+a-5)$

$=-12a^2+18+12a^2-4a+20$

$=-12a^2+12a^2-4a+18+20$

$=\boldsymbol{-4a+38}$

8

(1) $4(3a-4b)+3(-2a+b)$

$=12a-16b-6a+3b$

$=12a-6a-16b+3b$

$=\boldsymbol{6a-13b}$

(2) $2(x^2-6x)-5(2x^2-3x)$

$=2x^2-12x-10x^2+15x$

$=2x^2-10x^2-12x+15x$

$=\boldsymbol{-8x^2+3x}$

9

(1) $\frac{x-5y}{4}+\frac{2x-y}{3}$

$=\frac{3(x-5y)}{12}+\frac{4(2x-y)}{12}$

$=\frac{3(x-5y)+4(2x-y)}{12}$

$=\frac{3x-15y+8x-4y}{12}$

$=\boldsymbol{\frac{11x-19y}{12}}$

(2) $\frac{a+4b}{8}+\frac{a-b}{2}$

$=\frac{a+4b}{8}+\frac{4(a-b)}{8}$

$=\frac{a+4b+4(a-b)}{8}$

$=\frac{a+4b+4a-4b}{8}$

$=\boldsymbol{\frac{5a}{8}}$

(3) $\frac{2x+3y}{6}-\frac{x-2y}{4}$

$=\frac{2(2x+3y)}{12}-\frac{3(x-2y)}{12}$

$=\frac{2(2x+3y)-3(x-2y)}{12}$

$=\frac{4x+6y-3x+6y}{12}$

$=\boldsymbol{\frac{x+12y}{12}}$

(4) $-\frac{a-7b}{2}+2a-b$

$=\frac{-(a-7b)}{2}+\frac{2(2a-b)}{2}$

$=\frac{-(a-7b)+2(2a-b)}{2}$

$=\frac{-a+7b+4a-2b}{2}$

$=\boldsymbol{\frac{3a+5b}{2}}$

別解

(1) $\dfrac{x-5y}{4}+\dfrac{2x-y}{3}$

$=\dfrac{1}{4}(x-5y)+\dfrac{1}{3}(2x-y)$

$=\dfrac{1}{4}x-\dfrac{5}{4}y+\dfrac{2}{3}x-\dfrac{1}{3}y$

$=\dfrac{3}{12}x+\dfrac{8}{12}x-\dfrac{15}{12}y-\dfrac{4}{12}y$

$=\dfrac{11}{12}x-\dfrac{19}{12}y$

(2) $\dfrac{a+4b}{8}+\dfrac{a-b}{2}$

$=\dfrac{1}{8}(a+4b)+\dfrac{1}{2}(a-b)$

$=\dfrac{1}{8}a+\dfrac{1}{2}b+\dfrac{1}{2}a-\dfrac{1}{2}b$

$=\dfrac{1}{8}a+\dfrac{4}{8}a$

$=\dfrac{5}{8}a$

(3) $\dfrac{2x+3y}{6}-\dfrac{x-2y}{4}$

$=\dfrac{1}{6}(2x+3y)-\dfrac{1}{4}(x-2y)$

$=\dfrac{1}{3}x+\dfrac{1}{2}y-\dfrac{1}{4}x+\dfrac{1}{2}y$

$=\dfrac{4}{12}x-\dfrac{3}{12}x+\dfrac{1}{2}y+\dfrac{1}{2}y$

$=\dfrac{1}{12}x+y$

(4) $-\dfrac{a-7b}{2}+2a-b$

$=-\dfrac{1}{2}(a-7b)+2a-b$

$=-\dfrac{1}{2}a+\dfrac{7}{2}b+2a-b$

$=-\dfrac{1}{2}a+\dfrac{4}{2}a+\dfrac{7}{2}b-\dfrac{2}{2}b$

$=\dfrac{3}{2}a+\dfrac{5}{2}b$

10

(1) $9x\times 5y$

$=9\times 5\times x\times y$

$=45xy$

(2) $(-8a)\times\left(-\dfrac{3}{4}bc\right)$

$=(-8)\times\left(-\dfrac{3}{4}\right)\times a\times b\times c$

$=6abc$

(3) $\left(-\dfrac{x}{15}\right)\times 9y$

$=\left(-\dfrac{1}{15}\right)\times x\times 9\times y$

$=\left(-\dfrac{1}{15}\right)\times 9\times x\times y$

$=-\dfrac{3}{5}xy$

11

(1) $2x^2\times(-6x)$

$=2\times(-6)\times x\times x\times x$

$=-12x^3$

(2) $(-xy)\times 7xy$

$-(-1)\times 7\times x\times y\times x\times y$

$=(-1)\times 7\times x\times x\times y\times y$

$=-7x^2y^2$

(3) $3a^2b\times 8ab$

$=3\times 8\times a\times a\times b\times a\times b$

$=3\times 8\times a\times a\times a\times b\times b$

$=24a^3b^2$

(4) $(-5x)^2$

$=(-5x)\times(-5x)$

$=(-5)\times(-5)\times x\times x$

$=(-5)^2\times x^2$

$=25x^2$

(5) $(-2y)^3$

$=(-2y)\times(-2y)\times(-2y)$

$=(-2)\times(-2)\times(-2)\times y\times y\times y$

$=(-2)^3\times y^3$

$=-8y^3$

(6) $\dfrac{1}{9}ab\times(-6a)^2$

$=\dfrac{1}{9}ab\times(-6a)\times(-6a)$

$=\dfrac{1}{9}\times(-6)\times(-6)\times a\times a\times a\times b$

$=4a^3b$

12

(1) $(-24xy)\div(-6x)$

$=\dfrac{-24xy}{-6x}$

$=\dfrac{24xy}{6x}$

$=\dfrac{\overset{4}{\cancel{24}}\times\overset{1}{\cancel{x}}\times y}{\underset{1}{\cancel{6}}\times\underset{1}{\cancel{x}}}$

$=4y$

(2) $10xy\div 2xy$

$=\dfrac{10xy}{2xy}$

$=\dfrac{\overset{5}{\cancel{10}}\times\overset{1}{\cancel{x}}\times\overset{1}{\cancel{y}}}{\underset{1}{\cancel{2}}\times\underset{1}{\cancel{x}}\times\underset{1}{\cancel{y}}}$

$=5$

(3) $(-6a^3)\div 4a$

$=\dfrac{-6a^3}{4a}$

$=-\dfrac{\overset{3}{\cancel{6}}\times\overset{1}{\cancel{a}}\times a\times a}{\underset{2}{\cancel{4}}\times\underset{1}{\cancel{a}}}$

$=-\dfrac{3}{2}a^2$

(4) $8xy^2\div\dfrac{1}{4}y$

$=8xy^2\div\dfrac{y}{4}$

$=8xy^2\times\dfrac{4}{y}$

$=\dfrac{8\times x\times\overset{1}{\cancel{y}}\times y\times 4}{\underset{1}{\cancel{y}}}$

$=32xy$

(5) $\dfrac{9}{14}a^2b\div\left(-\dfrac{6}{7}ab\right)$

$=\dfrac{9a^2b}{14}\div\left(-\dfrac{6ab}{7}\right)$

$=\dfrac{9a^2b}{14}\times\left(-\dfrac{7}{6ab}\right)$

$=-\dfrac{\overset{3}{\cancel{9}}\times\overset{1}{\cancel{a}}\times a\times\overset{1}{\cancel{b}}\times\overset{1}{\cancel{7}}}{\underset{2}{\cancel{14}}\times\underset{2}{\cancel{6}}\times\underset{1}{\cancel{a}}\times\underset{1}{\cancel{b}}}$

$=-\dfrac{3}{4}a$

(6) $\left(-\dfrac{xy^2}{12}\right)\div\left(-\dfrac{3}{8}x^2y\right)$

$=\left(-\dfrac{xy^2}{12}\right)\div\left(-\dfrac{3x^2y}{8}\right)$

$=\left(-\dfrac{xy^2}{12}\right)\times\left(-\dfrac{8}{3x^2y}\right)$

$=\dfrac{\overset{1}{\cancel{x}}\times\overset{1}{\cancel{y}}\times y\times\overset{2}{\cancel{8}}}{\underset{3}{\cancel{12}}\times 3\times\underset{1}{\cancel{x}}\times x\times\underset{1}{\cancel{y}}}$

$=\dfrac{2y}{9x}$

13

(1) $xy\times y\div x^2$

$=\dfrac{xy\times y}{x^2}$

$=\dfrac{y^2}{x}$

(2) $a^2b\div 2a\times(-6b^2)$

$=-\dfrac{a^2b\times 6b^2}{2a}$

$=-3ab^3$

(3) $(-18x^3)\div(-6x^2)\times 3x$

$=\dfrac{18x^3\times 3x}{6x^2}$

$=9x^2$

(4) $(-4a)^2\div 8a\div(-2a^3)$

$=16a^2\div 8a\div(-2a^3)$

$=-\dfrac{16a^2}{8a\times 2a^3}$

$=-\dfrac{1}{a^2}$

14

(1) $3(2x-y)-2(x-y)$

$=6x-3y-2x+2y$

$=4x-y$

$x=-\dfrac{1}{2}$, $y=-4$を代入すると

$4x-y$

$=4\times\left(-\dfrac{1}{2}\right)-(-4)$

$=-2+4$

$=2$

(2) $6xy^2 \div (-3y)$

$= \dfrac{6xy^2}{-3y}$

$= -2xy$

$x = -\dfrac{1}{2}$, $y = -4$を代入すると

$-2xy$

$= -2 \times \left(-\dfrac{1}{2}\right) \times (-4)$

$= -4$

15

(1) $5x + 4y - 8 = 0$

$4y = -5x + 8$

$y = -\dfrac{5}{4}x + 2$

(2) $3xy = -9$

$xy = -3$

$x = -\dfrac{3}{y}$

(3) $S = \dfrac{1}{2}(a+b)h$

$\dfrac{1}{2}(a+b)h = S$

$(a+b)h = 2S$

$a + b = \dfrac{2S}{h}$

$a = \dfrac{2S}{h} - b$

(4) $\dfrac{a}{2} - \dfrac{b}{3} = 1$

$-\dfrac{b}{3} = 1 - \dfrac{a}{2}$

$b = -3\left(1 - \dfrac{a}{2}\right)$

$b = (-3) \times 1 - 3 \times \left(-\dfrac{a}{2}\right)$

$b = -3 + \dfrac{3}{2}a$

2章　連立方程式　p.212

16

$\begin{cases} x - y = 3 & \cdots ① \\ 2x - y = 5 & \cdots ② \end{cases}$

とする。

㋐ $x = 1$, $y = -3$のとき

(①の左辺) $= 1 - (-3) = 4$

(①の右辺) $= 3$

(②の左辺) $= 2 \times 1 - (-3) = 5$

(②の右辺) $= 5$

㋑ $x = 2$, $y = -1$のとき

(①の左辺) $= 2 - (-1) = 3$

(①の右辺) $= 3$

(②の左辺) $= 2 \times 2 - (-1) = 5$

(②の右辺) $= 5$

㋒ $x = 4$, $y = 1$のとき

(①の左辺) $= 4 - 1 = 3$

(①の右辺) $= 3$

(②の左辺) $= 2 \times 4 - 1 = 7$

(②の右辺) $= 5$

㋓ $x = 5$, $y = 2$のとき

(①の左辺) $= 5 - 2 = 3$

(①の右辺) $= 3$

(②の左辺) $= 2 \times 5 - 2 = 8$

(②の右辺) $= 5$

したがって，①，②ともに成り立つのは，㋑である。

答　㋑

17

(1) $\begin{cases} x + 4y = -1 & \cdots ① \\ 3x + 4y = 5 & \cdots ② \end{cases}$

①と②の左辺どうし，右辺どうしをひくと

$$\begin{array}{rrcr} & x + 4y & = & -1 \\ -) & 3x + 4y & = & 5 \\ \hline & -2x & = & -6 \end{array}$$

$x = 3$

$x = 3$を①に代入してyの値を求めると

$3+4y=-1$

$4y=-4$

$y=-1$

$x=3,\ y=-1$

(2) $\begin{cases} 3x-2y=9 & \cdots① \\ -3x+7y=6 & \cdots② \end{cases}$

①と②の左辺どうし，右辺どうしを加えると

$$\begin{array}{rr} 3x-2y= & 9 \\ +)\ -3x+7y= & 6 \\ \hline 5y= & 15 \end{array}$$

$y=3$

$y=3$を①に代入してxの値を求めると

$3x-2\times3=9$

$3x=15$

$x=5$

$x=5,\ y=3$

(3) $\begin{cases} x-y=3 & \cdots① \\ x+y=-5 & \cdots② \end{cases}$

①と②の左辺どうし，右辺どうしを加えると

$$\begin{array}{rr} x-y= & 3 \\ +)\ x+y= & -5 \\ \hline 2x\quad\ = & -2 \end{array}$$

$x=-1$

$x=-1$を②に代入してyの値を求めると

$-1+y=-5$

$y=-4$

$x=-1,\ y=-4$

18

(1) $\begin{cases} -3x+4y=19 & \cdots① \\ x+3y=11 & \cdots② \end{cases}$

$$\begin{array}{lrr} ① & -3x+4y= & 19 \\ ②\times3 & +)\ 3x+9y= & 33 \\ \hline & 13y= & 52 \end{array}$$

$y=4$

$y=4$を②に代入すると

$x+3\times4=11$

$x=11-12$

$x=-1$

$x=-1,\ y=4$

(2) $\begin{cases} 3x-2y=14 & \cdots① \\ 5x-4y=26 & \cdots② \end{cases}$

$$\begin{array}{lrr} ①\times2 & 6x-4y= & 28 \\ ② & -)\ 5x-4y= & 26 \\ \hline & x\qquad = & 2 \end{array}$$

$x=2$を①に代入すると

$3\times2-2y=14$

$-2y=14-6$

$-2y=8$

$y=-4$

$x=2,\ y=-4$

(3) $\begin{cases} 9x+y=-15 & \cdots① \\ 3x-2y=-12 & \cdots② \end{cases}$

$$\begin{array}{lrr} ①\times2 & 18x+2y= & -30 \\ ② & +)\ 3x-2y= & -12 \\ \hline & 21x\qquad = & -42 \end{array}$$

$x=-2$

$x=-2$を①に代入すると

$9\times(-2)+y=-15$

$y=-15+18$

$y=3$

$x=-2,\ y=3$

19

(1) $\begin{cases} 2x+5y=-16 & \cdots① \\ -3x+4y=24 & \cdots② \end{cases}$

$$\begin{array}{lrr} ①\times3 & 6x+15y= & -48 \\ ②\times2 & +)\ -6x+\ 8y= & 48 \\ \hline & 23y= & 0 \end{array}$$

$y=0$

$y=0$を①に代入すると

$2x+5\times0=-16$

$2x=-16$

$x=-8$

$x=-8,\ y=0$

(2) $\begin{cases} 9x-2y=-5 & \cdots① \\ 2x-5y=8 & \cdots② \end{cases}$

①×5　　$45x-10y=-25$
②×2　　$-)\ 4x-10y=16$
$41x=-41$
$x=-1$

$x=-1$を①に代入すると
$9\times(-1)-2y=-5$
$-2y=-5+9$
$-2y=4$
$y=-2$
$x=-1,\ y=-2$

(3) $\begin{cases}3x-8y=-2 & \cdots①\\7x+6y=20 & \cdots②\end{cases}$

①×3　　$9x-24y=-6$
②×4　　$+)\ 28x+24y=80$
$37x=74$
$x=2$

$x=2$を①に代入すると
$3\times2-8y=-2$
$-8y=-2-6$
$-8y=-8$
$y=1$
$x=2,\ y=1$

$x=-4$を①に代入すると
$2\times(-4)-5y=12$
$-5y=12+8$
$-5y=20$
$y=-4$
$x=-4,\ y=-4$

(3) $\begin{cases}7x-6y-1=0\\5x-9y+4=0\end{cases}$

移項すると
$\begin{cases}7x-6y=1 & \cdots①\\5x-9y=-4 & \cdots②\end{cases}$

①×5　　$35x-30y=5$
②×7　　$-)\ 35x-63y=-28$
$33y=33$
$y=1$

$y=1$を①に代入すると
$7x-6\times1=1$
$7x=1+6$
$7x=7$
$x=1$
$x=1,\ y=1$

20

(1) $\begin{cases}5x-y=-3 & \cdots①\\5x-3y=1 & \cdots②\end{cases}$

①　　$5x-y=-3$
②　　$-)\ 5x-3y=1$
$2y=-4$
$y=-2$

$y=-2$を①に代入すると
$5x-(-2)=-3$
$5x=-3-2$
$5x=-5$
$x=-1$
$x=-1,\ y=-2$

(2) $\begin{cases}2x-5y=12 & \cdots①\\-7x+4y=12 & \cdots②\end{cases}$

①×4　　$8x-20y=48$
②×5　　$+)\ -35x+20y=60$
$-27x=108$
$x=-4$

21

(1) $\begin{cases}4x+y=-6 & \cdots①\\y=-2x & \cdots②\end{cases}$

②を①に代入すると
$4x+(-2x)=-6$
$4x-2x=-6$
$2x=-6$
$x=-3$

$x=-3$を②に代入すると
$y=-2\times(-3)$
$=6$
$x=-3,\ y=6$

(2) $\begin{cases}x=2y+4 & \cdots①\\5x-3y=6 & \cdots②\end{cases}$

①を②に代入すると
$5(2y+4)-3y=6$
$10y+20-3y=6$
$7y=-14$
$y=-2$

$y=-2$を①に代入すると

$x=2\times(-2)+4$

$=0$

$x=0,\ y=-2$

(3) $\begin{cases}2x+7y=-1 & \cdots① \\ x=1-3y & \cdots②\end{cases}$

②を①に代入すると

$2(1-3y)+7y=-1$

$2-6y+7y=-1$

$y=-3$

$y=-3$を②に代入すると

$x=1-3\times(-3)$

$=10$

$x=10,\ y=-3$

(4) $\begin{cases}y=3x-2 & \cdots① \\ 9x-4y=20 & \cdots②\end{cases}$

①を②に代入すると

$9x-4(3x-2)=20$

$9x-12x+8=20$

$-3x=12$

$x=-4$

$x=-4$を①に代入すると

$y=3\times(-4)-2$

$=-14$

$x=-4,\ y=-14$

22

(1) $\begin{cases}y=3x+8 & \cdots① \\ y=-2x+13 & \cdots②\end{cases}$

②を①に代入すると

$-2x+13=3x+8$

$-5x=-5$

$x=1$

$x=1$を①に代入すると

$y=3\times1+8$

$=11$

$x=1,\ y=11$

(2) $\begin{cases}8x-3y=18 & \cdots① \\ -2x+9y=12 & \cdots②\end{cases}$

$$\begin{array}{lrr} ① & 8x-\ \ 3y= & 18 \\ ②\times4 & +)\ -8x+36y= & 48 \\ \hline & 33y= & 66 \\ & y= & 2\end{array}$$

$y=2$を①に代入すると

$8x-3\times2=18$

$8x=24$

$x=3$

$x=3,\ y=2$

(3) $\begin{cases}3y=10-x & \cdots① \\ x-3y=-20 & \cdots②\end{cases}$

①を②に代入すると

$x-(10-x)=-20$

$x-10+x=-20$

$2x=-10$

$x=-5$

$x=-5$を①に代入すると

$3y=10-(-5)$

$3y=15$

$y=5$

$x=-5,\ y=5$

23

(1) $\begin{cases}y=4(2x-1)+9 & \cdots① \\ x+2y=-7 & \cdots②\end{cases}$

①のかっこをはずすと

$y=8x-4+9$

$y=8x+5\quad\cdots③$

③を②に代入すると

$x+2(8x+5)=-7$

$x+16x+10=-7$

$17x=-17$

$x=-1$

$x=-1$を③に代入すると

$y=8\times(-1)+5$

$=-3$

$x=-1,\ y=-3$

(2) $\begin{cases}2x-3y=13 & \cdots① \\ -2(x+3y)+5y=-1 & \cdots②\end{cases}$

②のかっこをはずすと

$-2x-6y+5y=-1$

$-2x-y=-1$ …③

① $2x-3y=13$

③ $+)\ -2x-y=-1$

$-4y=12$

$y=-3$

$y=-3$を①に代入すると

$2x-3\times(-3)=13$

$2x=4$

$x=2$

$x=2,\ y=-3$

24

(1) $\begin{cases} x-2y=-3 & \cdots① \\ \frac{4}{5}x+\frac{1}{2}y=6 & \cdots② \end{cases}$

②の両辺に10をかけて分母をはらうと

$\left(\frac{4}{5}x+\frac{1}{2}y\right)\times10=6\times10$

$8x+5y=60$ …③

①×8 $8x-16y=-24$

③ $-)\ 8x+5y=60$

$-21y=-84$

$y=4$

$y=4$を①に代入すると

$x-2\times4=-3$

$x=-3+8$

$x=5$

$x=5,\ y=4$

(2) $\begin{cases} 3x+4y=2 & \cdots① \\ 0.2x-0.1y=1.6 & \cdots② \end{cases}$

②の両辺に10をかけると

$(0.2x-0.1y)\times10=1.6\times10$

$2x-y=16$ …③

① $3x+4y=2$

③×4 $+)\ 8x-4y=64$

$11x=66$

$x=6$

$x=6$を①に代入すると

$3\times6+4y=2$

$4y=2-18$

$4y=-16$

$y=-4$

$x=6,\ y=-4$

(3) $\begin{cases} x-0.6y=0.4 & \cdots① \\ \frac{x-y}{4}=\frac{1}{2} & \cdots② \end{cases}$

①の両辺に10をかけると

$(x-0.6y)\times10=0.4\times10$

$10x-6y=4$

$5x-3y=2$ …③

②の両辺に4をかけて分母をはらうと

$x-y=2$ …④

③ $5x-3y=2$

④×3 $-)\ 3x-3y=6$

$2x=-4$

$x=-2$

$x=-2$を④に代入すると

$-2-y=2$

$-y=4$

$y=-4$

$x=-2,\ y=-4$

(4) $\begin{cases} \frac{x}{6}-\frac{y}{4}=-1 & \cdots① \\ 0.7x-0.4y=1 & \cdots② \end{cases}$

①の両辺に12をかけて分母をはらうと

$\left(\frac{x}{6}-\frac{y}{4}\right)\times12=(-1)\times12$

$2x-3y=-12$ …③

②の両辺に10をかけると

$7x-4y=10$ …④

③×4 $8x-12y=-48$

④×3 $-)\ 21x-12y=30$

$-13x=-78$

$x=6$

$x=6$を③に代入すると

$2\times6-3y=-12$

$-3y=-12-12$

$-3y = -24$

$y = 8$

$x = 6,\ y = 8$

25

(1) $2x + 3y$と$-x - 4y$のどちらも5に等しいことから，次の連立方程式をつくることができる。

$$\begin{cases} 2x + 3y = 5 & \cdots① \\ -x - 4y = 5 & \cdots② \end{cases}$$

$$\begin{array}{lrl} ① & 2x + 3y = & 5 \\ ②\times 2 & +)\ -2x - 8y = & 10 \\ \hline & -5y = & 15 \end{array}$$

$y = -3$

$y = -3$を①に代入すると

$2x + 3 \times (-3) = 5$

$2x - 9 = 5$

$2x = 14$

$x = 7$

$x = 7,\ y = -3$

(2) $x + 4y$は$2x + 3y + 7$と$-x + y + 1$のどちらとも等しいことから，次の連立方程式をつくることができる。

$$\begin{cases} x + 4y = 2x + 3y + 7 & \cdots① \\ x + 4y = -x + y + 1 & \cdots② \end{cases}$$

移項して，整理すると

$$\begin{cases} -x + y = 7 & \cdots③ \\ 2x + 3y = 1 & \cdots④ \end{cases}$$

$$\begin{array}{lrl} ③\times 2 & -2x + 2y = & 14 \\ ④ & +)\ \ 2x + 3y = & 1 \\ \hline & 5y = & 15 \end{array}$$

$y = 3$

$y = 3$を③に代入すると

$-x + 3 = 7$

$-x = 4$

$x = -4$

$x = -4,\ y = 3$

26

鉛筆1本の値段をx円，ボールペン1本の値段をy円とすると

$$\begin{cases} 7x + 3y = 990 & \cdots① \\ 4x + 6y = 1080 & \cdots② \end{cases}$$

$$\begin{array}{lrl} ①\times 2 & 14x + 6y = & 1980 \\ ② & -)\ \ 4x + 6y = & 1080 \\ \hline & 10x \quad\quad = & 900 \end{array}$$

$x = 90$

$x = 90$を①に代入すると

$7 \times 90 + 3y = 990$

$630 + 3y = 990$

$3y = 360$

$y = 120$

これらは問題に適している。

答　鉛筆1本の値段　90円
　　ボールペン1本の値段　120円

27

歩いた道のりをxm，走った道のりをymとすると

$$\begin{cases} x + y = 1350 & \cdots① \\ \dfrac{x}{60} + \dfrac{y}{150} = 18 & \cdots② \end{cases}$$

②の両辺に300をかけて分母をはらうと

$5x + 2y = 5400 \quad \cdots③$

$$\begin{array}{lrl} ①\times 2 & 2x + 2y = & 2700 \\ ③ & -)\ \ 5x + 2y = & 5400 \\ \hline & -3x \quad\quad = & -2700 \end{array}$$

$x = 900$

$x = 900$を①に代入すると

$900 + y = 1350$

$y = 450$

これらは問題に適している。

答　歩いた道のり　900m
　　走った道のり　450m

28

(1) 商品A，Bの定価をそれぞれx円，y円とすると，割引き後の代金の関係から

$x + y - 200 = 700 \quad \cdots①$

割引きされた金額の関係から

$\dfrac{20}{100}x + \dfrac{25}{100}y = 200 \quad \cdots②$

①，②を連立方程式として解く。
①で移項すると
$x + y = 900$ …③
②の両辺に100をかけて分母をはらうと
$20x + 25y = 20000$
$4x + 5y = 4000$ …④
③×5　$5x + 5y = 4500$
④　$-)\ 4x + 5y = 4000$
$x = 500$
$x = 500$を③に代入すると
$500 + y = 900$
$y = 400$
これらは問題に適している。

答　商品Aの定価　500円
　　商品Bの定価　400円

(2)　6%と15%の食塩水を混ぜる重さをそれぞれxg，ygとすると，食塩水の重さの関係から
$x + y = 300$ …①
ふくまれる食塩の重さの関係から
$x \times \frac{6}{100} + y \times \frac{15}{100}$
$= 300 \times \frac{9}{100}$ …②
②の両辺に100をかけて整理すると
$6x + 15y = 2700$
$2x + 5y = 900$ …③
①×5　$5x + 5y = 1500$
③　$-)\ 2x + 5y = 900$
$3x = 600$
$x = 200$
$x = 200$を①に代入すると
$200 + y = 300$
$y = 100$
これらは問題に適している。

答　6%の食塩水　200g
　　15%の食塩水　100g

3章　1次関数　p.214

29

xgのおもりをつけると，ばねは$0.2x$cmのびるから
$y = 15 + 0.2x$
すなわち
$y = 0.2x + 15$

30

(1)　yをxの式で表すと
$y = \frac{60}{x}$
となり，$y = ax + b$の形で表されないから，yはxの1次関数であるといえない。

(2)　yをxの式で表すと
$2(x + y) = 20$
すなわち
$y = -x + 10$
となり，$y = ax + b$の形で表されるから，yはxの1次関数であるといえる。

(3)　yをxの式で表すと
$y = \frac{1}{2} \times x \times 10$
$y = 5x$
となり，$y = ax + b$の形で表されるから，yはxの1次関数であるといえる。

31

(1)　変化の割合…-4
yの増加量…$-4 \times 3 = -12$
(2)　変化の割合…-1
yの増加量…$-1 \times 3 = -3$
(3)　変化の割合…$\frac{1}{3}$
yの増加量…$\frac{1}{3} \times 3 = 1$
(4)　変化の割合…0.3
yの増加量…$0.3 \times 3 = 0.9$

32

A…$y=4x+2$ に $x=-0.5$ を代入すると

$y=4\times(-0.5)+2$
$=-2+2$
$=0$

したがって，A$(-0.5,\ \boxed{0})$

B…$y=4x+2$ に $x=-3$ を代入すると

$y=4\times(-3)+2$
$=-12+2$
$=-10$

したがって，B$(-3,\ \boxed{-10})$

C…$y=4x+2$ に $x=7$ を代入すると

$y=4\times7+2$
$=28+2$
$=30$

したがって，C$(7,\ \boxed{30})$

33

(1) y 軸と交わる点の座標…$(0,\ -6)$
切片…-6

(2) y 軸と交わる点の座標…$(0,\ 3)$
切片…3

34

(1) 傾き…-1，切片…-7

(2) 傾き…6，切片…0

(3) 傾き…$-\frac{4}{3}$，切片…5

35

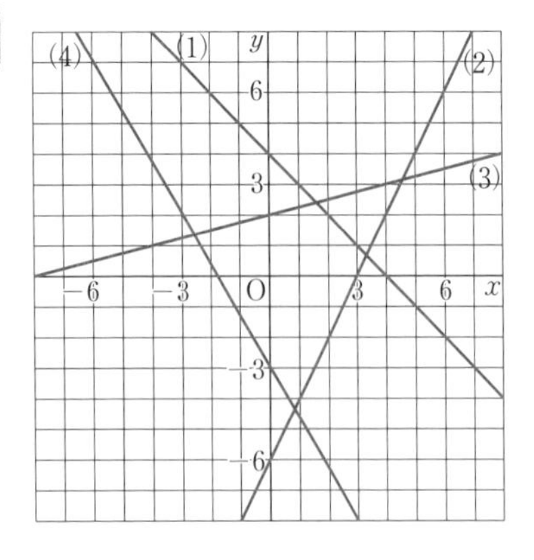

36

(1) 直線は y 軸上の点$(0,\ -5)$を通るから，切片は-5である。
また，右へ1だけ進むと上へ4だけ進むから，傾きは4である。
したがって，求める直線の式は
$y=4x-5$

(2) 直線は y 軸上の点$(0,\ 4)$を通るから，切片は4である。
また，右へ3だけ進むと下へ1だけ進むから，傾きは$-\frac{1}{3}$である。
したがって，求める直線の式は
$y=-\frac{1}{3}x+4$

(3) 直線は y 軸上の点$(0,\ 1)$を通るから，切片は1である。
また，右へ5だけ進むと上へ2だけ進むから，傾きは$\frac{2}{5}$である。
したがって，求める直線の式は
$y=\frac{2}{5}x+1$

37

(1) 傾きが2だから，この1次関数の式は
$y=2x+b$
と書くことができる。
グラフが点$(4,\ 0)$を通るから，上の式に $x=4$，$y=0$ を代入すると
$0=2\times4+b$
$0=8+b$
$-b=8$
$b=-8$

答 $y=2x-8$

(2) 変化の割合が-3だから，この1次関数の式は
$y=-3x+b$
と書くことができる。
上の式に $x=2$，$y=4$ を代入すると
$4=-3\times2+b$
$4=-6+b$

$-b=-6-4$

$b=10$

答　$y=-3x+10$

(3) グラフが直線$y=-x+1$に平行だから，この1次関数の式は

$y=-x+b$

と書くことができる。

グラフが点$(-6,\ -3)$を通るから，上の式に$x=-6$，$y=-3$を代入すると

$-3=-(-6)+b$

$-3=6+b$

$-b=6+3$

$b=-9$

答　$y=-x-9$

(4) 切片が-4だから，この1次関数の式は

$y=ax-4$

と書くことができる。

グラフが点$(3,\ 2)$を通るから，上の式に$x=3$，$y=2$を代入すると

$2=3a-4$

$-3a=-4-2$

$-3a=-6$

$a=2$

答　$y=2x-4$

(5) xの値が2だけ増加すると，yの値は3だけ減少するから変化の割合は$-\frac{3}{2}$である。

したがって，この1次関数の式は

$y=-\frac{3}{2}x+b$

と書くことができる。上の式に$x=-8$，$y=7$を代入すると

$7=-\frac{3}{2}\times(-8)+b$

$7=12+b$

$-b=12-7$

$b=-5$

答　$y=-\frac{3}{2}x-5$

38

(1) 2点$(4,\ 3)$，$(7,\ 12)$を通るから，グラフの傾きは

$\frac{12-3}{7-4}=\frac{9}{3}=3$

したがって，この1次関数の式は

$y=3x+b$

と書くことができる。

グラフが点$(4,\ 3)$を通るから，上の式に$x=4$，$y=3$を代入すると

$3=3\times4+b$

$3=12+b$

$-b=12-3$

$b=-9$

答　$y=3x-9$

(2) 2点$(2,\quad 2)$，$(-4,\ 1)$を通るから，グラフの傾きは

$\frac{1-(-2)}{(-4)-2}=\frac{3}{-6}=-\frac{1}{2}$

したがって，この1次関数の式は

$y=-\frac{1}{2}x+b$

と書くことができる。

グラフが点$(2,\ -2)$を通るから，上の式に$x=2$，$y=-2$を代入すると

$-2=-\frac{1}{2}\times2+b$

$-2=-1+b$

$-b=-1+2$

$b=-1$

答　$y=-\frac{1}{2}x-1$

(3) 求める1次関数の式を$y=ax+b$とする。上の式に

$x=3$，$y=-3$を代入すると

$-3=3a+b$　…①

$x=5$，$y=-7$を代入すると

$-7=5a+b$　…②

①，②を連立方程式として解くと

$$\begin{cases} -3=3a+b & \cdots① \\ -7=5a+b & \cdots② \end{cases}$$

①−② $4=-2a$

$a=-2$

$a=-2$を①に代入すると

$-3=3\times(-2)+b$

$-3=-6+b$

$-b=-6+3$

$b=3$

答 $y=-2x+3$

(4) 求める1次関数の式を$y=ax+b$とする。上の式に

$x=1$，$y=2$を代入すると

$2=a+b$ …①

$x=-1$，$y=-6$を代入すると

$-6=-a+b$ …②

①，②を連立方程式として解くと

$$\begin{cases} 2=a+b & \cdots① \\ -6=-a+b & \cdots② \end{cases}$$

①＋② $-4=2b$

$b=-2$

$b=-2$を①に代入すると

$2=a+(-2)$

$-a=-2-2$

$a=4$

答 $y=4x-2$

39

$2x+3y=6$ …①

とする。

A…$x=-3$，$y=0$のとき

(①の左辺) $=2\times(-3)+3\times0$

$=-6$

(①の右辺) $=6$

となり，①が成り立たない。

B…$x=6$，$y=-2$のとき

(①の左辺) $=2\times6+3\times(-2)$

$=6$

(①の右辺) $=6$

となり，①が成り立つ。

C…$x=1.5$，$y=1$のとき

(①の左辺) $=2\times1.5+3\times1$

$=6$

(①の右辺) $=6$

となり，①が成り立つ。

答
A グラフ上の点ではない。
B グラフ上の点である。
C グラフ上の点である。

40

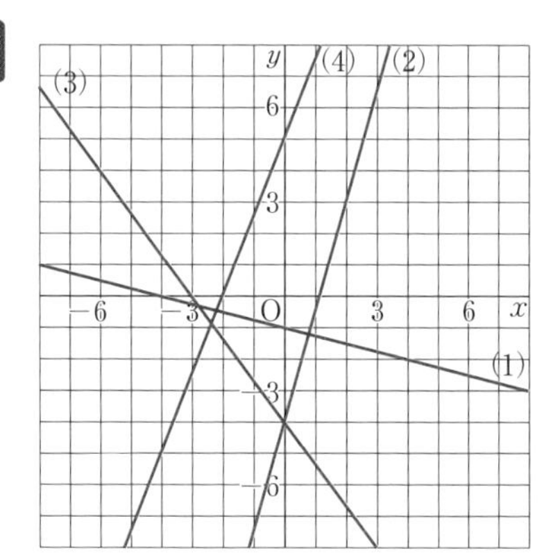

(1) $x+4y=-4$

yについて解くと

$4y=-x-4$

$y=-\frac{1}{4}x-1$

したがって，グラフは傾き$-\frac{1}{4}$，切片-1の直線である。

(2) $7x-2y-8=0$

yについて解くと

$-2y=-7x+8$

$y=\frac{7}{2}x-4$

したがって，グラフは傾き$\frac{7}{2}$，切片-4の直線である。

(3) $4x+3y+12=0$

$x=0$のとき $y=-4$

$y=0$のとき $x=-3$

したがって，グラフは2点$(0,\ -4)$，$(-3,\ 0)$を通る直線である。

(4) $\frac{x}{2}-\frac{y}{5}=-1$

$x=0$のとき　$y=5$

$y=0$のとき　$x=-2$

したがって，グラフは2点$(0,\ 5)$，$(-2,\ 0)$を通る直線である。

41

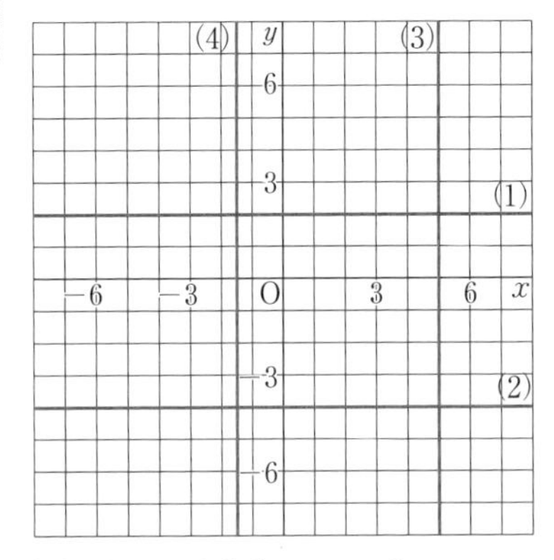

(1) $3y=6$より　$y=2$

(2) $2y+8=0$より　$y=-4$

(3) $4x=20$より　$x=5$

(4) $6x+9=0$より　$x=-\frac{3}{2}$

42

グラフは

$x+2y=10$より　$y=-\frac{1}{2}x+5$　…①

$3x-y=2$より　$y=3x-2$　…②

となる。

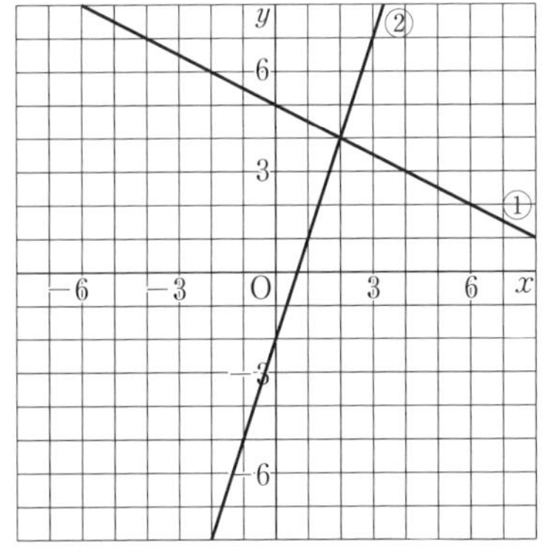

グラフの交点の座標は$(2,\ 4)$だから，連立方程式の解は

$x=2,\ y=4$

答　$x=2,\ y=4$

43

1　①の直線はy軸上の点$(0,\ 4)$を通るから，切片は4である。また，右へ1だけ進むと上へ3だけ進むから，傾きは3である。

したがって，①の直線の式は

$y=3x+4$

②の直線はy軸上の点$(0,\ -3)$を通るから，切片は-3である。また，右へ1だけ進むと下へ1だけ進むから，傾きは-1である。

したがって，②の直線の式は

$y=-x-3$

2　連立方程式$\begin{cases} y=3x+4 & \cdots① \\ y=-x-3 & \cdots② \end{cases}$を解くと

②を①に代入して

$-x-3=3x+4$

$-4x=7$

$x=-\frac{7}{4}$

$x=-\frac{7}{4}$を②に代入すると

$y=-\left(-\frac{7}{4}\right)-3=\frac{7}{4}-\frac{12}{4}$

$=-\frac{5}{4}$

したがって，交点の座標は

$\left(-\frac{7}{4},\ -\frac{5}{4}\right)$

答　$\left(-\frac{7}{4},\ -\frac{5}{4}\right)$

44

(1) $y=-2x+6$に$y=0$を代入すると

$0=-2x+6$

$2x=6$

$x=3$

したがって，求める点の座標は

$(3,\ 0)$

(2) $y=4x-5$ に $y=0$ を代入すると

$0=4x-5$

$-4x=-5$

$x=\dfrac{5}{4}$

したがって，求める点の座標は

$\left(\dfrac{5}{4},\ 0\right)$

(3) $y=\dfrac{2}{3}x+4$ に $y=0$ を代入すると

$0=\dfrac{2}{3}x+4$

$-\dfrac{2}{3}x=4$

$x=-6$

したがって，求める点の座標は

$(-6,\ 0)$

(4) $y=-\dfrac{1}{6}x-2$ に $y=0$ を代入すると

$0=-\dfrac{1}{6}x-2$

$\dfrac{1}{6}x=-2$

$x=-12$

したがって，求める点の座標は

$(-12,\ 0)$

4章 平行と合同 p.217

45

(1) 対頂角は等しいから

$\angle x=180°-(42°+87°)$

$=51°$　　答 $\angle x=51°$

(2) $\angle x+67°$ の角は，$145°$ の角の対頂角だから

$\angle x+67°=145°$

$\angle x=78°$

答 $\angle x=78°$

46

錯角が $75°$ で等しいから　$a /\!/ c$

同位角が $95°$ で等しいから　$b /\!/ d$

$a /\!/ c$ で，同位角は等しいから

$\angle x=\angle z$

$b /\!/ d$ で，錯角は等しいから

$\angle y=\angle u$

47

(1) 三角形の内角の和は $180°$ だから

$\angle x=180°-(47°+33°)$

$=100°$　　答 $\angle x=100°$

(2) 三角形の外角は，それととなり合わない2つの内角の和に等しいから

$\angle x=76°+53°$

$=129°$　　答 $\angle x=129°$

(3) 2つの三角形の共通の外角に着目する。2つの三角形で，内角と外角の性質から

$\angle x+40°=38°+30°$

$\angle x=28°$

答 $\angle x=28°$

48

(1) $180°\times(n-2)$ の n に18を代入すると，内角の和は

$180°\times(18-2)=2880°$

したがって，1つの内角の大きさは

$2880°\div18=160°$

別解

多角形の外角の和は $360°$ だから，

正十八角形の1つの外角の大きさは

$360° \div 18 = 20°$

1つの頂点における内角と外角の和は180°だから，1つの内角の大きさは

$180° - 20° = 160°$

(2) 多角形の外角の和は360°だから，
正十五角形の1つの外角の大きさは

$360° \div 15 = 24°$

49

(1) 90°の角の外角の大きさは

$180° - 90° = 90°$

多角形の外角の和は360°だから

$\angle x$

$= 360° - (60° + 73° + 77° + 90°)$

$= 60°$ 答 $\angle x = 60°$

(2) 124°の角の外角の大きさは

$180° - 124° = 56°$

多角形の外角の和は360°だから

($\angle x$の外角)

$= 360° - (65° + 56° + 30° + 85° + 60°)$

$= 64°$

したがって

$\angle x = 180° - 64° = 116°$

答 $\angle x = 116°$

50

(1)

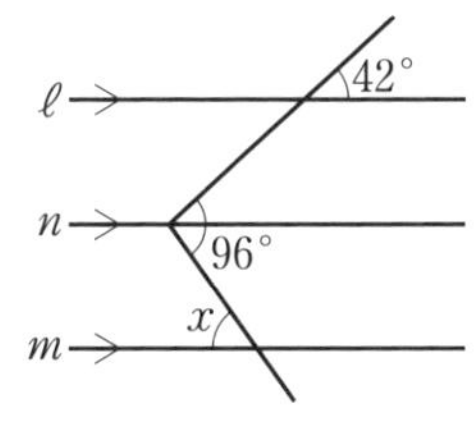

上の図のように，ℓとmに平行な直線nをひく。

平行線の同位角と錯角は等しいから

$\angle x + 42° = 96°$

$\angle x = 54°$

答 $\angle x = 54°$

(2)

上の図のように，ℓとmに平行な直線nをひく。

△ABCは正三角形だから

$\angle ACB = 60°$

平行線の錯角は等しいから

$\angle x + 15° = 60°$

$\angle x = 45°$

答 $\angle x = 45°$

51

△ABC ≡ △ONM

3組の辺がそれぞれ等しい。

△DEF ≡ △RQP

1組の辺とその両端の角がそれぞれ等しい。

△GHI ≡ △KLJ

2組の辺とその間の角がそれぞれ等しい。

52

(1) △ABD ≡ △CDB

3組の辺がそれぞれ等しい。

(2) △ABE ≡ △ACD

2組の辺とその間の角がそれぞれ等しい。

(3) △ABC ≡ △DCB

1組の辺とその両端の角がそれぞれ等しい。

53

(1) 仮定…$a = b$

結論…$a + c = b + c$

(2) 仮定…2直線が平行である。

結論…同位角は等しい。

(3) 仮定…2つの三角形が合同である。

結論…2つの三角形の対応する線分は等しい。

5章 三角形と四角形 p.219

54

(1) $\angle x = (180^\circ - 30^\circ) \div 2$

$= 75^\circ$ 　　答 $\angle x = 75^\circ$

(2) $\angle x = 180^\circ - 36^\circ \times 2$

$= 108^\circ$ 　　答 $\angle x = 108^\circ$

(3)

$\angle \mathrm{ADC} = 180^\circ - 140^\circ = 40^\circ$

$\angle \mathrm{BAD} = 180^\circ - 40^\circ \times 2 = 100^\circ$

$\angle \mathrm{CAD} = (180^\circ - 40^\circ) \div 2 = 70^\circ$

$\angle x = 100^\circ - 70^\circ$

$= 30^\circ$ 　　答 $\angle x = 30^\circ$

55

(1) 式$3x+6$の値が0ならば$x=-2$である。

正しい。

(2) 2つの三角形の周の長さが等しければ，その2つの三角形は合同である。

正しくない。

（反例）

次の①，②の三角形

① 3つの辺の長さが5cm，5cm，2cmの二等辺三角形

② 1辺の長さが4cmの正三角形

56

$\triangle \mathrm{ABC} \equiv \triangle \mathrm{GIH}$

直角三角形で，斜辺と他の1辺がそれぞれ等しい。

$\triangle \mathrm{DEF} \equiv \triangle \mathrm{JLK}$

直角三角形で，斜辺と1つの鋭角がそれぞれ等しい。

57

㋐ （2組の対辺がそれぞれ等しい。）

㋒ （1組の対辺が平行でその長さが等しい。）

次ページの図のような台形ABCDでは

㋑ $\angle \mathrm{A} = \angle \mathrm{D}$，$\angle \mathrm{B} = \angle \mathrm{C}$

㋓ $\mathrm{OA} = \mathrm{OD}$，$\mathrm{OB} = \mathrm{OC}$

が成り立つので，㋑，㋓の条件をみたす四角形ABCDは，いつでも平行四辺形にはなるとはかぎらない。

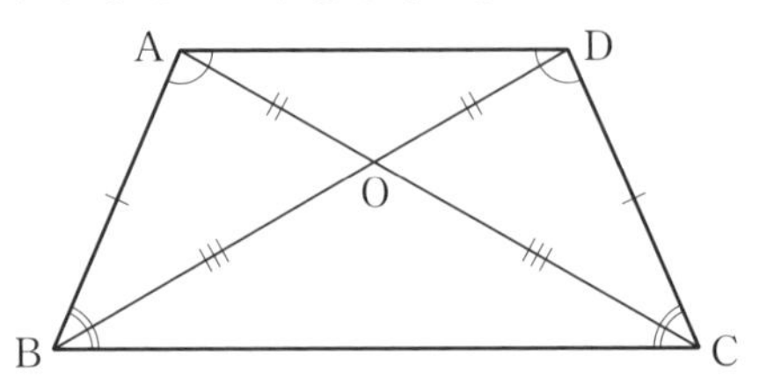

58

仮定から

AD∥BC，AD∥CE …①

である。また，平行四辺形の性質と仮定から

AD＝BC＝CE …②

である。

したがって，底辺をAD，BC，CEとする次の三角形は，①，②より底辺と高さがそれぞれ等しいから，面積が等しい。

△ACD，△AED，△ABC，

△ACE，△DCE

答 △ABC＝△ACE＝△DCE

＝△ACD＝△AED

6章　確率　p.220

59

(1) 目の出方は全部で6通りあり，どの目が出ることも同様に確からしい。
このうち，偶数の目が出る場合は2，4，6の3通りある。
したがって，求める確率は
$\frac{3}{6}=\frac{1}{2}$

(2) 起こりうる場合は全部で20通りあり，どの場合が起こることも同様に確からしい。
このうち，20の約数である場合は
1，2，4，5，10，20
の6通りある。
したがって，求める確率は
$\frac{6}{20}=\frac{3}{10}$

(3) 袋の中に入っている球は，赤球と白球と青球だけである。したがって，この袋の中から1個取り出した球は，かならず赤球か白球か青球である。
したがって，求める確率は1である。

60

(1) 1回目が表，2回目が裏になる場合を〔表，裏〕と表すと，起こりうる場合は全部で
〔表，表〕，〔表，裏〕，
〔裏，表〕，〔裏，裏〕
の4通りあり，どの場合が起こることも同様に確からしい。
このうち，2回とも同じ面が出る場合は〔表，表〕，〔裏，裏〕の2通りある。
したがって，求める確率は
$\frac{2}{4}=\frac{1}{2}$

(2) 1回目に赤球，2回目に青球を取り出す場合を〔赤，青〕と表すと，起こりうる場合は全部で
〔赤，青〕，〔赤，黄〕，〔赤，緑〕，
〔青，赤〕，〔青，黄〕，〔青，緑〕，
〔黄，赤〕，〔黄，青〕，〔黄，緑〕，
〔緑，赤〕，〔緑，青〕，〔緑，黄〕
の12通りあり，どの場合が起こることも同様に確からしい。
このうち，2回目に青球を取り出す場合は
〔赤，青〕，〔黄，青〕，〔緑，青〕
の3通りある。
したがって，求める確率は
$\frac{3}{12}=\frac{1}{4}$

(3) 起こりうる場合は全部で
11，12，13，14，
21，22，23，24，
31，32，33，34，
41，42，43，44
の16通りあり，どの場合が起こることも同様に確からしい。
このうち，できる2けたの整数が3の倍数になる場合は
12，21，24，33，42
の5通りある。
したがって，求める確率は$\frac{5}{16}$である。

61

(1)① 先攻1人と後攻1人のくじびきでの選び方を，樹形図をかいて調べると，次のようになる。

A ─ B, C, D　B ─ A, C, D　C ─ A, B, D　D ─ A, B, C

起こりうる場合は全部で12通りあり，どの場合が起こることも同様に確からしい。このうち，AとBが選ばれ，Aが先攻，Bが後攻になるのは1通りあるから，求める確率は$\frac{1}{12}$である。

② 起こりうる場合をすべてあげると

{A, B}, {A, C}, {A, D},
{B, C}, {B, D},
{C, D}

の6通りあり，どの場合が起こることも同様に確からしい。このうち，AとBが選ばれるのは1通りある。

したがって，求める確率は

$\frac{1}{6}$

(2)① 起こりうる場合は全部で36通りあり，どの場合が起こることも同様に確からしい。このうち，出た目の数の積が12になるのは

〔2, 6〕, 〔3, 4〕
〔4, 3〕, 〔6, 2〕

の4通りある。

したがって，求める確率は

$\frac{4}{36}=\frac{1}{9}$

② 起こりうる場合は全部で36通りあり，どの場合が起こることも同様に確からしい。このうち，出た目の数の積が30以上になるのは

〔5, 6〕, 〔6, 5〕, 〔6, 6〕

の3通りあるから，その確率は

$\frac{3}{36}=\frac{1}{12}$

(出た目の数の積が30以上にならない確率)

＝1－(出た目の数の積が30以上になる確率)

だから，求める確率は

$1-\frac{1}{12}=\frac{11}{12}$

(3)① あたりくじを❶，❷，はずれくじを③，④，⑤とする。A，Bのくじのひき方を樹形図をかいて調べると，下のようになる。

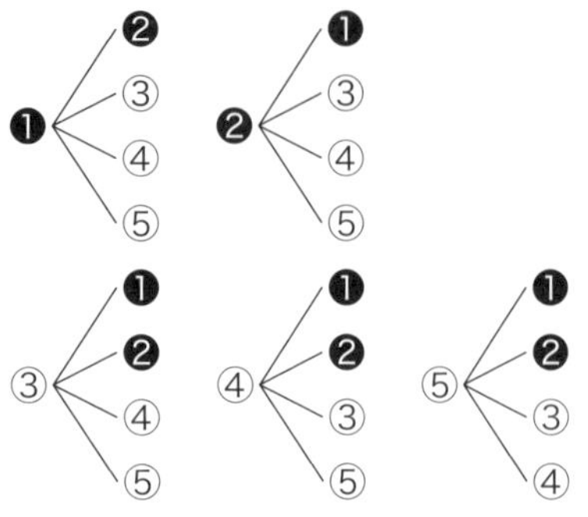

起こりうる場合は全部で20通りあり，どの場合が起こることも同様に確からしい。このうち，2人ともあたりくじをひくのは2通りある。

したがって，求める確率は

$\frac{2}{20}=\frac{1}{10}$

② 起こりうる場合は全部で20通りあり，どの場合が起こることも同様に確からしい。このうち，2人ともはずれくじをひくのは6通りあるから，その確率は

$\frac{6}{20}=\frac{3}{10}$

したがって

(少なくとも1人はあたりくじをひく確率)

＝1－(2人ともはずれくじをひく確率)

だから，求める確率は

$1-\frac{3}{10}=\frac{7}{10}$

7章　データの比較　p.221

62

(1) データの個数は10で偶数だから，第2四分位数は小さいほうから5番目と6番目の平均値を求めて

$(13+15)\div 2=14$(分)

第1四分位数は，最小値をふくむほうの5個のデータの中央値だから，10分

第3四分位数は，最大値をふくむほうの5個のデータの中央値だから，18分

答　第1四分位数　10分
　　第2四分位数　14分
　　第3四分位数　18分

(2) 18　10 − 8(分)

答　8分

(3)

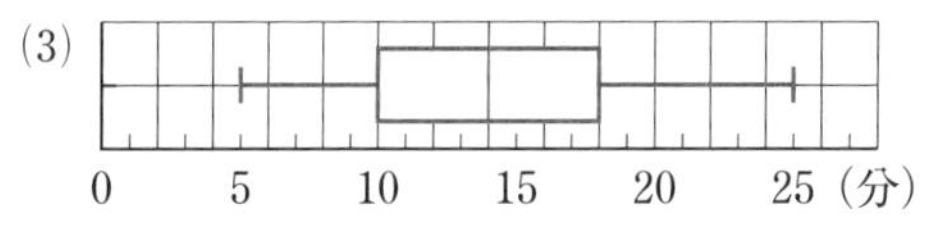

63

ヒストグラムより，データは左にゆがんだ分布だから，対応する箱ひげ図は㋐か㋑である。

ヒストグラムの形は，山の頂上がやや右で，頂上のある階級のグラフに対して対称に近い。

また，最初の階級の度数がほかの階級と比べて比較的に小さい。

したがって，対応する箱ひげ図は対称な分布の箱ひげ図について，箱がやや右に寄ったものに近くなる。

したがって，答えは㋐である。

64

㋐ 男子が読んだ本の冊数のデータの四分位範囲は

$6-3=3$(冊)

女子が読んだ本の冊数のデータの四分位範囲は

$8-5=3$(冊)

したがって，どちらも読んだ本のデータの四分位範囲は3冊だから，正しい。

㋑ 男子の読んだ本の冊数のデータの中央値は5冊だから，データを小さい順に並べたとき，10番目と11番目の値がともに5冊である場合が考えられる。

その場合，読んだ本の冊数が6冊以上の男子生徒は多くとも9人だから，読んだ本の冊数が6冊以上の男子生徒は10人以上いることが，箱ひげ図からは読みとれない。したがって，正しくない。

なお，女子の読んだ本の冊数のデータの中央値は6冊だから，女子については，読んだ本の冊数が6冊以上の生徒は10人以上いることが，箱ひげ図から読みとれる。

㋒ 男子の読んだ本のデータの範囲は

$9-1=8$(冊)

女子の読んだ本のデータの範囲は

$9-3=6$(冊)

したがって，女子の読んだ本のデータのほうが，男子の読んだ本のデータより範囲が小さいから，正しい。

㋓ 読んだ本の冊数のデータの最大値は，男子と女子ともに9冊だから，どちらも読んだ本が9冊の生徒がかならずいる。したがって，正しい。

答　㋑

■二次元コード一覧表

<table>
<tr><th rowspan="2">章</th><th colspan="2">掲載ページ</th><th colspan="2" rowspan="2">内　　容</th></tr>
<tr><th>本書</th><th>教科書</th></tr>
<tr><td rowspan="2">3章</td><td>90</td><td>70</td><td>1次関数のグラフを調べよう</td><td>シミュレーション</td></tr>
<tr><td>110</td><td>88</td><td>動点と面積の関係を考えよう</td><td>シミュレーション</td></tr>
<tr><td>4章</td><td>134</td><td>109</td><td>平行線の間の角を調べよう</td><td>シミュレーション</td></tr>
<tr><td rowspan="3">5章</td><td>170</td><td>143</td><td>乗り物を動かして調べよう</td><td>シミュレーション</td></tr>
<tr><td>178</td><td>152</td><td>正三角形を動かして調べよう</td><td>シミュレーション</td></tr>
<tr><td>193</td><td>158</td><td>三角形を動かして調べよう</td><td>シミュレーション</td></tr>
<tr><td rowspan="2">6章</td><td>194</td><td>161</td><td>くじをひく順番とあたりやすさの関係を調べよう</td><td>シミュレーション</td></tr>
<tr><td>197</td><td>165</td><td>2枚のコインを投げて調べよう</td><td>シミュレーション</td></tr>
</table>

• 二次元コードに関するコンテンツの使用料はかかりませんが，通信費は自己負担になります。